U0381873

本书得到国家社会科学基金重点项目（15AGL013）、中国地震局重大政策理论与实践问题研究课题（CEAZY2019JZ09）、河南省社科规划项目（2019BJJ030）、河南省风险管理创新与公共政策软科学研究基地资助

我国农业巨灾风险分散国际合作机制研究

邓国取 等著

中国社会科学出版社

图书在版编目(CIP)数据

我国农业巨灾风险分散国际合作机制研究/邓国取等著.
—北京：中国社会科学出版社，2019.10
ISBN 978-7-5203-5386-1

Ⅰ.①我… Ⅱ.①邓… Ⅲ.①农业—自然灾害—风险管理—国际合作—研究—中国 Ⅳ.①S42

中国版本图书馆 CIP 数据核字(2019)第 229405 号

出 版 人　赵剑英
责任编辑　李庆红
责任校对　季　静
责任印制　王　超

出　　版　中国社会科学出版社
社　　址　北京鼓楼西大街甲 158 号
邮　　编　100720
网　　址　http://www.csspw.cn
发 行 部　010-84083685
门 市 部　010-84029450
经　　销　新华书店及其他书店

印　　刷　北京明恒达印务有限公司
装　　订　廊坊市广阳区广增装订厂
版　　次　2019 年 10 月第 1 版
印　　次　2019 年 10 月第 1 次印刷

开　　本　710×1000　1/16
印　　张　15
字　　数　270 千字
定　　价　69.00 元

前　言

自从2003年攻读博士学位开始，我在罗剑朝导师的指导下，开始关注和研究农业巨灾问题，最初从保险的视角研究农业巨灾风险分散的问题，主要聚焦制度设计，这个选题在当初应该说是比较偏冷的。

随着我国农业巨灾的不断发生和影响的逐渐扩大，特别是2008年汶川地震以后，我国政府部门才开始高度关注农业巨灾问题，原保监会召开了多次专题会议，研究部署巨灾风险管理和制度建设问题，更为重要的是农业巨灾保险先后在北京、上海、黑龙江、山东等地开始试点，2016年7月1日中国城乡居民住宅地震巨灾保险正式推出。农业巨灾问题也成为理论界研究的一个热点问题，国家社会科学基金先后立项了十多项相关课题。2012年6月本人主持中标了国家社会科学基金一般项目“我国农业巨灾风险分散机制研究”（12BGL076），仍然聚焦于制度设计，但其研究的视角已经不再局限于保险，设计了我国农业巨灾风险分散共生机制和路径，认为该共生机制由共生政策机制、共生组织机制、共生行为机制和其他共生机制四个部分构成，强调结合我国农业巨灾风险及分散现状，综合共生理论和路径依赖理论，提出了农业巨灾风险分散实现路径。

在“我国农业巨灾风险分散机制研究”课题研究的过程中，我们发现国内相关研究仅局限于国内资源，缺乏国际视野，这在我国不断加大改革开放和国内资源约束等的背景下就存在明显的问题。中华人民共和国成立以来，我国就开展农业巨灾风险分散国际合作，在不同的时期采取了不同的国际合作战略。在新的历史时期，特别是“一带一路”倡议背景下，需要我们构建与新时代发展相适应的我国农业巨灾风险分散国际合作新战略，破解我国农业巨灾风险分散的困境。基于此，2015年6月本人主持中标了国家社会科学基金重点项目“我国农业巨灾风险分散国际合作机制研究”（15AGL013），本著作是在该课题结项报告的基础上整理而来的。

本书撰写的分工情况是：邓国取撰写第一章、第三章、第四章、第五章、第七章、第八章，乔静撰写第二章，郭凯撰写第六章，赵小静撰写第九章，位秋亚撰写第十章，最后由邓国取进行通稿。位秋亚、刘世强、李灿、付浩、李丽等研究生参与了该书调研、数据整理和分析、外文翻译、稿件校对等工作。

邓国取

2019 年 1 月 1 日

目　　录

第一章　绪论

人类社会的发展历史其实就是一部波澜壮阔的与巨灾抗争的历史，从古到今，在全球范围内，巨灾造成了巨大的人员伤亡、经济损失和保险损失，进一步影响到社会稳定和经济的健康可持续发展，因此各国为降低巨灾风险都积极采取了一些措施、制定了相应的政策，开展农业巨灾风险分散管理。我国农业巨灾风险分散管理虽然历史不长，但农业巨灾风险分散的研究和实践探索如火如荼地进行，上海、深圳、江苏、北京等省（市）先后成立了巨灾基金，开办了巨灾保险，国家层面在2016年5月推出了城乡居民住宅地震巨灾保险。不可否认的是，目前我国农业巨灾风险分散主要是依靠国内资源进行的，尽管我国于2015年6月在境外市场成功发行了第一只以地震风险为保障对象的5000万美元巨灾债券[①]，但此后这类业务就停止了。受制于国内资源的约束，积极利用和开发国外资源开展我国农业巨灾风险分散就显得尤为重要，因此，探索我国农业巨灾风险分散国际合作机制就具有重要的理论和现实意义。本章主要介绍著作的研究背景、研究意义、国内外研究现状、研究方法、研究技术路线、研究内容、创新之处及研究展望。

第一节　研究背景

一　农业巨灾风险是全球共同面对的难题

人类社会受到全球范围的农业巨灾风险威胁，即使农业巨灾发生的概率很低，但这种农业巨灾风险的损害严重程度是非常巨大的（事实上可

① 《中国首只巨灾债券境外发行募集资金5000万美元》，中国新闻网，http：//www. chinanews. com/fortune/2015/07/03/7381467. shtml。

能是无限的)。从美国的飓风到东南亚的海啸，从东亚的地震到欧洲的洪水，整个人类社会正在遭受着空前的巨灾威胁，而且不得不承受严重甚至毁灭性的后果。

1970 年以来，农业巨灾发生的频率正在逐渐增加，20 世纪 90 年代以前，每年发生的农业巨灾频次在 100 次以下，但此后每年发生的频次增加到 150 次左右，进入 2010 年以后，每年发生的频次均在 150 次以上，更多的年份接近 200 次，相比以前，每年巨灾发生的频次大幅度地增加（见图 1－1）。

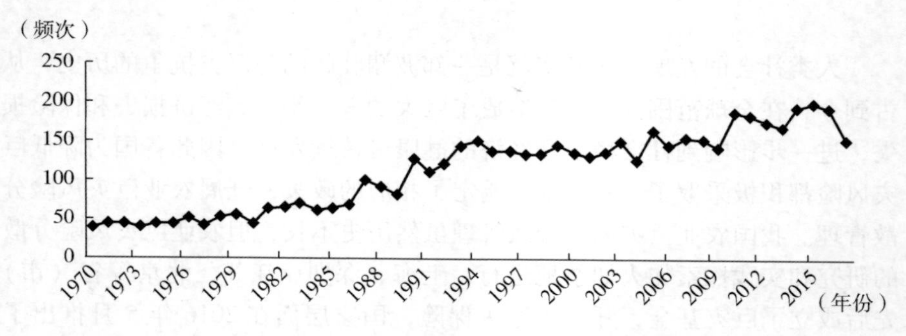

图 1－1　1970—2017 年全球农业巨灾发生频次

资料来源：根据瑞士再保险的 Sigma 出版物整理。

全球农业巨灾在发生频次快速增长的同时，历年伤亡（含失踪）的人数呈现出波动的特征，一般年份全球伤亡的人数在 1 万人左右，个别年份伤亡（含失踪）的人数达到 10 万人以上，其中，1970 年、1976 年、1991 年、2004 年、2008 年和 2010 年伤亡人数分别为 372238 人、305396 人、155089 人、235151 人、234857 人和 297648 人，主要原因是这些年份发生了极端的巨灾事件，如地震（1970 年秘鲁地震、1976 年中国唐山地震、2008 年中国汶川地震、2010 年海地地震）、海啸（2004 年印度洋海啸、2010 年日本海啸）和洪水（1991 年中国洪水），造成了全球巨大的人员伤亡（见图 1－2）。

1970 年以来，随着全球农业巨灾发生频次的增加，农业巨灾造成的直接经济损失出现稳定增长的趋势，尤其是 20 世纪 90 年代以来，全球农业巨灾的直接经济损失呈现出加速增长的趋势，部分年份损失超过 3000 亿美元，个别年份损失超过 4000 亿美元。与此同时，农业巨灾保险损失也出现增长的趋势，但农业巨灾保险损失跟不上全球农业巨灾的损失，其缺口越来越大（见图 1－3）。从目前全球的情况来看，农业巨灾风险分散

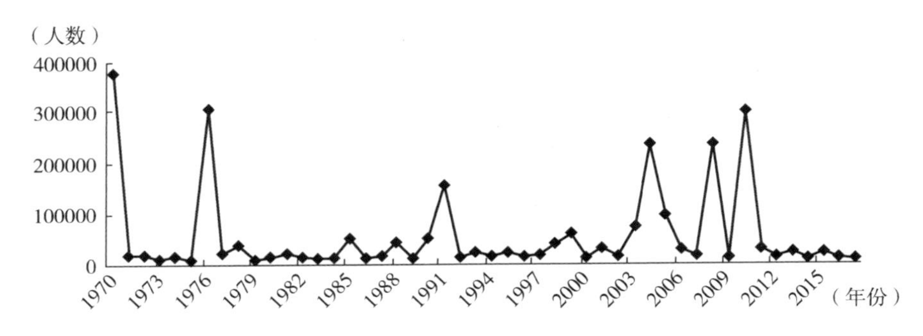

图 1－2　1970—2017 年全球农业巨灾人员伤亡

资料来源：根据瑞士再保险的 Sigma 出版物整理。

依然存在需求旺盛而供给不足的矛盾，这势必影响全球的经济持续发展、人口增长和社会稳定。

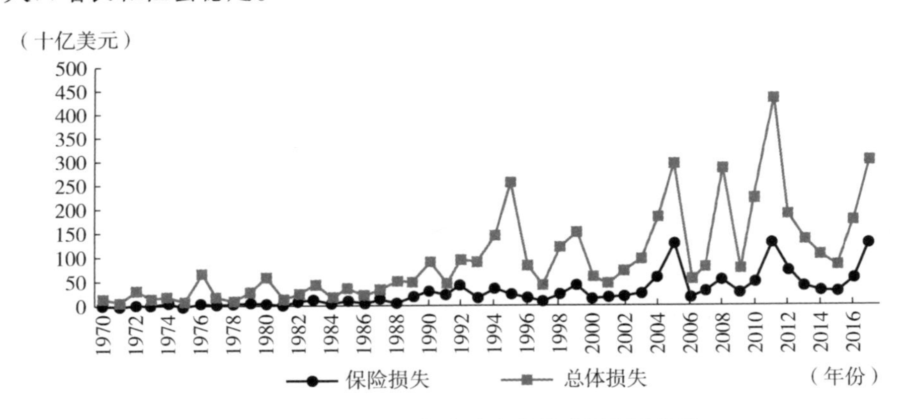

图 1－3　1970—2017 年全球农业巨灾及保险损失

资料来源：根据瑞士再保险的 Sigma 出版物整理。

二　农业巨灾长期并深刻地影响我国社会经济的可持续发展

我国约有 70% 国土和 80% 人口的农业生产地区长期承受着干旱、洪水、台风及地震等农业巨灾事件的冲击。近年来，农业巨灾频发、灾害强度不断增大给我国造成了巨大的经济损失（见表 1－1），我国深受巨灾影响，尤其是 2000 年以后，农业巨灾经济损失占 GDP 的 6.57‰—37.42‰，每年超过 2000 亿元人民币，粮食减产 100 亿—200 亿公斤，人员伤亡过千万人，严重阻碍了我国经济与社会的可持续发展。

表 1-1　　1900—2018 年中国 10 大自然灾害经济损失

灾害类型	发生时间	经济损失（千美元）
地震（地壳活动）	2008 年 5 月 12 日	85000000
洪水	1998 年 7 月 1 日	30000000
洪水	2016 年 6 月 28 日	22000000
极端天气	2008 年 1 月 10 日	21100000
洪水	2010 年 5 月 29 日	18000000
干旱	1994 年 1 月	13755200
洪水	1996 年 6 月 30 日	12600000
洪水	1999 年 6 月 23 日	8100000
洪水	2012 年 7 月 21 日	8000000
洪水	2003 年 6 月 23 日	7890000

资料来源：Emergency Events Database（EM - DAT）突发事件数据库。EM - DAT 突发事件数据库，http://www.emdat.be/database，数据截至 2018 年 11 月 14 日。

通过分析不同年代我国农业巨灾直接经济损失占 GDP 的比重可以发现（见图 1-4），整体表现出下降趋势。20 世纪 50 年代占比 52.72‰，比重最高，60—80 年代占比快速下降，80 年代达到历史最低，占比 7.56‰，90 年代后有所上升，并维持在较高水平。50—70 年代比重较高是因为农业巨灾直接经济损失较大，受国民经济总量不大的影响。20 世纪 90 年代以后，国民经济总量得到快速增长，虽然农业巨灾直接经济损失不断增加，但是其比重不太高。

我国历年自然灾害所造成的直接经济损失占 GDP 的比重远远超过了 1‰，达到了国际巨灾标准，其中，比重最高的是 1956 年，占比 52.72‰，最低是 2011 年，占比 6.57‰。与占比约为 6‰的美国和占比约为 8‰的日本等国家相比，我国自然灾害所造成的直接经济损失平均占 GDP 的 23.72‰，比重明显偏高。

综上可知，我国农业巨灾发生频率和破坏程度都在持续增强。从古至今，农业总是受灾害影响最大的产业，而且由于农业巨灾的传递性，带来农作物减产、农村居民收入与消费缩减以及政府税收和财政支出等连锁反应，使总损失越来越高，从而对“三农”、社会稳定及经济发展造成难以预测的影响。因此，为了我国社会经济的长期可持续发展，农业巨灾风险

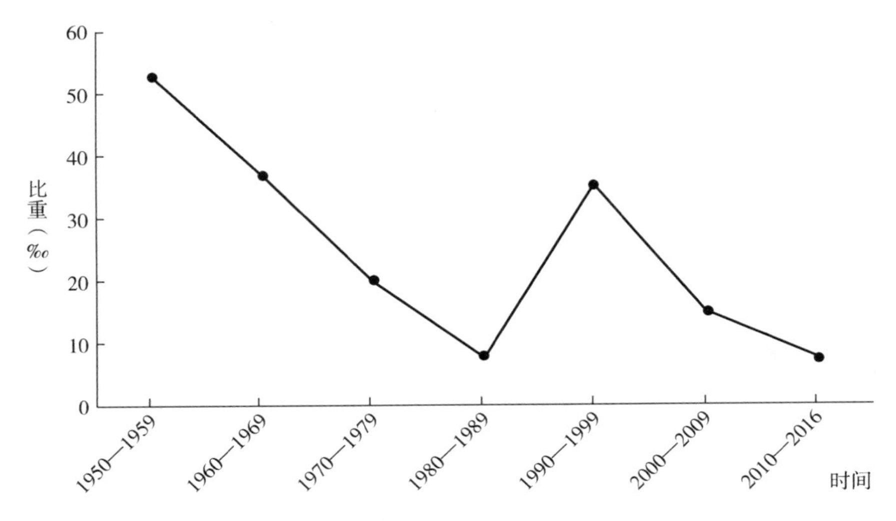

图 1－4　我国农业巨灾直接经济损失占当年 GDP 比重年代变化

资料来源：根据瑞士再保险的 Sigma 出版物整理。

分散管理是我国面临的非常紧迫而重要的任务，由于它是一项系统工程，所以需要决策者、管理者及全国人民多方面的协调合作和共同努力。

三　我国积极探索农业巨灾风险分散国际合作

我国农业巨灾风险分散国际合作是我国与其他国际行为主体之间基于相互利益的基本一致或部分一致而在农业巨灾风险分散领域中所进行的政策协调行为。随着我国政治、经济和社会意识形态的变化，我国农业巨灾风险分散国际合作从早期的单边国际合作到多元化的国际合作，机制已经固化，模式日趋完善，初步形成了农业巨灾风险分散国际合作的“中国经验”。

我国农业巨灾风险分散国际合作主要包括我国对外人道主义国际救灾合作和国际对华人道主义救灾合作两个方面，但从救灾国际合作的主体互动关系来看，我国农业巨灾风险分散国际合作分为三个阶段。第一阶段（1949—1979 年）：单边国际救灾合作。我国自 1949 年开始，一方面积极开展对外人道主义国际救灾援助，另一方面，拒绝了所有的国际社会的对华人道主义救灾援助，所以这个时期，我国实行的是单边国际救灾合作。第二阶段（1980—2003 年）：双边国际救灾合作。我国在继续开展对外救灾国际合作的基础上，从 1980 年开始，转变观念，不断完善对华救灾援助合作政策和法律，接受对华的救灾援助越来越频繁，开展双边的国际救灾合作，我国农业巨灾风险分散国际合作逐渐与国际接轨，变得越来越规范。第三阶段（2004 年至今）：全面国际救灾合作。以 2004 年印度洋海啸事件为分水岭，我国救灾国际合作进入了一个全新的时代，在继续开展国际救灾援助双边合作的同时，逐渐建立救灾国际合作机制。我国于 2005 年 7 月 1 日在境外市场成功发行了第一只以地震风险为保障对象的 5000 万美元巨灾债券，中国再保险（集团）股份有限公司的全资子公司中再产险是该债券的发起人，其发行主体是设立于英属百慕大的特殊目的机构 PandaRe。该债券由发起人（中再集团与中再产险）将其所承保的部分中国大陆地区地震风险分保给 PandaRe，而 PandaRe 通过发行巨灾债券获得境外资本市场的融资，通过提供全额抵押的保险为这部分风险保驾护航。但此后就停止了这类国际合作。

回顾 60 多年的我国农业巨灾风险分散国际合作之路，在国际合作政策因时、因势发生变化的背景下，我国国际合作成效显著，表现为国际合作机制不断完善，国际合作模式正在探索，为我国农业巨灾风险分散提供了有力的支持，但目前我国农业巨灾风险分散仍然以事务性国际合作为主，实质性的国际合作是未来我国农业巨灾风险分散的发展趋势。

尽管我国农业巨灾风险分散国际合作开展了 60 多年，也取得了很大的成效，但不可否认的是，我国农业巨灾风险分散国际合作之路还很漫长，未来我们要按照国际惯例和国际发展潮流，做好我国农业巨灾风险分散国际合作工作。一是由事务性合作转向实质性合作。我国现有农业巨灾风险分散国际合作主要集中在国际救援、信息共享、技术合作研发、人才培养、学术交流和灾后重建等方面，笔者认为这些都是初步和浅层次的事务性国际合作，最重要的问题是农业巨灾风险分散国际合作不能够从根本上有效解决农业巨灾风险分散。农业巨灾风险分散国际合作的核心是通过利用国际资源，运用传统和非传统的分散工具，实现农业巨灾风险跨国间分散的行为，因此，深层次的实质性国际合作还有待我们去探索。二是由国内主导转向国际合作。在各国的农业巨灾风险分散管理实践中，根据本国的自然环境、社会政治条件以及经济状况等具体国情，积极探索有特色的农业巨灾风险分散管理模式，目前形成了政府主导、市场主导、混合及互助四种农业巨灾风险分散模式。由于农业巨灾风险的特殊性，虽然各国的农业巨灾风险分散都有政府的行为，但是行政的力量正逐渐弱化，市场的力量正在加强。但不管怎样转变，其特征是主要利用国内资源开展农业巨灾风险分散，这在一国资源富裕的情况下，问题还可以得到有效解决，但在一国资源有限的情况下，特别是一些巨灾频发的贫困国家和地区，上述四种模式都必然受到很大影响和制约。在此背景下，世界各国特别是一些发展中国家和地区，正在探索农业巨灾风险分散国际合作模式。

随着改革开放的不断深入，我国积极参与联合国主导的防灾减灾活动，逐渐融入区域和国际组织的灾害救援、信息交换、人员培训等体系中。特别是我国“一带一路”倡议提出以来，中国以前所未有的开放姿态，正在构建新时代背景下我国巨灾风险分散国际合作模式与机制，这些都为我国农业巨灾风险分散国际合作提供了有利的条件，打下了坚实的基础。

第二节　研究目的和意义

一　研究目的

（一）创新研究思路、理论和方法。突破我国以国内资源为农业巨灾风险分散研究的局限，以国际视角研究我国农业巨灾风险分散问题，探索基于国际合作的我国农业巨灾风险分散理论和方法。

（二）开辟我国农业巨灾风险分散新路径。突破现有以国内资源为主体的农业巨灾风险分散手段和方式，实现国际农业巨灾风险分散资源的全球共享，充分利用国际农业巨灾风险分散资源，丰富和完善我国农业巨灾风险分散手段和方式。

（三）探索我国农业巨灾风险分散新模式和机制。我国农业巨灾风险分散的国际合作模式与机制，为全球农业巨灾风险分散提供“中国模式”，为农业巨灾风险分散全球治理做出实践贡献。

二　研究意义

（一）学术价值

一是促进学科交叉、实现研究整合。起源于20世纪80年代的中国灾害理论研究主要集中在地理学、工程科学等理工科范畴内。本著作的研究借鉴了之前的研究成果，并更加重视基于国际关系学、风险管理学、灾害经济学、保险学、社会学、政治学、行为经济学等学科的相关研究，以实现各学科的交叉，相互借鉴，充分共享研究成果。二是建构一般理论范式，指导具体实践。中国目前所面临的农业巨灾风险及风险分散形势十分复杂和严峻，只有将重心前移，构建农业巨灾风险分散国际化合作机制理论范式，从被动的撞击式反应到主动的超前性管理，才能有效地分散农业巨灾风险。三是开展国际合作，总结“中国经验”。农业巨灾是全球共同面临的风险，任何国家和地区都不可能独善其身，而全球风险的治理，相关的国际合作尤为重要。因此，在研究结论上，本著作试图形成国际合作的“中国经验”，为农业巨灾的全球治理做出理论贡献。

（二）应用价值

一是丰富农业巨灾风险分散手段和方式，实现全球农业巨灾风险分散资源共享。突破现有以国内资源为主体的农业巨灾风险分散手段和方式，实现国际农业巨灾风险分散资源的全球共享，充分利用国际农业巨灾风险分散资源，逐渐完善我国农业巨灾风险分散的手段和方式。二是积极探索我国农业巨灾风险分散国际合作机制，减少我国社会稳定和经济健康可持续发展的障碍。我国农业巨灾风险分散国际合作机制的建立必将促进农村社会保障体系的完善，逐步实现向全社会提供全面完整、运作有效、公平合理、反应迅速、保障有力的风险防范服务，还要建立成熟发达、高效运作、监管有力的农业巨灾风险管理市场，对建设社会主义现代化新农村，构建和谐社会都具有重要的现实意义。三是开展国际合作，探索“中国模式”。农业巨灾风险分散管理国内外实践证明，单纯依靠一国（或地区）资源难以实现农业巨灾风险的有效分散，对像中国这样的发展中国家尤为突出。因此，我们要积极开展国际合作，探索我国农业巨灾风险分散的国际合作机制，提供全球农业巨灾风险分散“中国模式”，为农业巨灾风险分散全球治理做出实践贡献。

第三节　国内外研究现状

农业巨灾风险分散管理是社会发展过程中长期面临的一个难题，国内外学者从以下三个角度对农业巨灾风险分散理论开展了探索性研究。

一　农业巨灾风险管理

（一）农业巨灾风险分散基础理论

决策论和概率论与数理统计是巨灾风险分散管理基础理论研究的焦点。决策理论根据巨灾风险主体的偏好研究巨灾保险供给和需求、合理的价格以及转让方式等农业巨灾保险市场基本特征（R. A. Epstein，1985；Yuri M. Ermoliev，etc.，2000；J. David Cummins，etc.，2000；J. David

Cummins, etc., 2004)。基于经典期望效用理论，Eeckhoudt 和 Gollier (1999) 由绝大多数人愿意选择“风险不明确但损失较大”，而非“风险明确但损失较小”推出，人们很多情况下会对巨灾风险投保。Howard Kunreuther (2004) 等通过对加州地震保险的数据分析发现也符合上述结论。目前，虽然巨灾保险业务数量较少，但是这并不足以说明保险公司没有承担巨灾风险的能力。J. David Cummins 等 (1999) 通过实证研究发现美国保险公司承担巨灾风险能力取得显著提高。Christophe Courbage (2005) 发现伴随着共保机制的发展与完善，越来越多的保险公司逐步开始提供巨灾保险业务。随着有效的传播巨灾风险信息，增进了社会公众对巨灾风险的认识，刺激了巨灾保险市场需求，使巨灾损失评估模型不断修正，定价机制逐步完善，激发了保险公司参与巨灾保险的积极性 (H. Kunreuther, N. Novemsky & Daniel Kahneman, 2001)。概率论与数理统计工具是当前预测巨灾风险的发生概率和损失估计的主要方法，这些工具对确定保险责任范围、合适的保单价格和数量、制定合理的保险策略等起到重要作用，但是由于巨灾风险的发生频率不符合大数法则，使其无法准确估计出巨灾风险的概率分布及损失程度，所以运用随机事件概率方式进行预测取得准确结果非常困难。近年来研究巨灾风险的新工具与方法（比如基于模糊数学理论的系统的风险分析方法）正在逐渐成为最具实用价值的分析工具。

（二）农业巨灾损失评估

国内外在农业巨灾的风险评估与预测方面的研究比较多（K. H. Coble 等，1996；B. K. Goodwin 等，2004；B. J. Sherrick 和 F. C. Zanini，2004；解强，2008；徐磊等，2011；邹帆等，2011），然而研究方法也越来越相同，虽然联合国于20世纪70年代初就公开发布了《灾难社会、经济和环境影响评估手册》，该评估内容包含了经济影响、直接影响和间接损失三个方面，随后经历多年的改进，各国立足于本国的实际情况以及不同的假设，由不同的部门进行评估。我国通常是按照社会财产分类标准评估农业巨灾损失，但中国重大自然灾害调研组编著的《自然灾害与减灾600问》中，以自然灾害的社会属性为标准将损失划分为人员伤亡损失和经济损失。郑成功学者认为人类丧失生命与健康、人类创造的物质资源财富损失等灾害损失皆为可量化的经济损失。我国学者对农业巨灾损失评估的评价指标存在一定的差异，主要的评价指标有：一是单个度量指标，孙振凯等 (1994) 提出以经济损失为单个度量指标；二是三个度量指标，许飞琼 (1997) 提出重伤人数、死亡人数及直接经济损失三个度量指标，张方 (2009) 提出直接经济损失、人员伤亡及受灾面积三个度量指标；三是四个度量指标，魏庆朝等（1996）提出的受害人数、死亡人数、综合经济损失、灾害损失持续时间和王丽萍等（2000）提出的救援损失、环境损失、人员伤亡以及经济损失；四是五个度量指标，任鲁川（1996）提出的受灾人口、死亡人口、受灾面积、成灾面积、直接经济损失；五是分层度量指标，谷洪波（2011）提出3个层次17个指标的评估体系的农业巨灾损失度量指标，三个层次分别是农业巨灾造成的直接经济损失（包含固定和非固定资产损失、人员伤亡损失）、间接经济损失（包括救灾的损失及与农业相关产业的损失）和人员伤亡损失（包括伤残人数及死亡人数），但实证研究不足。邹帆等（2011）通过实证研究，从人口损失指标、经济损失指标、生态损失指标三个方面构建了我国灾害损失评估体系。

表1-2　全球20个较为知名的灾害风险评估模型

序号	名称	关注灾种	服务范围
1	CAPRA (Comprehensive Approach to probabilistic Risk assessment)	地震、海啸、热带气旋、洪涝、火山	全球
2	CLASIC/2, CATRADER and Touch-stone	热带气旋、龙卷风、风暴潮、地震、海啸、技术灾害等	全球
3	Earthquake Risk Model (EQRM)	地震	国家
4	ELEMENTS	地震、热带气旋、风暴潮、洪涝、技术灾害	全球
5	Florida Public Hurricane Model	热带气旋	国家
6	Global Earthquake Model (GEM)	地震	全球
7	Global Risk Assessment Model	热带气旋、地震、风暴潮、干旱、洪涝、海啸、火山	全球
8	Global Volcano Model (GVM)	火山	全球
9	HAZUS-MH	地震、洪涝、热带气旋	国家
10	InaSAFE	地震、海啸、洪涝	全球
11	INFORM	地震、海啸、洪涝、热带气旋、干旱	全球
12	Japan Tsunami Model	海啸	国家
13	KatRisk Models	洪涝、热带气旋、风雹	全球
14	RiskLink	地震、洪涝、技术灾害、热带气旋、风暴潮	全球
15	Riskscape	地震、洪涝、海啸、火山、风暴潮	国家

续表

序号	名称	关注灾种	服务范围
16	RQE	地震、洪涝、热带气旋、风暴潮	全球
17	Sobek 1D /2D Model	洪涝	全球
18	Tropical Cyclone Risk Model（TCRM）	热带气旋	全球、地方
19	Verisk Maplecroft	洪涝、风暴潮、地震、海啸、热带气旋	全球、地方
20	World Risk Index	地震、热带气旋、洪涝、干旱	全球

资料来源：周洪建：《当前全球减轻灾害风险平台的前沿话题与展望——基于2017年全球减灾平台大会的综述与思考》，《地球科学进展》2017年第7期。

（三）农业巨灾经济发展影响

随着社会经济的飞速发展，社会生产的三大产业（农业、工业和服务业）之间联系越来越密切。农业巨灾势必会对三大产业造成破坏，进而使经济系统受到影响，甚至会对国民经济系统的稳定运行造成威胁。所以，在灾害的预防、应急及恢复过程中，量化评估农业巨灾对宏观经济发展的影响，有利于国家相关部门准确了解农业巨灾的放大程度。

自然灾害经济学研究始于20世纪50年代，自20世纪80年代开始巨灾的经济发展影响研究，该研究基于灾害发生期间的社会经济条件，分析农业巨灾的社会经济影响。目前，主要是从以下三个视角研究巨灾对经济发展的影响。

（1）特定巨灾对区域经济发展影响研究。譬如通过分析毁灭性的飓风米奇袭击洪都拉斯巨灾事件估计该事件的具体费用与后果（Benson and Clay，2004；Halliday，2006；Horwich，2000；Narayan，2001；Selcuk and Yeldan，2001；and Vos et al.，1999）。还有得克萨斯州韦科1953年的飓风、加州Yuba城市1955年的洪水、阿拉斯加1964年大地震、得克萨斯州卢博克市1970年的飓风等。

（2）巨灾微观经济发展影响研究。研究农户、企业等微观主体在巨灾发生情况下的经济影响。Townsend（1994）、Paxson（1992）、Udry（1994）等学者研究了农业巨灾主体（尤其是农户）在巨灾发生的情况下，对突然的意外冲击的收入影响以及家庭准备和应对方式等问题进行分析。

（3）巨灾宏观经济发展影响研究。Albala-Bertrand（1993）开发了一组巨灾事件发生的反应分析模型，并对26个国家1960—1979年的灾害数据进行实证分析，发现巨灾使26个国家的农业和建筑产量、国内生产总值、资本、双赤字、能源储量都有所增加，但是对汇价没有明显影响，而且通胀率不变化。Rasmussen（2004）定期收集和分析加勒比群岛国家的巨灾数据。Tol 和 Leek（1999）通过文献梳理发现，由于巨灾破坏资本存量，然而 GDP 指标鼓励节能并投资于防灾减灾和灾后恢复工作，所以很容易发现巨灾对 GDP 的正面影响。在这些实证研究方面，通常是对作者选择的一小部分巨灾分析事件中的一组宏观经济变量、一个前后单因素进行研究，所以存在一定的局限性。

Skidmore 和 M. Toya（2002）考察了自然灾害对经济增长的长期影响。作者为考察自然灾害对经济增长、物质和人力资本的平均措施积累与全要素生产率等方面的长期影响，进行实证研究，综合短期描述与长期趋势（平均数），对灾后宏观经济的动态变化进行对比。

张显东和沈荣芳（1995）采用哈罗德—多马经济增长模型初步估计了灾害所造成的直接损失对经济增长率的影响。路琮等（2002）、丁先军等（2010）等学者基于投入—产出模型推导出 ARIO 模型，进一步分析了农业巨灾损失对经济系统的影响。李宏等（2010）基于社会经济因素，通过时间序列建模方法研究了我国自然灾害损失的变化与相关因素（包含经济增长、医疗、教育及人口等）发展变化之间的关系。

（四）农业巨灾风险管理

除了对农业巨灾风险管理定义、内涵和重要性等基本理论进行研究以外（庹国柱等，2010；黄英君，2011），更多的研究是基于农业巨灾风险管理的特征，从不同的视野和模式进行比较分析与实证研究，从制度和模式层面进行探讨，也探讨了我国未来农业巨灾管理制度创新（周振等，2009；张喜玲，2011；武翔宇等，2011）。

武翔宇（2011）提出农业巨灾风险管理可以采用气象指数保险；周振和谢家智等学者构建了判断农民在农业巨灾风险下的风险态度的抽象模型，并通过实证研究验证了相关研究结论。研究结果显示，因受到环境的不确定性和信息不通畅等问题的影响，农民对农业巨灾风险的认知程度及理性购买巨灾险种的意识比较低。同时，在外界偏差性行为（包括从众行为、非贝叶斯规则、框架效应、锚定效应和代表性法则等）作用下，大多数农民的选择会是非理性的选择行为，风险选择有趋同的现象，此外，通过实证研究证明了这些现象的客观存在。

农业巨灾风险管理工具研究吸引了更多的国内外学者（Neit A. Donerty，1998；Froot，1999；Paul K. Freeman，2001；John Duncon etc.，2004；冯文丽，2011）。也有学者研究了农业巨灾风险管理的绩效评价体系。周振等（2011）研究发现我国巨灾风险管理整体水平不高。

二 农业巨灾风险分散

（一）农业巨灾风险分散方式

农业巨灾风险分散方式主要分为以保险、财政救助、社会捐赠、相互保险、再保险和巨灾基金等为主的传统农业巨灾风险分散方式（A. D. Roy, 1952；W. Joseph，2002；孙祁祥，2004）和以四个传统工具（巨灾期权、巨灾债券、巨灾期货和巨灾互换）和四个当代创新工具（或有资本票据、巨灾权益卖权、行业损失担保和“侧挂车”）等为主的非传统农业巨灾风险分散方式（ART）（H. Cox Sammuel，2000；Louis Eeckhoudt 和 Christian Gollier，2005；M. Dwright，2005；J. David，2006；Thomas Russel，2004；田玲等，2007；吕思颖，2008；谢世清，2009）。

庹国柱等（2010）针对我国农业巨灾损失很大一部分是由农户自己承担，巨灾损失补偿的总体水平非常低，而且巨灾风险损失补偿制度单一，提出农业巨灾风险分散的最优路径与策略是构建多主体、多元化、多层次的整体性巨灾风险损失补偿机制。傅萍萍（2006）的研究表明，灾民自救、政府拨款和社会救济是我国农业巨灾风险分散的主要方式。袁明（2009）的研究显示，我国的财政救灾支出所占灾害损失比例自 20 世纪 90 年代以来仅为 1.57%，而且以后会逐年减少，可见政府在巨灾损失补偿中的作用十分有限。张志明（2006）认为目前国内巨灾保险体系几乎是一片空白，还没有获得充分发展。姚庆海（2011）研究发现发达国家的保险市场承担了大于 40% 的巨灾风险损失，而我国是受灾农户自行承担绝大部分的巨灾损失。唐红祥（2005）认为保险与再保险对分散巨灾风险损失有积极作用，但是在我国这两种分散方式仍处于起步阶段。根据相关文献资料分析发现，我国在 2007 年南方的冰雪灾害中保险行业承担灾害损失的比例不足 1%，其中农业保险仅赔付 4014 万元，低于已付赔偿总额的 4%。

（二）农业巨灾风险分散模式

农业巨灾风险分散模式目前主要有三种，一是以美国为代表的政府监管、市场运作的“单轨制”模式；二是以墨西哥为代表的个人参与、公私合作模式；三是以日本为代表的区域性农业共济组合模式（见表 1-3）。国内许多学者在通过对比分析全球代表性农业巨灾风险分散模式，总结经验启示，并对我国的分散模式提出建议（马晓强，2007；李永，2007；谢家智，2008；王国敏，2008；徐文虎等，2009）。

由于当前我国没有完善的巨灾保险体系，单浙明（2006）提出构建强制性巨灾保险制度及巨灾保险基金，采取政策性与商业性再保险相结合的方式分保等措施。高雷等（2006）认为国内在“政府主导型”模式下，真正通过巨灾保险市场分散的农业巨灾只占很小的比例，提出建立一个以政府、保险公司（含再保险公司）、农户、公益组织等为主体的共享共担的模式。周振、边耀平（2009）通过总结国外具有代表性的农业巨灾风险管理模式，主张构建符合中国国情，在兼顾效率和公平的前提下，发挥市场与政府的双重作用的农业巨灾风险分散管理模式。

表1-3　农业巨灾风险分散模式比较

风险分散模式	理论依据	政府职责	保险特征	代表性国家
市场主导模式	自由市场理论	负责监管	费率较高、投保率低、赔付能力有限	德国
政府主导模式	公共利益理论	提供保险保障	强制保险、费率较高、公共财政负担沉重	美国
公私合作模式	市场增进理论	协作商业保险	商业公司提供保险、政府提供政策支持	墨西哥、土耳其
农业共济模式	现代风险管理理论	建立信用基金，负责监督	强制性与自愿性结合，政府财政支持	日本

资料来源：根据相关文献资料整理。

（三）农业巨灾风险分散机制

针对我国应该建立什么样的农业巨灾风险分散机制，我国学者对其进行了深入研究，主要观点如下：

（1）整体性农业巨灾损失补偿机制。庹国柱等（2010）运用系统论的思想提出把市场保险补偿机制与政府财政救济机制有机结合，有效发挥市场与政府在巨灾风险分散管理中的双重作用，从而建立多层次、多元化、多主体的巨灾损失补偿机制。姚庆海（2011）认为亟须创新改进国内当前的灾害损失补偿机制，积极发挥市场与政府在灾害风险分散管理中的作用，构建综合性风险保障体系。

（2）多层次的农业巨灾风险保障体系。丁少群和王信基于国内政策性农业保险的现状和特点对我国农业保险经营技术障碍进行了重点研究，提出在我国建立三层次的农业巨灾风险保护系统的建议。第一层次由保险公司直接承保，建立农业巨灾保险业务系统；由政府主导和政策支持的农业再保险制度市场化运作系统作为第二层次；由民政或金融部门创建的国家巨灾风险储备系统是第三层次。李德峰（2008）主张建立包括巨灾保险基金、政府巨灾支持计划、巨灾商业保险、巨灾再保险、巨灾风险证券化等在内的多样化的农业巨灾保险体系。该学者认为政府在防灾减灾中承担责任的大小与巨灾保险的市场需求成反比，所以建议政府鼓励建设与完善巨灾保险体系，从而推动农业巨灾保险体系的迅速发展。

（3）多元化的农业巨灾风险分散机制。谭中明等建议建立多元化巨灾风险保险模式，主张通过政府指引、财政支持、保险（含再保险）与资本市场运作等相互配套，构建商业性与政策性相结合的农业巨灾风险分散机制。刘毅（2007）主张充分借资本市场之力分散农业巨灾风险，提出建立巨灾保险基金和再保险体系，确定巨灾保险的政策性地位及科学合理的巨灾保险费率等建议。

（4）农业巨灾风险分散共生合作机制。邓国取等（2013）基于共生理论的视角，建议建立农业巨灾风险分散的共生系统，该共生系统应当由共生环境、共生单元和共生关系三个要素构成。基于农业巨灾风险分散共生行为及组织模式演进分析，建立农业巨灾风险互利互惠的共生行为模式，并设计发展路径。其中，设计我国农业巨灾风险分散共生机制需要通过共生组织机制、共生政策机制、共生行为机制和其他共生机制形成我国农业巨灾风险分散共生合作机制。而农业巨灾风险分散实现路径的设计需要立足于我国农业巨灾风险及分散现状，运用共生理论和路径依赖理论进行设计。

三　农业巨灾风险分散国际合作

（一）国际合作理论

主流国际合作理论有新现实主义、新自由主义和建构主义三大学派，这三种学派的观点构成了国际合作的理论基础，为推进国际合作和建立国际合作机制提供了理论依据。新现实主义、新自由主义把国家看成相似的单位，忽略了国家间在政治、经济、文化、历史等方面的差异；建构主义强调的社会因素只能作为国际合作中的一种辅助促进因素，而忽略了世界各国对政治经济利益的驱动，实际操作性比较弱。我国学者从博弈论（翁孙哲，2018）、相对收益（张杰等，2013）、国际合作形式（葛汉文，2018）和国际合作机制（李向阳，2006）等视角对国际合作进行了研究。

（二）农业巨灾风险分散国际合作

巨灾风险分散的国际合作由来已久，国内外学者从各自的研究角度进行了相关研究，主要成果可以归结为以下几个方面。

（1）全球气候变暖背景下的国际灾害管理合作研究

自然灾害与环境问题已经成为影响到全球经济和社会安全的普遍性问题，全球化背景下，各国和地区共同参与国际灾害管理，进行灾害全球治理刻不容缓，势在必行。早期的研究集中在全球气候变暖对各国灾害治理策略的影响，认为全球气候变暖使各国政策发生了变迁，开始谋求国际合作（Andrea Baranzini，Marc Chesney，Jacques Morisset，2003）。在全球气候变化框架下，即使冲突国家之间的政府和非政府层面也可能会因为灾害进行长期防灾减灾的合作（Ganapati，2010）。

国内学者史培军（2018）、周洪建（2012）、李良才（2018）、卢璐（2012）、郭跃（2016）等均从全球环境变化、气候变化的背景出发，分别研究了综合风险防范的核心科学计划的进展与实施、亚太气候灾害移民的政策响应、从国际法角度分析海洋环境治理的跨制度合作机制、气候变化风险的主要特征和风险评价以及中国应对气候变化风险的策略，提出为应对全球化下自然灾害风险的新形势，建立基于风险管理的灾害风险管理范式，推行风险转移和灾害防御政策，积极开展减灾防灾领域的国际合作。

（2）国际组织框架下的国际减灾及风险分散合作研究

随着巨灾影响的扩大，特别是典型国家巨灾（如美国卡特里娜飓风）和典型区域巨灾（加勒比海飓风、印度洋海啸等）的巨大影响，使世界各国政府开始在国际组织的推动下尝试国际合作。2006 年在世界银行技术援助支持下，墨西哥已成为第一个利用国际再保险市场和资本市场进行巨灾风险分散的发展中国家，与世界银行和慕尼黑再保险公司分别签订了一份掉期协约，有效实现了巨灾风险的国际资本市场分散，为农业巨灾风险分散国际合作提供了一个很好的范式（TW Bank，2008；MG Anderson，2010）。

近几年来，国内有关防灾减灾国际合作研究的文献开始丰富起来，有不少学者分别介绍了各类国际防灾减灾组织（比如联合国、经济合作与发展组织、亚太经合组织、世界银行等国际组织机构）的防灾减灾机制和行为（侯丹丹，2016；杨凯，2010；范丽萍，2016）。另外，史培军等（2014）针对国际减轻灾害风险后兵库战略框架对国际减轻灾害风险的战略对策做了研究；周洪建（2017）介绍了当前全球减轻灾害风险平台的前沿话题与发展方向；谢世清（2010）对加勒比巨灾风险保险基金的运作进行了详细分析，并提出借鉴意义；程悠旸（2011）总结了墨西哥巨灾债券的经验与启示，等等。也有不少学者专门研究中国在国际组织框架内所参与的国际减灾合作，如洪凯等（2011）研究了中国参与联合国国际减灾合作的议题，建议中国推进联合国主导的国际减灾合作，以提升防灾减灾能力和国际影响力。

（3）区域性的国际防灾减灾合作研究

为促进与保护区域生态环境建设，需要不断增强国际防灾减灾合作，提高国际防灾减灾能力是各国面临的共同挑战和使命，加强防灾减灾国际合作势在必行（杨亚非，2013）。国内更多的文献集中在中国与相邻地区的区域防灾减灾国际合作研究，提出了我国在亚太地区（何章银，2013；赵长峰，2012）、上海合作组织（高昆，2010）、东南亚或东盟“10+3”（王勇辉、孙赔君，2012；韦红，2018）、东北亚（刘喜涛，2013；韦红、陈森林，2013）等组织框架下，开展区域性防灾减灾国际合作的设想，分别提出推进中国—东盟救灾公共产品供给（韦红等，2014）、构建东盟“10+3”巨灾保险基金（曾文革等，2014），建立多功能的巨灾风险防范金融体系（史培军等，2014）等构想。

（4）通过国际市场分散农业巨灾风险的国际合作研究

我国早期的研究文献提出了将农业巨灾风险向国际市场分散的观点（安翔，2004；邓国取，2006），主张向国际市场开展农业巨灾再保险、发行国际巨灾基金、债券和证券化产品，但没有具体的设计。此后，不少学者开始介绍国外农业巨灾风险分散国际合作的案例，总结其经验和启示，包括加勒比巨灾风险保险基金（谢世清，2010）、墨西哥巨灾债券（程悠旸，2011）的运作等，认为我国农业巨灾也可以利用农业巨灾风险证券化和指数化保险等新型风险分散手段，充分利用国际再保险和保险风险证券化等方式进行风险转移，分散国家农业巨灾风险。

四 评价

（一）农业巨灾风险分散管理的理论研究始于20世纪初期，但是巨灾风险分散管理方面的大规模研究，特别是巨灾风险证券化的研究始于20世纪70年代。国内对该方面的研究开始较晚，主要是对农业巨灾风险分散的必要性、重要性、困境分析和分散方式、模式、机制等方面进行探讨，虽然对农业巨灾风险分散机制有一定的宏观描述，但是缺乏具体可供操作的模式。与国外巨灾风险分散管理相比，国内在理论探索和实践证明方面都是比较落后的。另外，国内关于农业巨灾风险分散的文献多集中在如何利用国内资源开展农业巨灾风险分散，研究缺乏全球视角和战略，因此，创新农业巨灾风险分散机制，开展国际合作，破解我国农业巨灾风险分散困境是亟待开展的工作。

（二）国际合作理论为农业巨灾风险分散国际合作提供了理论依据，但其三个代表性的理论无疑都是建立在严格的假设基础上，结合中国情境，完善农业巨灾风险分散国际合作理论就显得十分必要。此外，国内外现有巨灾风险分散国际合作主要集中在国际救援、信息共享、技术合作研发、人才培养、学术交流和灾后重建等方面，笔者认为这些都是初步和浅层次的事务性国际合作，农业巨灾风险分散国际合作的核心是通过利用国际资源，运用传统和非传统的分散工具，实现农业巨灾风险跨国间分散的行为，因此，深层次的实质性农业巨灾风险分散国际合作还有待我们去探索。

第四节　研究方法

一　切克兰德方法论

从20世纪70年代中期开始，许多学者在霍尔方法论基础上，进一步提出了各种软系统工程方法论。80年代中前期由P. 切克兰德（P. Checkland）提出的方法比较系统且具有代表性。P. 切克兰德认为完全可以按照解决工程问题的思路来解决社会问题或软科学问题。

本书采用切克兰德的系统方法论来规划研究方向和进度，保证项目系统全面地按照预期规划进行。根据切克兰德的系统方法论，本研究划分为三个阶段，制定了每个阶段的时间节点、工作任务和保障体系，保障该项目研究工作的顺利进行。

二　文献研究与实地调查相结合

从已有文献中梳理农业巨灾风险分散国际合作的理论基础，通过对农业巨灾风险分散国际合作的内涵和外延进行分析，总结概括农业巨灾风险分散国际合作的对象、原则和特征等。对农业巨灾风险分散的国际合作模式及机制理论积极探讨，选取全球农业巨灾及国内代表性区域和灾种，建立国内外农业巨灾数据库。同时开展实地调研，获取国内外代表性的农业巨灾微观数据，进行实证研究。

三 规范分析与实证分析相结合

在规范分析方面，本著作遵循国际合作机制理论的基本范式，结合灾害经济学和风险管理学等其他学科研究成果，研究和设计我国农业巨灾风险分散国际合作模式和机制。在实证方面，本书主要采用协整分析、结构向量自回归模型（SVAR）、面板数据计量模型、主成分回归、因子分析、二元选择模型等的计量模型，刻画和分析我国农业巨灾风险分散国际合作现实与预期，为我国农业巨灾风险分散国际合作模式和机制设计提供数据支持。

四 案例分析法

一是选取国外代表性农业巨灾风险分散国际合作案例（如 CCRIF 等），总结其经验和启示。二是选取我国农业巨灾风险分散国际合作设计案例（比如环太平洋和欧陆地震、环太平洋和印度洋热带气旋等），设计其国际合作模式和机制，并在实践中进行检验和完善。

第五节 研究技术路线

本著作的研究路线如下：首先，明确著作的研究背景、国内外研究现状，阐析相关理论基础，设计著作研究的总体框架；其次，运用文献研究法、规范与实证分析法、案例分析法等方法对我国及全球农业巨灾风险分散现状进行分析与评价，梳理和总结国内外农业巨灾风险分散国际合作理论及实践；最后，探索我国农业巨灾风险分散国际合作的模式、主体及渠道，明确我国农业巨灾风险分散国际合作项目与开发策略，规划我国农业巨灾风险分散国际合作机制范式与建设路径。本著作的技术路线见图 1－5。

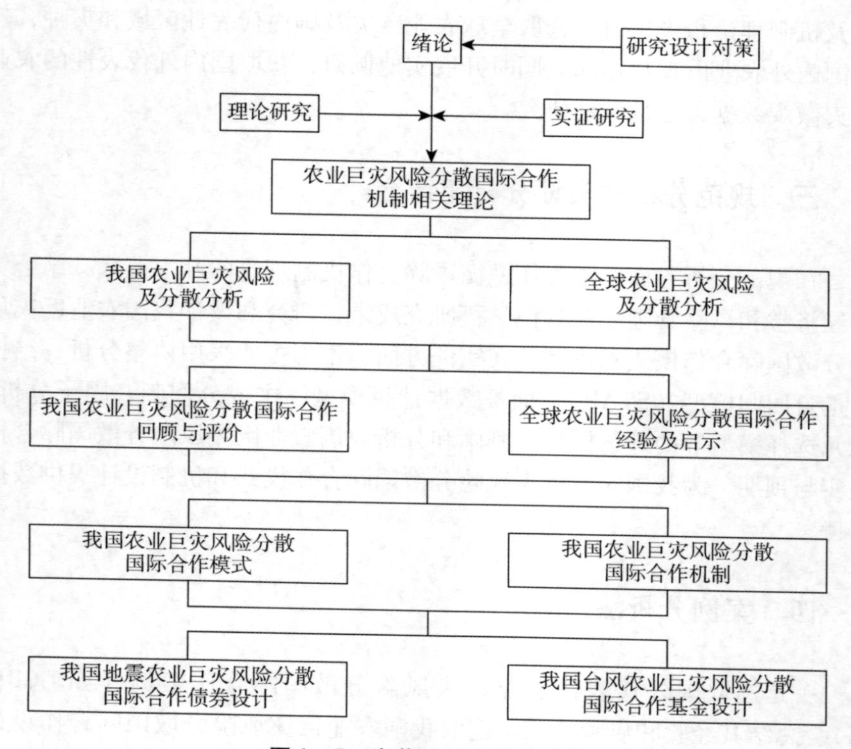

图1－5　本著作研究技术路线

第六节　研究内容

本著作采用提出问题——分析问题——解决问题的研究路线，对我国农业巨灾风险分散国际合作模式和机制进行了重点研究，并且通过具体的产品（地震和台风）设计和开发，实现我国农业巨灾风险的分散。本著作的研究内容包括十章，具体如下：

第一章，绪论。本章主要是对著作的研究背景、国内外研究现状、研究的理论和现实意义、研究方法、技术路线、研究内容及创新之处进行介绍。

第二章，农业巨灾风险分散国际合作机制理论概述。本章探讨和分析了农业巨灾研究上有争议的问题，界定农业巨灾及农业巨灾风险分散，厘清农业巨灾风险分散国际合作模式和机制相关理论，为本著作的研究提供理论支撑。

第三章，我国农业巨灾风险及分散分析。本章首先对我国农业巨灾风险损失情况进行描述，发现其存在三个特征：（1）农业巨灾风险损失逐年增加，但占 GDP 的比重逐年下降；（2）农业巨灾风险集中在洪灾、旱灾、台风和地震，但其损失变化不尽相同；（3）受灾和紧急转移人口、农作物受灾面积和成灾面积都呈现上升趋势，但死亡（含失踪）人口呈现下降态势。其次系统分析了目前我国以各级政府、社会救助组织、受灾农户、农业巨灾保险企业（含再保险企业）等主体的农业巨灾风险分散情况，发现农业巨灾损失补偿总体水平和风险分散的主体及承担比例等方面都存在问题。

第四章，全球农业巨灾风险及分散分析。本章首先从发生频次、伤亡人数、经济损失和保险损失四个方面刻画了全球及各大洲的农业巨灾风险，其次按照地震、风暴、洪水、冰雹、严寒和冰冻、干旱、丛林火灾、热浪等农业巨灾类型，分析了农业巨灾风险的时空分布特征，最后从保险视角分析了全球及各大洲农业巨灾风险的分散情况。

第五章，我国农业巨灾风险分散国际合作回顾与评价。我国农业巨灾风险分散国际合作经历了单边救灾国际合作、双边救灾国际合作和全面救灾国际合作三个阶段，目前国际合作机制已经形成，国际合作模式日趋完善，国际合作成效显著。但现阶段我国农业巨灾风险分散仍然以事务性国际合作为主，未来我国农业巨灾风险分散的发展趋势由国内主导转向国际合作，向实质性国际合作转变。

第六章，国际农业巨灾风险分散合作经验及启示。农业巨灾是世界各国共同面对的难题，贯穿了整个人类社会的发展历史。基于共同面对农业巨灾的利益诉求，世界各国（地区）开展了大范围的合作。农业巨灾风险分散的国际合作机制和模式逐步形成，不断探索和创新农业巨灾风险分散的国际合作工具，产生了一些典型案例，给我国农业巨灾风险分散的国际合作提供了积极的启示。

第七章，我国农业巨灾风险分散国际合作模式。国际合作模式形式多样，但大体可以分为两类：第一类是按照股权性质划分，主要分为股权国际合作和非股权国际合作；第二类是按照国际合作关系和主体地位类型划分，主要分为松散合作、协调合作、领导—合伙合作和领导—代理合作。本章首先对上述模式进行了分析，对其优缺点进行了比较，基于国际合作模式设计标准和设计原则，本著作设计了我国农业巨灾风险分散事务性国际合作模式和务实性国际合作模式。

第八章，我国农业巨灾风险分散国际合作共生机制。本章基于社会建构主义和共生理论对我国农业巨灾风险分散国际合作共生模式及演进机理进行了分析，据此设计了我国农业巨灾风险分散国际合作共生机制，并对我国农业巨灾风险分散事务性及务实性国际合作的实现路径进行了积极探讨。

第九章，我国地震农业巨灾风险分散国际合作债券设计。实质性的农业巨灾风险分散国际合作体现在合作项目上，而农业巨灾风险分散国际合作项目最终体现在产品的设计和开发上，这也是目前国际合作最为缺乏的。本章在文献述评的基础上，研究基于“一带一路”倡议国际合作的地震农业巨灾债券产品的设计与开发，主要包括地震农业巨灾债券的运行机制、触发机制和债券定价机制三个部分。

第十章，我国台风农业巨灾风险分散国际合作基金设计。台风巨灾作为全球也是我国的巨灾风险之一，影响广泛而深刻。本章根据当前国家“一带一路”倡议，选择我国台风巨灾风险分散国际合作模式——“21世纪海上丝绸之路”区域合作模式，设计“21世纪海上丝绸之路”台风巨灾国际合作基金，重点研究了该基金的来源、规模、运行机制和赔付机制等。

第七节 创新与展望

一 本书创新

（一）系统刻画了农业巨灾风险及分散现状

从我国、各大洲及全球三个层面，运用农业巨灾风险及风险分散的截面数据，系统刻画了农业巨灾发生频次、伤亡人数、受灾和紧急转移人口、经济损失、农作物受灾面积和成灾面积等风险指标，从时空分布特征对农业巨灾风险进行了分析，主要从巨灾保险视角研究了农业巨灾风险分散现状，总结了农业巨灾风险及分散演变的基本规律。

（二）全面厘清了农业巨灾风险分散国际合作历史与现状

首先总结出了我国农业巨灾风险分散国际合作经历了单边救灾国际合作、双边救灾国际合作和全面救灾国际合作三个阶段，认为当前中国农业巨灾风险分散国际合作的“中国经验”（合作机制已经形成，国际合作模式日趋完善，国际合作成效显著）值得学习和借鉴，但我国农业巨灾风险分散仍然以事务性国际合作为主，未来我国农业巨灾风险分散的发展趋势由国内主导转向国际合作，向实质性国际合作转变。其次基于全球共同面对农业巨灾的利益诉求，世界各国（地区）开展了大范围的合作，农业巨灾风险分散的国际合作机制和模式逐步形成，不断探索和创新农业巨灾风险分散的国际合作工具，产生了一些典型案例，给我国农业巨灾风险分散的国际合作提供了积极的启示。

（三）总体探索了我国农业巨灾风险分散国际合作模式及机制

首先，对两类国际合作模式进行了分析，基于国际合作模式设计标准（关系要密切、要拥有话语权、合作效率要高）和设计原则（四个维度、四大因素、最优组合），设计了我国农业巨灾风险分散事务性国际合作模式和务实性事务性国际合作模式。其次，本著作以社会建构主义和共生理论为基础，分析我国农业巨灾风险分散国际合作的共生模式及演进机理，据此设计了我国农业巨灾风险分散国际合作共生机制，并对我国农业巨灾风险分散事务性及务实性国际合作的实现路径进行了积极探讨。

（四）典型设计了我国农业巨灾风险分散国际合作产品

实质性的农业巨灾风险分散国际合作最终体现在产品的设计和开发上，这也是目前国际合作最为缺乏的。本著作在文献述评的基础上，研究了基于“一带一路”倡议国际合作的地震农业巨灾债券和台风农业巨灾基金产品的设计与开发，主要包括运行机制、触发机制和定价机制三个部分。

二　研究展望

农业巨灾的不可避免性及风险分散的现状，决定了农业巨灾风险分散是全球一个永久的话题，并且不可能在短时间得到有效的解决。虽然课题组全体成员投入了大量的时间和精力做了大量的分析和研究工作，但是由于笔者的能力和水平有限，因此在研究过程中存在不足，甚至错误也在所难免。

一是我国农业巨灾风险分散国际合作机制及路径细化设计。尽管本著作设计了农业巨灾风险分散国际合作机制的范式以及建设路径，但是合作政策机制、组织机制、行为机制和其他机制都需要更细化的设计，同时，要依据农业巨灾灾种、区域特征及政策等因素因地制宜地细化实现路径设计。

二是拓展农业巨灾风险分散国际合作产品设计与开发。限于时间、精力和能力，本著作基于“一带一路”倡议，选取了地震农业巨灾国际合作债券和台风农业巨灾国际合作基金两种产品进行了研究。事实上，农业巨灾国际合作金融产品及金融衍生产品很多，有些也比较成熟。随着我国社会经济的发展，特别是金融市场和资本市场的发展，未来我国农业巨灾风险分散国际合作的产品会不断创新，需要我们去进一步探索。

第二章　农业巨灾风险分散国际合作机制理论概述

农业巨灾风险分散国际合作机制的相关理论属于交叉学科理论，其主要源于以下两个理论：一是巨灾理论，巨灾理论起源较早，该理论经过长时间的发展，理论体系越来越完善，尤其是近二十年发展迅速；二是国际合作理论，主流的国际关系理论有新现实主义、新自由主义和建构主义三大学派，这三种学派的核心观点奠定了国际合作的理论基础，为推进国际合作及建立国际合作机制提供了理论依据。但到目前为止，我国农业巨灾理论方面仍有很多争议的地方，本章通过对有争议的农业巨灾问题探讨与分析，对农业巨灾以及农业巨灾风险分散进行界定，厘清农业巨灾风险分散国际合作模式及机制相关理论，为本著作的研究提供理论支撑。

第一节　农业巨灾风险

一　农业巨灾

国内外关于巨灾的定义争论由来已久，导致了全球还没有统一的巨灾度量标准，不同时期各国学者和保险公司在巨灾度量与数量刻画方面有较大的差异。整体来讲，一种是定性研究，认为巨灾是包括上帝、自然等外部作用的结果，即所谓因果论；也有学者（Box，1970）认为巨灾是自然环境、人口及经济水平等各种因素变化过程中相互作用的结果，对个人或企业的相对满意和社会制度及物质存在等已形成的状态产生负面结果的事件，即所谓综合论。另一种是定量研究。T. L. Murlidharan（2001）认为巨灾是灾害造成的经济损失大于 GDP 的千分之一，而 J. David Cummins 等（2001）认为巨灾是造成保险业损失大于 100 亿美元的灾害事件。巨灾的界定在不同的保险公司也存在不同的标准，譬如标准普尔（1999）认为使保险损失大于500万美元的自然灾害即可划为巨灾。美国保险服务局（ISO）将灾害导致财产直接保险损失超过2500万美元，并且影响大范围的保险人与被保险人的灾害事件称为巨灾。瑞士再保险公司认为损失大于6600万美元即为巨灾。

综合国内外对巨灾临界值度量和数量刻画理论和实践，不难看出巨灾是一个具有小概率、大损失的相对事件，由此可以推出如下结论：巨灾是指发生概率小，单次灾害损失大且累计灾害损失大于受灾人、保险人和政府等分担主体的承受能力的事件。

农业巨灾是指发生概率小，单次灾害损失大且累计灾害损失大于农户、农业保险公司或政府等分担主体的承受能力的事件。邓国取（2006）综合国内外通行做法，运用专家咨询法，通过对231个有效样本调研分析后得出，以承受巨灾损失的农户、农业保险公司或政府的农业巨灾度量标准为基础，一次性灾害累计损失分别超过其总资产、赔付能力和GDP的50%、30%和1‰。本著作采用该标准来划分农业巨灾和农业一般灾害。

二 农业巨灾风险

（一）风险

风险从广义的角度来看，是指某一时间发生与否及发生后的各种可能情况的组合。保险理论风险仅指由是否发生、发生时间及造成结果三者的不确定所形成的损失的不确定性。因为学者对风险的理解与认识程度及研究的角度各有见解，学术界尚未对风险的内涵形成统一明确的定义，以下是较为常见的观点：（1）风险相对于结果而言具有不确定性。March和Shapiro等认为风险是一定领域里的限定结果，譬如不确定性的收益分布、证券资产中各种收益率的变动等。C. A. Williams（1985）认为风险是在时间、地点等限定条件下的结果的不确定性。（2）风险相对损失而言具有不确定性。J. S. Rosenb（1972）与F. G. Crane（1984）两位学者都认为风险是指损失的不确定性；段开龄（1992）提出基于可能发生损失的损害程度来确定。（3）基于风险的形成机理对风险界定。通常认为风险是以作为必要条件的形成风险的因素、充要条件的事件和结果为主的风险要素相互作用的结果。

希腊文Katasrtophe是巨灾风险（Catastrophe）一词的起源，巨灾风险是指发生概率低但损失惨重的灾害，这些灾害发生突然、无法预测和避免，并且损失严重，譬如台风、地震、洪水、干旱等引发的灾难性事件。

（二）农业巨灾风险类别

根据不同的标准可将农业巨灾风险划分为不同的类别。目前，较有代表性的有两种方式。

（1）从风险结果的损失严重程度划分

以农业巨灾风险的人员伤亡、发生频率、经济损失等指标的严重程度为标准可划分为常态和异态两种农业巨灾风险。前者是指在保险期间发生的，并且标的间相容的巨灾风险，具有发生概率低、较常见、损失大等特点，比如暴风雨、冰雹等气候性灾害，通常保险公司不愿经营此类保险业务。而异态农业巨灾风险通常在保险年度内发生概率很小，若发生便会造成大规模的损失，严重打击保险公司的正常经营，甚至可能导致其破产，比如地震、洪水等自然灾害。但这并不是两者间的绝对区别，譬如在地震频发区，小震级的地震被视为常态巨灾风险，但若发生在其他区域则被认定为异态巨灾风险。一般会将干旱划为常态巨灾风险，但若造成较大规模的损失则被划为异态巨灾风险。

（2）从巨灾产生的诱因划分

农业巨灾风险根据其诱发因素通常可将其分为自然灾害风险和人为灾难风险。自然灾害风险通常是由干旱、地震、洪水等自然因素造成的灾害损失的不确定性。自然灾害虽然是由自然因素造成的，但是其损失程度与自然力强度及承载体的人为因素等有关。人为灾难风险一般是指因人类活动所造成的灾害损失的不确定性，影响到小范围内的某些标的物，例如，恐怖袭击、战争、重大火灾等，虽然这类活动涉及的范围小，但是风险大。

（三）农业巨灾风险特征

（1）不确定性强

农业巨灾风险的不确定性尤为突出。由于农业深受自然环境影响，虽然自然环境在短期内相对稳定，但是突发性的巨灾超过了人类对自然灾害的预测与监控能力。农业生产者和经营者作为典型的价格接受者在市场经济体制下对市场依赖性和从属性非常明显，导致农业巨灾风险具有高度不确定性，这也是难以顺利建立农业巨灾风险分散机制的一大原因。

（2）风险单位大且相关度高

风险单位是指单次灾害事故可能造成保险标的的损失范围。众多农业巨灾保险单位组成农业巨灾风险单位，比如地震、洪水、干旱等灾害风险是由受灾范围内全部同类保险对象组成的一个风险单位，发生损失的时间往往在同一时间内，所以使农业巨灾风险单位在时空分布方面具有高度相关性，但是又制约着巨灾后风险单位的协调能力，使农业巨灾风险分散的难度增加。与此同时，大量的风险单位被包含到农业巨灾同一风险事件中，也增强了波及风险损失的乘数效应，进而影响到其他行业，甚至对整个国民经济系统都会造成影响。

（3）区域性强

农业受自然环境及天气等因素的影响大，农业巨灾因受灾对象、经济发展水平、发展潜力、人口密度等承受灾害体特性差异，表现出典型的区域性，该区域性特征主要体现在以下两个方面：①灾种分布表现出区域性。在同一自然区域，相似的自然环境往往使灾害种类相同，在不同区域灾害损失程度也有差异。以我国为例，东部区域因位于沿海地带，所以灾害种类以台风和风暴潮为主；位于我国长江、黄河中游地带的中部区域洪灾较为严重，但干旱和地震等灾害较少；西部区域受沙漠、干旱等气候的影响，旱灾、沙尘暴、泥石流等为其主要的农业巨灾灾种。②风险抵抗能力的区域性。世界范围幅员辽阔，各国农村的经济发展水平、人口密度以及农业生产经营对象都存在差异，因此风险抵抗能力会呈现出明显的区域性。以我国为例，农业巨灾直接经济损失值在东部沿海地区一般较大，但由于该地区区域经济发达，具有较强的风险抵抗能力，直接经济损失率为中等或较小，而我国西部地区与之相反。

第二节　农业巨灾风险分散

农业巨灾风险具有不可规避性、频发性、损失巨大等特征，但农业巨灾风险分散可帮助“三农”灾后恢复与建设。

一　风险分散

风险处理的方式之一即是风险分散，通常巨灾发生后，农户一般选择降低风险、自留风险和转移风险三种方式分散风险。农户为降低风险一般采取灾前预防、灾后控制等措施。若在巨灾发生后，农户自己承担灾害风险即为风险自留。风险转移是借助保险、再保险、基金、债券和巨灾衍生工具等将巨灾风险转移出去。

保险是法律地位平等的当事人通过签订合同把部分风险转移给保险人，从而实现损失共同承担，这也是转移农业巨灾风险的一种市场化手段。投保人通过缴纳保费将风险转移给保险人，保险人则需依据合同赔偿被保险人。投保人无论灾害是否发生都需要按期缴纳保险费，这样才能取得分散风险的权利。农户购买灾害保险，保险人在灾后及时提供经济补偿以帮助农户灾后恢复与重建。

再保险（reinsurance）又称分保，通过签订分保合同，原保险人将基于原有保险合同所承保的部分风险和责任再次转嫁给其他保险人，是保险人进一步分散风险的一种方式。原保险人一般是指承担各类保险业务的保险公司，由资本金和公积金数量来决定它承担农业巨灾风险的能力，因此原保险公司必须增强财务稳定性和竞争能力，实现一定的投保规模和业绩以保持经营连续性。单次农业巨灾的发生会对承保的保险公司造成严重打击，使保险人在限定区域内没有能力通过集合大量风险单位来分散风险，但是在较大的范围内的保险机制就可以实现将风险分散。国际再保险源于14世纪，历经数百年的发展，现在已经非常成熟，形成了多种分保形式。再保险可以实现对固有的巨大风险进行有效分散，通过巨灾区域外围的分保形式扩大分散面，可以有效化解巨灾风险，从而降低给原保险公司带来的风险。

因为巨灾并不适用保险精算的大数定律，保险市场融资效率低，累积风险不可行，保险的相对优势就丧失。但是若农业保险运用资本市场里的风险分散工具将农业巨灾风险扩散到资本市场，会降低各主体所承担的巨灾损失，因此巨灾衍生工具应运而生。1992年12月，由CBOT（Chicago Board of Trade）正式发行了第一个真正意义上的巨灾保险衍生品，后来发展为巨灾期货期权合同。当前已有巨灾债券、巨灾互换、巨灾风险信用融资和巨灾权益卖权等十多种巨灾保险衍生品，其中最为活跃、最具代表性的工具就是巨灾债券。

二　农业巨灾风险分散工具

伴随保险市场、再保险市场、金融市场和资本市场等的发展与成长，农业巨灾风险分散工具不断创新和开发，农业巨灾风险分散工具日趋多元化。

农业巨灾风险分散工具分为农户自救工具、社会捐赠工具、政府政策工具、传统市场工具和现代市场工具5大类23种具体工具。如表2-1所示。

表 2－1　农业巨灾风险分散工具

工具大类	工具	定义	特点	使用情况	其他
农户自救工具	储蓄	农户将收入的全部或部分以货币形式存入银行或其他金融机构的一种存款活动	安全性高、风险小、收益低	发展中国家农户较发达国家使用更为普遍	在发展中国家，该工具承担了农业巨灾的绝大部分风险（80%以上）
	投资	用资金、人力、知识产权等某种有价值的资产，投入到某个企业、项目或经济活动，以获取经济回报的商业行为或过程	风险和收益不确定	发达国家农户较发展中国家使用更为普遍	
	基础设施建设	农户加强农田、水利、灌溉和房屋等基础设施建设以抵御农业巨灾的行为活动	投资额较大、回收期较长	在国家财力不足的国家使用较为普遍	
社会捐赠工具	国内捐赠	一国或地区的组织或个人无私地把有价值的东西给予灾民的行为	无偿性、公益性	最常见的工具，但不稳定和欠规范	该工具承担了农业巨灾风险的1%—10%左右。发达国家较发展中国家稳定、规模大
	国际捐赠	国际和其他国家（或地区）的组织或个人无私地把有价值的东西给予灾民的行为	无偿性、公益性	最常见的工具，不稳定且常受政治因素的影响	
政府政策工具	财政专项拨款	主要用于加强农田、水利、灌溉、交通等公共基础设施建设，增强农业巨灾抵抗能力的国家财政资金	政策性、无偿性、预算性、专项性	最常见的工具，近期各国在逐步加大该工具的使用力度和范围	最稳定和可靠的农业巨灾风险分散工具，所承担风险的大小和该国的财政实力基本一致
	财政救灾	国家通过政府财政资金为挽救巨灾对农户造成的损害所进行的救助活动	政策性、无偿性、应急性、时效性	最常见的工具，使用普遍	
	财政补贴	国家财政为了激励组织或个人开展农业巨灾风险分散活动所提供的一种补偿活动	政策性、无偿性、灵活性、时效性	最常见的工具，使用普遍	
	税收优惠和减免	国家税收为了激励组织或个人开展农业巨灾风险分散活动所提供的税收政策	政策性、激励性和法律性	最常见的工具，使用普遍	

续表

工具大类	工具	定义	特点	使用情况	其他
政府政策工具	政府紧急贷款	国家为减少农业巨灾损失，加速农业巨灾恢复所提供的特别贷款支持活动	急需性、应急性、政策性、优惠性	较常见的工具，但受各国政府财力限制，各国的规模不一	最稳定和可靠的农业巨灾风险分散工具，所承担风险的大小和该国的财政实力基本一致
传统市场工具	保险	分散农业巨灾风险、消化农业巨灾损失的一种经济补偿制度	赔付频率低、赔付金额大	使用范围最为广泛的市场工具	传统的使用范围最广泛的市场工具
	相互保险	由一些对农业巨灾风险有某种保障要求的人所组成的、以互相帮助为目的的保险形式，实行“共享收益，共摊风险”	互助性、没有资本金、激励性	以日本、法国为代表，其他许多国家在小范围进行着尝试	较为新型的保险工具之一，使用范围有限
传统市场工具	再保险	农业巨灾保险人在原保险合同的基础上，通过签订分保合同，将其所承保的部分农业巨灾风险和责任向其他保险人进行再次保险的行为	风险转移、独立性、利益性和责任性	世界各国普遍使用，部分国家还开展了国际再保险业务	国际巨灾再保险是近期发展的重点
	银行紧急贷款	银行等金融机构针对处于农业巨灾紧急状态下的人们，对资金急需的而发放的贷款	应急性、临时性	较常见的市场工具	较为常见的农业巨灾风险分散市场工具
	巨灾基金	专门用于农业巨灾风险分散特定目的并进行独立核算的资金	集合投资、利益共享、风险分散、专业管理	绝大多数国家都在使用，但发展历史和规模存在较大差异	除了本国政府、专业基金和保险公司的巨灾基金外，国际组织和跨区域的巨灾基金发展较为迅速
现代市场工具	巨灾债券	为分散农业巨灾风险而约定发行的一种特别债券	基差（Basis Risk）风险小、流动性高、信用风险低、交易成本高、过程复杂、增加负债	1998—2004 年增长幅度相对缓慢；2007 年发行达到最高峰 70 亿美元；2008 年发行总量仍高达 27 亿美元	2014 年世界银行发行的巨灾债券规模达 3000 万美元，作为援助 16 个加勒比岛国未来 3 年若受到地震和飓风重创后的重建资金
	巨灾期权	以巨灾损失指数为标的物的期权合同，分为巨灾期权买权（call）、巨灾期权卖权（put）和巨灾买权价差（callspr-ead）三种类型	优点是场内交易标准化、自由化、指数关联。缺点是基差风险高、成交量过小、定价问题亟待解决	主要在美国芝加哥期货交易所开展这类业务	1992 年芝加哥期交所（CBOT）推出巨灾指数期货及期权；1995 年 9 月 CBOT 推出 PCS 期权

续表

工具大类	工具	定义	特点	使用情况	其他
现代市场工具	巨灾期货	一种以巨灾损失相关指数为标的物的期货合约	标的指数可以被人为操纵、道德风险与信息不对称、有基差风险	主要在美国芝加哥期货交易所开展这类业务	美国芝加哥期货交易所1992年ISO指数巨灾期货、1995年PCS指数巨灾期权和2007年CHI飓风指数期货
现代市场工具	巨灾互换	当特定巨灾事件所导致的损失达到触发条件时，可以从互换对手处获得现金赔付，主要有再保险型巨灾互换、纯风险交换型巨灾互换两种类型	交易成本低、操作简单、合约灵活、存在信用风险、透明度低、流动性低	在全球金融发达国家和地区得到了广泛应用，每年巨灾互换的市场大约为50亿—100亿美元	汉诺威再保险公司1996年成功推出首例巨灾互换交易；美国纽约巨灾风险交易所1996年成立并开办巨灾风险互换交易业务；1998年百慕大商品交易所成立了巨灾交易市场
	或有资本票据	特定巨灾事件发生后，保险人有权发行给特定中介机构或投资者的资本票据	优点：保险公司根据对巨灾发生后的需求，发行所需额度的或有资本票据，投资者可以获得较高的报酬，最大的好处是到期票据本金全部偿还。缺点：只有获得许可才能够发行、交易成本高昂、保险公司的偿债风险不易评估、流动性相对较差	自20世纪90年代中期以来，总计发行了约为80亿美元的或有资本票据	花旗银行1994年首次成功为汉诺威再保险公司发行8500万美元的票据
	巨灾权益卖权	为了规避保险公司因支付巨灾损失赔偿从而引起保险公司股票价值降低的风险，发行保险公司股票为交易标的的期权	优点：解保险公司燃眉之急、并不增加保险公司的资产负债表上额外的负债、期间短、速度快。缺点：非标准化的交易契约、道德风险问题、存在违约风险	自1996年以来共有十次巨灾权益卖权的交易记录，2002年后巨灾权益卖权的市场发展一度停滞	RLI保险公司、Center再保险、Aon再保险三家公司于1996年签订了一个价值为5000万美元的巨灾权益卖权契约；Trenwick公司2001年发行价值5500万美元的可转换优先股给苏黎世再保险公司
	行业损失担保	因为巨灾所造成的整个保险行业损失所触发的保险连接证券，主要有“进行时”行业损失担保（Live Cat）和“过去时”行业损失担保（Dead Cat）两种类型	成本低、交易简单、灵活性高、道德风险低、信用风险低、基差风险高、流动性低	其市场主要集中在保险业发达且自然灾害频发的美国	平均每年的交易量为50亿—100亿美元

续表

工具大类	工具	定义	特点	使用情况	其他
现代市场工具	“侧挂车”	原发起公司为部分担保的比例再保险合同提供额外承保能力的特殊目的再保险公司，本质上与比例再保险协议类似，只是以一个独立的公司形式出现	高度的灵活性、运营成本低、不存在股权稀释问题、增加了不稳定性、透明度不高	2005—2006年有近20宗“侧挂车”交易，筹集了占总量约13%、近50亿美元的巨灾资金	State Farm、Renaissance再保险1999年首次联合发起成立了Top Layer再保险公司

资料来源：邓国取等：《我国农业巨灾风险、风险分散及共生机制探索》，中国社会科学出版社2015年版。

通过梳理全球农业巨灾风险分散工具的使用情况发现，受灾农户自救工具作用显著、政府政策工具最为稳定和可靠、社会捐赠工具影响不容忽视、传统农业巨灾风险分散市场工具占市场主导地位、现代农业巨灾风险分散市场工具取得飞速发展。

伴随全球化的发展，各国不断加强合作与交流，因此也可以采用国际合作的方式分散农业巨灾风险。农业巨灾风险分散的国际合作从合作的深度、层次角度分析，具有多样性：一是利用国家间的政治、经济等资源实现农业巨灾国际救助的合作，加强信息交流与资源共享，增强国内外灾害救援速度、质量，防范农业巨灾跨境蔓延。虽然国际社会普遍认为通过国际合作可以实现国际援助目的，但是受政治环境、救援距离、协调度等因素的影响，国际援助不能保障最佳救灾时机。二是通过聚集公众、企业、非政府组织与国际社会的资本建立起国际巨灾风险基金以防巨灾风险。三是通过加强与境内外保险机构、国际金融机构等机构合作，实现巨灾损失向国外再保险市场分流，丰富巨灾损失的承担主体，实现巨灾保险业的国际化。四是将巨灾风险证券化产品发展到国际市场，以在更大范围内化解国内巨灾风险。

三　农业巨灾风险分散模式

某一事物的标准形式或可以参照的标准样式即称为模式。农业巨灾风险分散模式是指风险主体为实现风险分散而确定风险主体地位、分散风险的途径或方式、分散风险的业务范围等某一类方式方法的总称。因此，农业巨灾风险分散模式是指针对农业巨灾风险，风险主体所作出的系列反应的一种范式。目前，世界各国基于本国情况建立了各具特色的农业巨灾风险分散模式。

（一）从农业巨灾风险分散的区域范围分类

基于区域范围视角，农业巨灾风险分散可以分为两种：（1）国内（地区内）模式。农业巨灾风险分散通常全部或绝大部分在一个国家（地区）范围内开展，也就是说，该国（地区）承担了全部或绝大部分农业巨灾风险。（2）国际模式。在全球范围内开展农业巨灾风险分散，农业巨灾的风险通过国际资源进行分散。事实上，要严格区分两者边界是很困难的，通常情况是以实质性和非实质性国际合作来进行区分，所谓非实质性国际合作是指通过巨灾信息交流、灾害援助、人员搜救、技术合作研发、人员培训等开展的跨国（地区）联合行动，而实质性合作是指通过国际合作巨灾基金、保险（再保险）、债券和巨灾金融衍生产品开展的跨国（地区）联合行动。前者由主要行政力量主导，农业巨灾风险分散多倚重国内资源，后者则更多依靠市场力量运作，农业巨灾风险分散主要借助国际资源。

（二）从分散的途径分类

农业巨灾风险分散模式从分散的途径来看主要有以下五种：一是市场主导模式。该模式实行市场化操作下的商业保险公司直接经营，实行非强制性巨灾保险，投保人自行购买，保险公司承保巨灾保险。政府主要承担灾前预警、防灾基础工程建设与灾害评估等工作，其他巨灾保险环节不参与。二是政府主导模式，由政府承担主要保险责任。某些国家在农业巨灾风险分散需求与供给均比较低的情况下，市场机制很难发挥作用，因此政府主导模式是一种必然选择。这种模式下政府运用“有形的手”直接干预巨灾保险行业，并承担最后保险人的角色。通过梳理现有的政府主导模式发现，政府通常会直接主导本国的农业巨灾风险分散管理，选择委托代理人参与或直接参与农业巨灾风险分散，或大量补贴农业巨灾风险分散参与者。三是以美国、加拿大、墨西哥等为代表的市场与政府共同承保的混合农业巨灾风险分散模式。该种模式通过整合政府与市场资源，促使巨灾风险分散主体共同参与、相互补充和完善，构建一个完整有效的运作模式。四是互助农业巨灾风险分散模式。该种模式是基于政府支持成立分级互助社，根据农业灾害级别和损失承担相应的损失，同时各级别内部成员互保，同时政府仍需承担特殊的农业巨灾风险。五是国际合作农业巨灾风险分散模式。该模式通过政府组织、非政府组织、国际再保险或资本市场分散农业巨灾风险。

（三）从农业巨灾风险承担的主体分类

农业巨灾风险分散模式根据农业巨灾风险承担主体来划分有以下几种：一是以德国、阿根廷、澳大利亚等为代表的私营模式。农业保险通过市场机制进行运作，以私营保险公司、相互保险社、合作保险公司为主的商业保险公司向公众提供巨灾保险产品。二是以印度、加拿大、菲律宾等为代表的公营模式。该种模式下政府管控农业保险业务，将农业保险经营授权给大规模的国营保险公司。三是公私合作模式。该模式是前两种模式的结合，既有市场运作又有政府干预，使政府与各类保险公司、保险中介分摊农业巨灾风险。当前，政府主要采用立法、司法、行政等手段，构建巨灾保险法律法规及制度、政府监督保险公司制度等监管和通过提供保费与管理费用补贴等政府应急补贴的两种方式干预；"私"即商业保险公司利用市场和价值规律经营农业保险产品的市场化运作。在现实中，农业保险市场政府干预深度的差异，进一步影响到该种模式下的具体方式。以美国和法国为例，虽然两国都属于公私合作模式，但是美国属于政府高度控制的商业经营模式，而法国则为政府低度控制的商业经营模式。该种分类方法根据是否有政府补贴、购买农业保险的意愿、保险单位的性质细分为公共部分补贴、强制模式，公共部分补贴、自愿模式，公共、非补贴模式，私营、部分补贴模式，私营、非补贴五种模式。

（四）从政府与商业保险公司之间对农业巨灾风险的分摊角度分类

农业巨灾风险分散模式从政府与商业保险公司分摊角度看，主要有以下三种：一是自营模式。该种模式下全部或大部分农业风险由保险公司承担，但是一般保险公司没有能力承担如此高风险，所以需要采用其他方式分散风险，比如"以险养险"。二是委托代办模式。该种模式下政府承担全部或大部分农业风险，保险公司仅负责经营保险产品，不承担风险控制和赔偿责任，险种保费由政府提供一定比例的财政补贴，投保人再承担一定比例。三是联办共保模式。该种模式是政府与企业按约定比例共同承担保费和风险，充分发挥政府监督管理职能和企业保险经营专业化技能。保险公司按一定比例从农业保险保费总收入中抽取管理经费，并把支付赔偿后的剩余部分资金转为巨灾基金，用于增强抵抗风险能力。

第三节　农业巨灾风险分散国际合作机制

建立农业巨灾风险分散机制需要考虑到政府、市场、保险主体等多方面的问题，是一个多层次的复杂过程。普通风险分散机制难以应对农业巨灾风险的超强破坏力，因此构建农业巨灾风险分散机制是分散巨灾风险的路径选择。

一　农业巨灾风险分散机制

机制原指机器的构造与工作原理，现已被引申到生物学、经济学、管理学、医学等不同的领域，总体来看，其本质基本一致，泛指各种内部组织各组成部分间相互协调合作的关系以及运行变化的规律。控制论认为机制是保持组织平衡、稳定、有序的组织良性循环、自我协调的规则与程序的总和。系统论认为机制是系统内部各子系统相互关联、协调与制约的内部运作方式。机制就是由制度与体制构成的一项复杂的系统工程，需要各层次、不同层面的各项体制和制度相互呼应与补充，整合资源发挥机制作用。

本著作基于我国农业巨灾风险分散现状，采用前文对农业巨灾、风险、机制等相关概念的界定，认为农业巨灾风险分散机制是指基于国家政策和市场内外部环境将巨灾风险合理地在政府、保险市场和资本市场等主体间进行农业巨灾风险分散的相互协调合作的关系以及运行变化的规律。建立巨灾风险分散机制是农业保险制度中最重要的一环，该机制建立需要政府引导、建立农业巨灾风险分散模式、机制和路径，涉及政策法律、组织运行、合作共生、工具创新四个关键问题。巨灾风险分散机制在不同的农险制度安排下存在较大差异。

二 国际合作理论及机制

（一）国际合作主流理论

主流的国际关系理论有新现实主义、新自由主义和建构主义三大学派。前两种理论把国家看成相似的单位，忽略了国家间文化、历史、经济和政治制度等方面的差异；建构主义强调社会因素仅是国际合作中的一种辅助促进因素，忽略了各国对政治经济利益的追求，实际操作性较弱。国际合作作为一种行为、过程和理论，在国际关系理论与实践中也占据重要地位。以上三种学派的核心观点为奠定国际合作理论基础、推进国际合作和建立国际合作机制提供了理论依据。

（1）新现实主义学派的国际合作观点。国际社会属于无政府状态，但是国家作为自私理性的行为主体应将国家利益的考量放在首位，追求权力是国家基本的行为模式。所以，在某一问题领域中，例如，农业巨灾风险分散的问题领域中，国家在国际关系合作机制中的权力相对关系将决定着合作中的利益分配，因此一些霸权国家会利用自己的实力和威望建立巨灾风险治理机制的一些基本原则、规定及决策程序，或者操控国际组织或国际制度中该领域的话语权，从而最大限度地维持自身的权力地位，并从国际关系合作机制中攫取最大利益。

（2）新自由主义学派的国际合作观点。新自由主义者认为，国家在相互交往中强调的是绝对收益，而非相对收益，国家是只关心自己利益得失的理性行为体，而非一味地追求权力地位。这就意味着在国际关系中，国家在一些共同面临的问题领域中，诸如农业巨灾风险分散问题领域中，各国之间只有通过合作才能实现共同利益，而国际机制的达成能够帮助国家更好地实现自身收益。新自由主义代表性学者 Robert O. Keohane 和 Joseph S. Nye 认为国际机制就是“规定行为和控制影响的规则、规范和程序网络”。显然，新自由主义者认为的国际合作机制就是对国家合作行为进行规定的一些规则、规范和程序，并且这些规则、规范和程序是由合作机制中的国家共同认可的，而非由霸权国制定的，也强调了国际合作机制的合理性。

（3）建构主义学派的国际合作观点。建构主义学者认为，国际关系是各国之间相互交往的行为与有意识选择的产物，其本质就是一种社会建构。在国际机制的形成上，建构主义学派更强调国家对自身利益的认知、思想意识、价值观点等文化、规范、认同等方面的主观性因子的影响，也更加强调国际机制发展与变迁中“过程”的意义。建构主义者从更深层次阐述了“规范和规则这两种观念现象构成制度，因此，制度属于理念主义，而机制是属于客观的社会事实的范畴”。因此，建构主义学者认为的国际合作机制其实是一种理念性的制度，包括规范、规则等观念现象，但正是这些观念范畴的认知和学习，影响并建构了国家对自身利益的认知和对国际合作机制的认同。

显然，国际关系合作机制理论为农业巨灾风险分散的国际合作提供了理论依据，国际关系理论的三个主流学派分别从自身的理论假设出发，阐释了如何达成国家间的合作、运行国际合作机制以及如何建立国际合作机制的规范和程序何以构建等重要问题。尽管各个学派的观念大相径庭，但在某一方面也都具有合理解释和理论启示的意义。我国在构建中国模式的农业巨灾风险分散国际合作机制时，应当重视国家权力、相对利益、规范建构等不同理论内核的重要价值。

（二）国际合作机制

国际合作机制通常是指对行为主体怎样进行国际合作运用一系列正式的或非正式的规则、规范来指导。史蒂芬·克拉斯纳认为将围绕行为体的一系列预期都集中到一个既定国际关系领域，从而形成的明确或隐含的原则、制度和决策程序。他还提出，“改变规范与原则就是改变机制本身。若针对某一问题领域原有的原则和规范被放弃，则原有机制将转向新的机制或消失”。可见，决定国际合作机制存在与运行的不是外在的国际组织或国际结构等，而是支撑国际合作实践活动运行的内在的、深层的、持久的，也是最重要的原则、规范、规则和决策程序等。在国家利益日益相互依存的全球化背景下，国家在采取有效措施减少灾害方面负有首要责任，在农业巨灾风险分散这一具体的问题领域，亟须形成有利的国际环境和协调的国际合作。

三　农业巨灾风险分散国际合作机制

机制设计理论研究的是在一个选择自由、相互制约与依赖、决策分散的个体组成的环境下，怎么样制定规则才能使成员的行为表现和设计意图相一致。

农业巨灾风险分散国际合作机制是指实现农业巨灾风险分散跨国（地区）单元互补、共同生存、协同推进的政策、规则、规范和共同行动设计和安排。组织间通过在资源或项目上的互补与合作，以实现增强分散国际农业巨灾风险能力。简单来说，就是主体间信息、产品、服务等交易、交流和互动，成员间资源共享，相互学习与合作。基于合作组织模式及合作行为模式的发展规律，本书认为，主要是由合作政策机制、合作行为机制、合作组织机制和其他合作机制四个部门组成农业巨灾风险分散国际合作共生机制（见图2－1）。

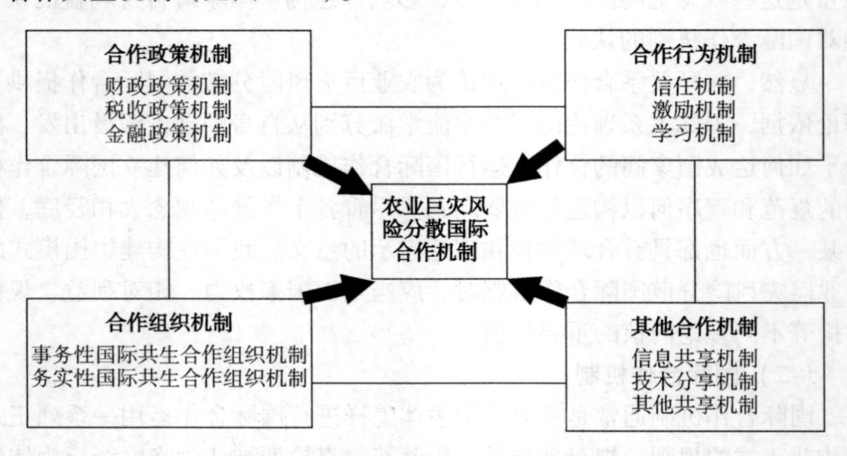

图2－1　农业巨灾风险分散国际合作共生机制

第三章　我国农业巨灾风险及分散分析

我国是全球农业巨灾灾害种类最多的国家之一，几乎囊括了所有的农业巨灾灾种。同时，我国也是最为严重的全球农业巨灾受灾国之一，在中国5000年的文明历史长河中，“几乎无年不灾，也几乎无年不荒”。一般年份农业巨灾每年影响人口达4亿人次，直接经济损失在2000多亿元，占GDP的6‰以上。我国目前农业巨灾虽然通过政府、农户、社会援助组织、农业巨灾保险企业等主体风险分散，但总体来看，存在着农业巨灾风险分散主体不足、分散比例不合理、分散方式增长差异较大和农业巨灾损失补偿总体水平很低等特点。

第一节　我国农业巨灾损失刻画及特征分析

我国约有70%的国土、80%人口的农业生产地区，长期承受着干旱、洪水、台风及地震等农业巨灾事件的袭击，使我国成为全球农业巨灾受灾最严重的少数国家之一（见表3-1）。农业巨灾具有灾害种类多、发生频率高、受灾范围广、时空分布不均等特点。

每年约4亿人次受到农业巨灾的影响，造成2000多亿元经济损失，直接影响到我国经济发展与社会稳定。

表3-1　　　　1900—2017年我国自然灾害概述

灾种		事件数量	死亡人数（人）	受灾人口（人）	经济损失（千美元）
干旱	干旱	35	3503534	530000000	35346420
地震	地震	165	876480	76439053	111076357
疫情	细菌感染性疾病	5	1561133	842	—
	病毒感染性疾病	4	365	7987	—

续表

灾种		事件数量	死亡人数（人）	受灾人口（人）	经济损失（千美元）
极端气候	寒潮	4	28	4165472	310000
	热浪	6	206	3880	—
	冬季极端气候	3	145	77050650	21120200
洪水	沿海洪水	5	391	1000015	—
	山洪	23	2132	89445073	5427090
	河流洪水	185	4342729	1743282330	194102562
陆地大规模运动	滑坡	7	500	5475	8000
风暴	不明确	42	2029	39349901	1892963
	对流风暴	100	2399	190458588	15887863
	热带气旋	157	170171	266426363	81776042
火灾	森林火灾	5	243	56613	110000
	灌木丛/草原火灾	1	22	3	—

资料来源：EM - DAT：OFDA/ CRED 国际灾害数据库，www. emdat. be。

一　我国农业巨灾风险损失刻画

（一）农业巨灾直接经济损失情况

1. 农业巨灾历年直接经济损失情况

因自然灾害造成的直接经济损失大于当年 GDP 的 1‰的灾害划为巨灾，这是国际通行标准（T. L. Murlidharan，2001）。根据国际通行标准，我国农业巨灾直接经济损失情况具体如表 3 - 2：

表 3 - 2　　1950—2016 年我国农业巨灾直接经济损失情况

年代或年份	农业自然灾害损失（亿元）	GDP（亿元）	农业自然灾害损失占 GDP 比重（‰）	是否为农业巨灾
1950—1959	480	9105. 19	52. 72	是
1960—1969	570	15568. 06	36. 61	是
1970—1979	590	29667. 32	19. 89	是
1980—1989	690	91316. 21	7. 56	是

续表

年代或年份	农业自然灾害损失（亿元）	GDP（亿元）	农业自然灾害损失占 GDP 比重（‰）	是否为农业巨灾
1990	616	18667.82	33.00	是
1991	1215	21781.50	55.78	是
1992	854	26923.48	31.72	是
1993	993	35333.92	28.10	是
1994	1876	48197.86	38.92	是
1995	1863	60793.73	30.64	是
1996	2882	71176.59	40.49	是
1997	1975	78973.04	25.01	是
1998	3007.4	84402.28	35.63	是
1999	1962	89677.05	21.88	是
2000	2045.3	99214.55	20.61	是
2001	1942.2	109655.17	17.71	是
2002	1717.4	120662.69	14.23	是
2003	1884.2	135822.76	13.87	是
2004	1602.3	159878.34	10.02	是
2005	2042.1	184937.37	11.04	是
2006	2528	216314.43	11.69	是
2007	2363	265810.31	8.89	是
2008	11752.4	314045.43	37.42	是
2009	2523.7	340902.81	7.40	是
2010	5339.9	397983.15	13.42	是
2011	3096.4	471564.00	6.57	是
2012	4185.5	519322.00	8.06	是
2013	5808.4	568845.00	10.21	是
2014	3373.8	636463.00	5.30	是
2015	3373.8	689052.00	3.62	是
2016	5032.9	744127.00	6.78	是
合计	80184.7	6656184.06	12.05	是

资料来源：《中华人民共和国减灾规划》《中国统计年鉴》和《中国气象灾害统计年鉴》等。

2. 农业巨灾主要灾种历年直接经济损失情况

我国农业巨灾主要包括五大类、四种类型，其中五大类是生物、地质、海洋、生态和气象灾害，四种类型是干旱、地震、台风和洪水。这四种灾害的农业直接经济损失通常占当年农业巨灾直接经济损失的80%左右，具体如表3-3：

表3-3　1978—2016年我国农业巨灾主要灾种直接经济损失情况

年份	洪灾		旱灾		台风		地震		合计占农业巨灾直接经济损失比重（%）
	直接经济损失（亿元）	占农业巨灾直接经济损失比重（%）	直接经济损失（亿元）	占农业巨灾直接经济损失比重（%）	直接经济损失（亿元）	占农业巨灾直接经济损失比重（%）	直接经济损失（亿元）	占农业巨灾直接经济损失比重（%）	
1978	156.70	2.02	64.14	40.93	43.10	27.50	0.42	0.27	70.73
1979	138.40	2.67	39.79	28.75	29.60	21.39	2.25	1.63	54.43
1980	206.30	20.07	58.78	28.49	39.40	19.10	0.34	0.16	67.82
1981	188.40	17.80	64.27	34.11	32.60	17.30	16.20	8.60	77.81
1982	219.50	18.69	60.22	27.44	103.80	47.29	0.16	0.07	93.49
1983	149.81	33.18	51.15	34.14	35.11	23.44	4.53	3.02	93.78
1984	163.19	21.05	53.45	32.75	30.72	18.82	20.40	12.50	85.13
1985	249.86	18.82	79.80	31.94	69.71	27.90	16.80	6.72	85.38
1986	294.98	23.85	82.60	28.00	98.40	33.36	15.60	5.29	90.50
1987	272.54	15.27	127.42	46.75	54.12	19.86	18.30	6.71	88.60
1988	314.50	25.55	125.30	39.84	68.14	21.67	16.20	5.15	92.20
1989	419.09	38.18	131.25	31.32	101.78	24.29	5.20	1.24	95.02
1990	367.08	65.11	57.87	15.76	56.01	15.26	6.74	1.84	97.97
1991	594.45	46.93	106.50	17.92	98.85	16.63	4.42	0.74	82.22
1992	519.85	79.25	48.40	9.31	39.43	7.58	1.60	0.31	96.46
1993	637.65	69.16	46.50	7.29	38.59	6.05	2.84	0.45	82.95
1994	1209.06	14.13	30.24	2.50	109.40	9.05	3.29	0.27	25.96
1995	1127.03	14.67	55.80	4.95	103.80	9.21	11.64	1.03	29.86
1996	1204.29	67.09	78.60	6.53	210.79	17.50	46.03	3.82	94.95
1997	1702.23	54.63	261.40	15.36	334.56	19.65	12.52	0.74	90.38
1998	1510.85	69.83	264.80	17.53	21.95	1.45	18.42	1.22	90.03
1999	1540.85	60.36	286.30	18.58	196.96	12.78	4.72	0.31	92.03

续表

年份	洪灾		旱灾		台风		地震		合计占农业巨灾直接经济损失比重（%）
	直接经济损失（亿元）	占农业巨灾直接经济损失比重（%）	直接经济损失（亿元）	占农业巨灾直接经济损失比重（%）	直接经济损失（亿元）	占农业巨灾直接经济损失比重（%）	直接经济损失（亿元）	占农业巨灾直接经济损失比重（%）	
2000	1933.39	36.80	492.50	25.47	176.48	9.13	14.68	0.76	72.16
2001	1942.20	32.08	539.70	27.79	343.27	17.67	14.84	0.76	78.31
2002	1717.40	48.79	325.00	18.92	196.78	11.46	1.48	0.09	79.26
2003	1884.20	63.18	366.00	19.42	57.41	3.05	46.60	2.47	88.12
2004	1602.30	30.92	261.00	16.29	231.04	14.42	9.50	0.59	62.22
2005	2042.10	37.86	223.00	10.92	762.02	37.32	26.28	1.29	87.38
2006	2528.10	24.09	707.80	28.00	756.30	29.92	8.00	0.32	82.32
2007	2363.00	35.77	785.20	33.23	290.50	12.29	20.19	0.85	82.15
2008	11752.40	5.48	226.20	1.92	395.68	3.37	8549.96	72.75	83.52
2009	2523.70	25.96	433.00	17.16	739.86	29.32	27.38	1.08	73.52
2010	5339.90	65.64	388.00	7.27	16.18	0.30	235.67	4.41	77.62
2011	3096.40	42.02	1028.00	33.20	230.44	7.44	60.11	1.94	84.60
2012	4185.50	63.91	244.00	5.83	684.45	16.35	92.08	2.20	88.29
2013	5808.40	54.16	268.20	4.62	1091.50	18.79	995.36	17.14	94.71
2014	1029.80	30.52	910.00	26.97	617.34	18.30	355.64	10.54	86.33
2015	1574.00	46.65	579.00	17.16	686.00	20.33	180.00	5.36	89.50
2016	3661.00	72.74	484.00	9.62	614.00	12.20	65.60	1.30	95.86
合计	68170.40	—	10435.18	—	9806.07	—	10931.99	—	—

资料来源：根据《中国气象灾害大典》，国家地震科学数据共享中心等相关文献资料整理。

（二）农业巨灾风险历年损失其他情况

我国农业巨灾造成了巨大的直接经济损失和间接的经济损失，并对各个行业及国民经济运行产生影响，我国农业巨灾风险依据我国现行的农业巨灾影响统计口径还表现在死亡（含失踪）人口、受灾人口、紧急转移安置人口、农作物受灾面积与成灾面积等方面（见表3－4）。

表 3 - 4　　1978—2016 年我国农业巨灾风险其他情况

年份	受灾人口（万人次）	死亡和失踪人口（人）	紧急转移安置人口（万人次）	农作物受灾面积（万公顷）	农作物成灾面积（万公顷）
1978	—	4965.00	—	5079.00	2180.00
1979	—	6962.00	—	3937.00	1512.00
1980	—	6821.00	—	5003.00	2978.00
1981	26710.00	7422.00	—	3979.00	1874.00
1982	22900.70	7935.00	—	3313.00	1612.00
1983	22439.00	10852.00	—	3471.00	1621.00
1984	20894.00	6927.00	—	3189.00	1526.00
1985	26446.00	4394.00	290.50	4437.00	2271.00
1986	29928.00	5410.00	345.80	4714.00	2366.00
1987	23512.00	5495.00	348.00	4209.00	2039.00
1988	36169.00	7306.00	582.90	5087.00	2394.00
1989	34569.00	5952.00	365.30	4699.00	2445.00
1990	29348.00	7338.00	579.20	3847.00	1782.00
1991	41941.00	7315.00	1308.50	5547.00	2781.00
1992	37174.00	5741.00	303.60	5133.00	2533.00
1993	37541.00	6125.00	307.70	4867.00	2267.00
1994	43799.00	8549.00	1054.00	5504.00	3138.00
1995	24215.00	5561.00	1064.00	4587.00	2226.70
1996	32305.00	7273.00	1216.00	4698.90	2123.40
1997	47886.00	3212.00	511.30	5342.90	3030.90
1998	35216.00	5511.00	2082.40	5014.50	2518.10
1999	35319.00	2966.00	664.80	4998.10	2673.10
2000	45652.30	3014.00	467.10	5469.00	3437.40
2001	37255.90	2538.00	211.10	5215.00	3179.30
2002	42798.00	2384.00	471.80	4711.90	2731.80
2003	49745.90	2259.00	707.30	5438.60	3251.60
2004	33920.60	2250.00	563.30	3710.60	1629.70
2005	46530.70	2475.00	1570.30	3881.80	1996.60
2006	43453.30	3186.00	1384.50	4109.10	2463.20
2007	39777.90	2325.00	1499.10	4899.30	2506.40

续表

年份	受灾人口（万人次）	死亡和失踪人口（人）	紧急转移安置人口（万人次）	农作物受灾面积（万公顷）	农作物成灾面积（万公顷）
2008	47795.00	88928.00	2682.20	3999.00	2228.30
2009	47933.50	1528.00	700.00	4721.40	1430.30
2010	43000.00	7844.00	1858.40	3742.60	1147.00
2011	43000.00	1126.00	939.40	3247.10	1244.10
2012	29000.00	1530.00	1109.60	2496.20	1853.80
2013	38818.70	2284.00	1215.00	3134.98	3844.40
2014	24353.70	1583.00	601.70	24890.70	3090.30
2015	18620.30	967.00	644.40	21769.80	2232.70
2016	19000.00	1706.00	910.10	2622.00	290.00
合计	1258968.00	267959.00	28559.30	8715.50	86727.10
均值	34971.33	6870.74	892.48	5351.68	2223.77
中位数	36196.00	5140.00	700.00	4699.00	2445.00

资料来源：历年《中国民政统计年鉴》，中国统计出版社。

二　我国农业巨灾风险损失特征

（一）农业巨灾风险损失逐年增加，但占 GDP 的比重逐年下降。

从图 3－1 分析发现农业巨灾风险直接经济损失总体呈现出迅速增长趋势，尤其是自 1990 年以来呈现大幅度增加，其中，农业巨灾直接经济损失 20 世纪 90 年代比 80 年代增加 2397.74%，21 世纪前 10 年比 20 世纪 90 年代增加 76.39%。伴随着我国经济总量的快速增长，农业巨灾的直接经济损失也在快速增长。

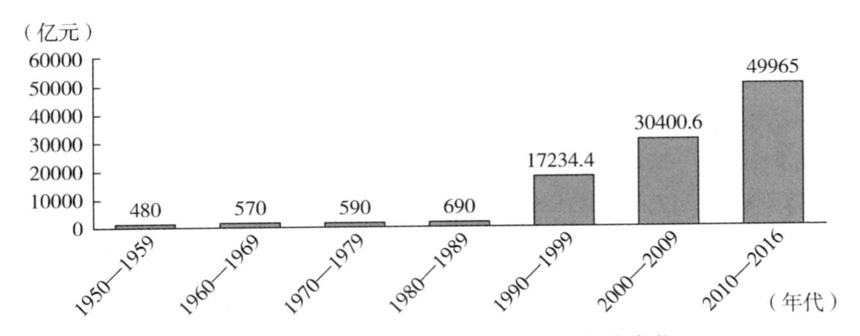

图 3－1　我国农业巨灾直接经济损失年代变化

从图 3 - 2 可以发现，我国各年代农业巨灾的直接经济损失占 GDP 的比重总体表现出下降趋势，20 世纪 50 年代所占比重 52. 72‰最高，20 世纪 60—80 年代表现出迅速下降态势，80 年代下降到历史最低点，占比 7. 56‰，20 世纪 90 年代后持续较高水平。20 世纪 50—70 年代比重之所以较高，是深受农业巨灾直接经济损失和国民经济总量两方面的影响。自 20 世纪 90 年代以来，国民经济总量快速增长的同时，农业巨灾直接经济损失不断增加，因此其比重不太高，但都徘徊在高比重范围。

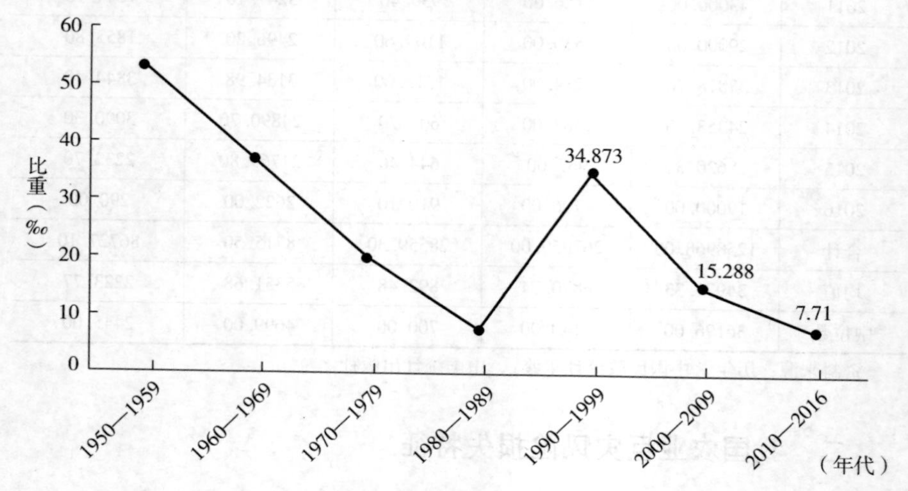

图 3 - 2　我国农业巨灾直接经济损失占当年 GDP 比重年代变化

总体来看，我国自然灾害历年所造成的直接经济损失占 GDP 的比重都远高于 1‰，达到了农业巨灾标准，进入 21 世纪以来，2011 年比例最低，占比 6. 57‰，1991 年最高，占比 52. 72‰。我国自然灾害所造成的直接经济损失平均占 GDP 的 23. 72‰，我国与占比约为 6‰的美国和约为 8‰的日本等国家比较，比重明显偏高。

（二）农业巨灾风险集中在洪灾、旱灾、台风和地震，但其损失变化不尽相同。

整体来看，干旱、洪水、地震和台风四种灾害类型直接经济损失占总灾害的 81. 95%，直接经济损失从大到小依次是洪灾、台风、干旱和地震（见图 3 - 3）。

分析我国农业巨灾四个主要灾种的直接经济损失历史变化情况，可以看出四个主要灾种的直接经济损失变化不尽相同（见图 3 - 4）。

对我国影响最大的灾害是洪灾，尤其是 1990 年后，洪灾发生频率增

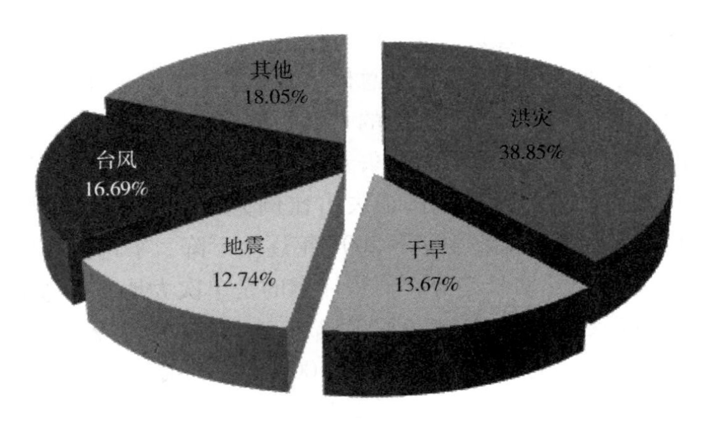

图 3－3　1978—2016 年我国主要灾害直接经济损失比例

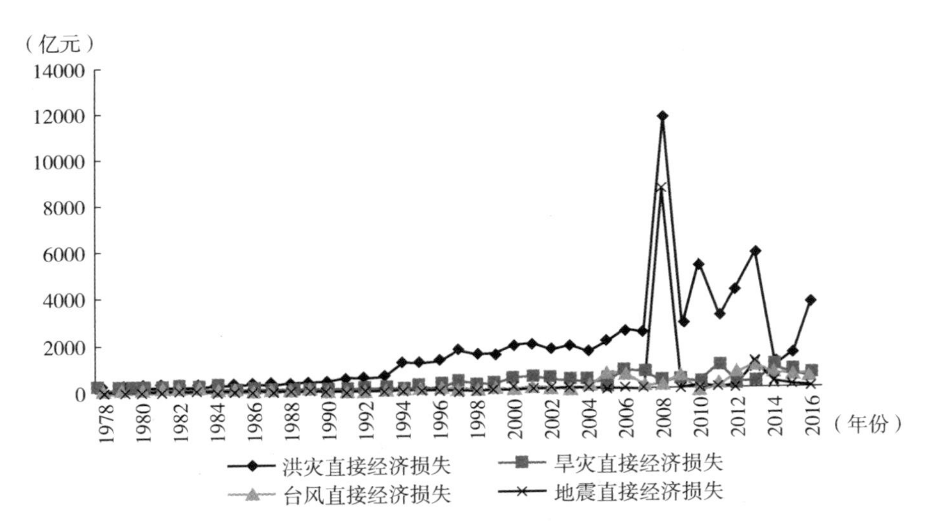

图 3－4　1978—2016 年我国四种主要灾害直接经济损失变化

高，导致的直接经济损失呈现出明显上升态势，以 1990 年的价格计算，20 世纪 50—90 年代的年均经济损失依次是 476 亿元、476 亿元、635 亿元、760 亿元、987 亿元。自 2000 年后，每年的直接经济损失都超过 1000 亿元，并且呈上升的趋势，其中，洪灾在 2008 年的直接经济损失达到 11752.4 亿元。

我国传统的自然灾害之一干旱，其直接经济损失总体表现出增长趋势，特别是 20 世纪 90 年代损失达到最大。虽然 2000 年后直接经济损失有所下降，但仍然保持在较高水平，特别是我国的华北、西南等地，近几年连续出现特大干旱，造成了巨大的直接经济损失。

台风灾害造成的直接经济损失总体呈现下降态势，但不太明显。除了极个别年份，近些年我国台风造成的直接经济损失整体上不太严重。

我国由地震造成的直接经济损失及其占比整体呈现下降趋势。1978—1990 年我国地震的平均直接经济损失占比例为 3.17%，比较严重。地震直接经济损失和所占比例在 1991—2007 年逐年下降，平均占比为 0.69%，但是 2008 年后呈迅速增长趋势，值得注意的是单次大地震所造成的影响，2008 年地震直接经济损失占比为 72.75%，达到 8549.96 亿元，2013 年地震直接经济损失占比为 17.14%，接近 1000 亿元，情况不容乐观。

（三）受灾和紧急转移人口、农作物受灾面积和成灾面积都呈现上升趋势，但死亡（含失踪）人口呈现下降态势。

从整体上来看，由我国农业巨灾造成的紧急转移安置人口和受灾人口表现出上涨趋势。值得注意的是，紧急转移安置人口幅度比较大，特别是 2004 年以后，而受灾人口增长不是太明显（见图 3 – 5）。除了 2008 年汶川地震和 2013 年雅安地震死亡人数较大外，总体来看，我国巨灾死亡和失踪的人数呈现下降的态势，这与我国防灾减灾和应急管理能力提升有较大的关系。

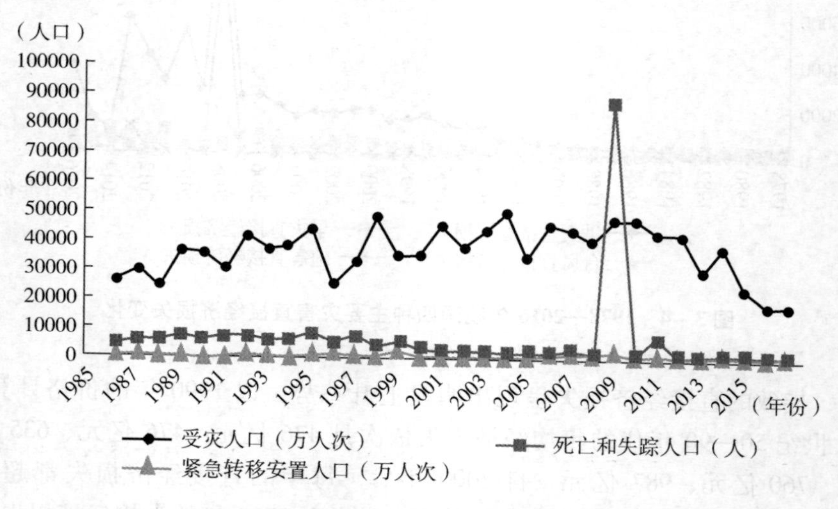

图 3 – 5　1985—2016 年我国农业巨灾受灾人口、死亡和失踪人口、紧急转移安置人口

从图 3 – 6 发现，我国农作物受灾与成灾面积整体表现出下降趋势，主要是因为农业基础设施投资增加。与此同时，农业巨灾的影响强度也在持续增加，所以使农作物受灾与成灾面积总体变化不明显。值得注意的是，虽然我们无法控制农业巨灾的影响强度，但是我们可以更加关注农业基础设施建设，增强农业防灾和减灾能力。

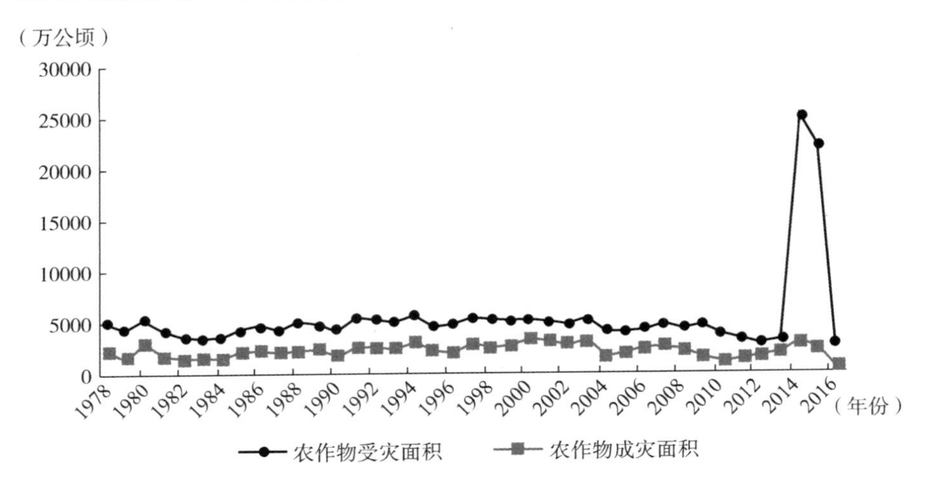

图 3－6　1978—2016 年我国农作物受灾面积和成灾面积变化

需要特别说明的是 2014 年和 2015 年个别特殊年份，我国农作物受灾面积总体较往年大幅度增加。2014 年受东北、黄淮等地高温少雨、夏伏旱突出的影响，2015 年受南涝北旱影响，受影响的地方分布广泛，我国农作物受灾面积呈现出较为特殊的情况。但好在绝收的面积较往年变化不大，其损失也与往年大体相当。

第二节　我国农业巨灾风险分散分析

立足于农业巨灾的特征和我国农业巨灾的现状，我国政府历来高度重视农业巨灾风险管理，制定了防灾减灾法律和规划、国民经济和社会发展规划、历年中央一号文件、保险发展规划等在内的一系列政策，以积极探索农业巨灾风险分散。

一　我国农业巨灾风险分散现状

本书主要从农业巨灾风险分散主体的角度对农业巨灾分散现状进行研究。而承担农业巨灾损失的公民或法人组织即是农业巨灾风险分散主体。

纵观历史，我国农业巨灾风险分散的主体涵盖政府、农业巨灾保险企业、受灾农户、国内外各类社会救助组织、农业巨灾基金、金融机构和中介组织等（见表3－5）。当前我国主要依靠受灾农户、政府、农业巨灾保险企业（含再保险企业）、社会救助组织等主体进行风险分散，国外农业巨灾风险分散的重要主体是金融机构（银行、期货、证券等）。

表3－5　　　　我国农业巨灾损失分散现状　　　　单位：亿元

年份	农业巨灾损失	政府救灾	社会救助	农业保险	其他
1982	169.50	7.64	—	0.0022	—
1983	260.90	8.45	—	0.0233	—
1984	361.40	7.40	—	0.0725	—
1985	410.40	10.25	—	0.5266	—
1986	384.20	10.64	—	1.06	—
1987	326.30	9.91	—	1.26	—
1988	438.60	10.64	—	0.95	—
1989	525.00	10.90	—	1.07	—
1990	616.00	5.20	—	1.67	—
1991	1215.10	20.90	—	5.42	—
1992	853.90	11.30	—	8.18	—
1993	933.20	14.90	—	6.47	—
1994	1876.00	18.00	—	5.38	—
1995	1863.00	23.50	—	3.55	—
1996	2882.00	30.80	15.80	4.15	0.05
1997	1975.00	28.70	14.02	4.29	0.05
1998	3007.40	83.30	113.21	5.63	15.13
1999	1962.40	35.60	17.78	4.92	—
2000	2045.30	47.50	16.30	3.21	—
2001	1942.00	41.00	20.00	2.93	—
2002	1717.40	55.50	20.80	2.91	1.35
2003	1884.20	52.90	43.40	3.98	0.68
2004	1602.30	40.00	35.10	3.52	0.45
2005	2042.10	43.10	61.90	3.00	0.50
2006	2528.00	49.40	89.50	6.00	—
2007	2363.00	79.80	148.40	29.80	—

续表

年份	农业巨灾损失	政府救灾	社会救助	农业保险	其他
2008	11752.40	1500.00	790.20	64.10	20.00
2009	2523.70	174.50	507.20	95.20	44.52
2010	5339.90	113.40	596.80	100.70	54.42
2011	3096.40	86.40	490.10	81.80	0.80
2012	4185.50	112.70	578.80	148.20	1.30
2013	5808.40	102.70	566.40	208.60	2.60
2014	3373.80	98.73	604.40	214.60	2.20
2015	3373.80	94.72	654.50	293.10	1.90
2016	5032.90	79.10	827.00	267.00	2.70
合计	80671.40	3119.48	6211.61	1810.2646	148.65

资料来源：根据《中国民政统计年鉴》《中国统计年鉴》和《社会服务发展统计公报》等整理。

二　我国农业巨灾风险分散特点

（一）农业巨灾风险分散的主体不足

政府、受灾农户、巨灾保险企业、农业巨灾基金、社会公益救助组织是我国农业巨灾风险分散主体。通过对国内外农业巨灾风险分散主体的比较，发现国内缺乏金融组织的参与，而国外农业巨灾风险分散主要依靠保险、银行、证券、期货等金融组织，其中巨灾风险证券化承担了50%以上的农业巨灾风险损失。此外，我国农业巨灾风险分散全部集中在利用国内资源，更好地利用国际资源开展农业巨灾风险分散成为当务之急。因此，利用国际资源积极培育与发展农业巨灾风险分散主体，优化与完善农业巨灾风险分散机制具有重要的理论和现实意义。

（二）农业巨灾损失补偿总体水平很低

我国历年农业巨灾损失分散比例整体上呈现出增长趋势（见图3－7），但总体水平还是很低。我国农业巨灾风险分散比例自2007年以来有大幅度提高，其中，2009年达到历史最高，占比32.54%。我国1982—2016年农业巨灾风险直接经济损失测算总量达到80671.4亿元，但是其总分散额度为7923.065亿元，分散比例仅为14.00%，其中，农户承担损失比例高达86.01%。

（三）农业巨灾风险分散主体分散比例不尽合理

受灾农户、社会救助组织、政府、农业保险公司等为我国农业巨灾风

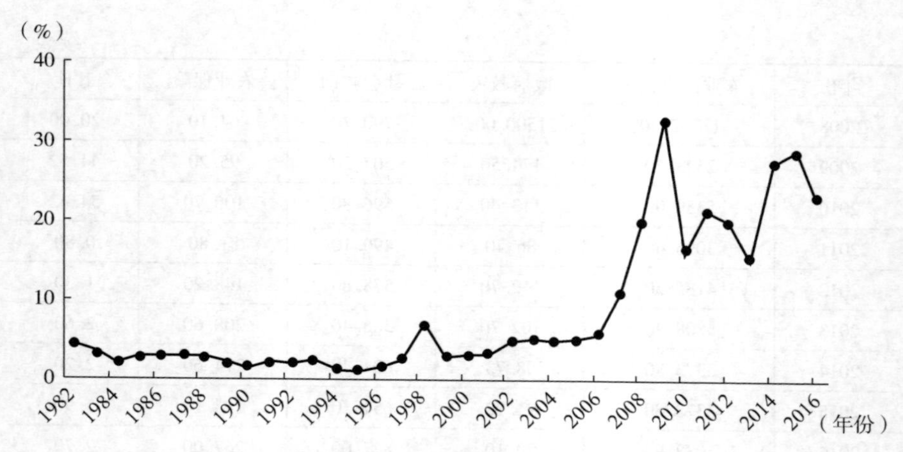

图 3－7　1982—2013 年我国农业巨灾风险分散比例

险分散的主体。首先是受灾农户承担了农业巨灾风险损失的绝大部分，是我国农业巨灾风险分散的最大主体；其次是社会救助。虽然政府和保险公司承担的比例不断增长，但总体比例仍不高（见表 3－6）。我国农业巨灾基金和福利彩票近些年也开始承担了部分农业巨灾损失，但占比非常低。当前以农户承担绝大部分巨灾损失的农业巨灾风险分散主体易使农户因灾返贫，而且政府和保险公司承担压力都很巨大。

表 3－6　1982—2016 年我国各类农业巨灾风险分散主体累计分散比例 单位：%

序号	类型	比例
1	受灾农户	86.00
2	政府救灾	3.90
3	社会救助	7.70
4	农业保险	2.20
5	其他	0.20

（四）农业巨灾风险分散主体风险分散方式增长差异较大

我国是以政府为主导的农业巨灾风险分散方式，虽然政府每年都会增加救灾支出，但是增长的幅度并不大。而社会救助发展迅速，现已成为最大的分散主体。值得注意的是，自 2004 年政府实施农业保险补贴以来，农业保险快速成长为重要的农业巨灾风险分散主体。与此同时，农业巨灾基金与福利彩票也逐渐在农业巨灾风险分散方面发挥较大作用（见图 3－8）。

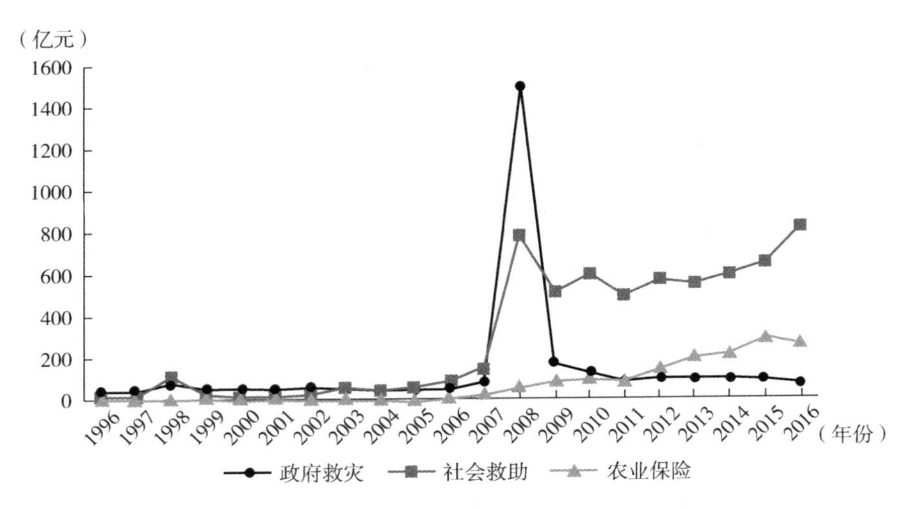

图 3-8　1996—2016 年我国农业巨灾风险政府救灾、社会救助和农业保险分散情况

第四章　全球农业巨灾风险及分散分析

在人类社会发展的历史进程中，全球农业巨灾的严重程度和影响力都在不断增加，不论是发达国家（或地区）还是发展中国家（或地区），农业巨灾对其经济发展、人口增长和社会稳定的影响是显而易见的，只不过影响的程度不同罢了。另外，人类社会发展的历史，也是一部与农业巨灾不断抗争的历史，传统社会主要运用防灾减灾的技术（修建水利工程、加固海岸线等）和政府救灾等手段分散农业巨灾风险；现代社会除了运用传统手段（主要是发展中国家和地区）分散农业巨灾风险外，更多的是采用不断创新的工具（保险、再保险、基金、债券、巨灾证券化等）分散农业巨灾风险。但从目前全球的情况来看，农业巨灾风险分散依然存在需求旺盛而供给不足的矛盾，这也势必影响全球的经济持续发展、人口增长和社会稳定。

第一节　全球农业巨灾风险损失情况

人类文明受到全球范围的农业巨灾风险威胁，即使它们的发生概率很低，但这种农业巨灾风险严重程度巨大甚至可能是无限的。

一　全球农业巨灾发生频次

根据瑞士再保险的统计数据（以下均为根据瑞士再保险 Sigma 数据库整理而来），1970 年以来，全球农业巨灾发生数量逐年增加（见图 4－1）。

1987 年以前，每年农业巨灾发生的频次不超过 100 次，1987 年数次达到 100 次，之后，除了 1988 年和 1989 年以外，全部超过 100 次每年。进入 2007 年以后，每年全球农业巨灾发生的次数都超过了 150 次，发生次数最多的是 2015 年，达到 199 次。

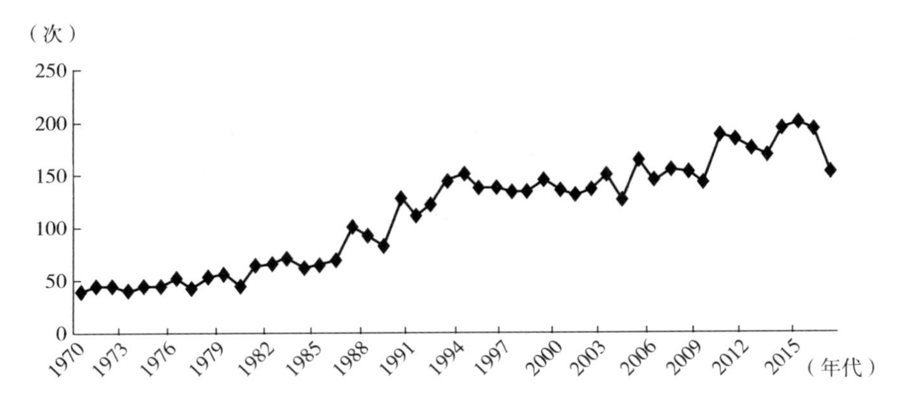

图 4－1　1970—2017 年全球农业巨灾发生频次

阶段性的统计数据也表明全球农业巨灾的发生频次正在逐年增长。20 世纪 70 年代，全球农业巨灾累计发生了 454 次，20 世纪 80 年代，全球农业巨灾累计发生了 705 次，20 世纪 90 年代，全球农业巨灾累计发生了 1335 次，21 世纪前 10 年，全球农业巨灾累计发生了 1429 次，2010—2017 年，全球农业巨灾累计发生了 1445 次（见图 4－2）。

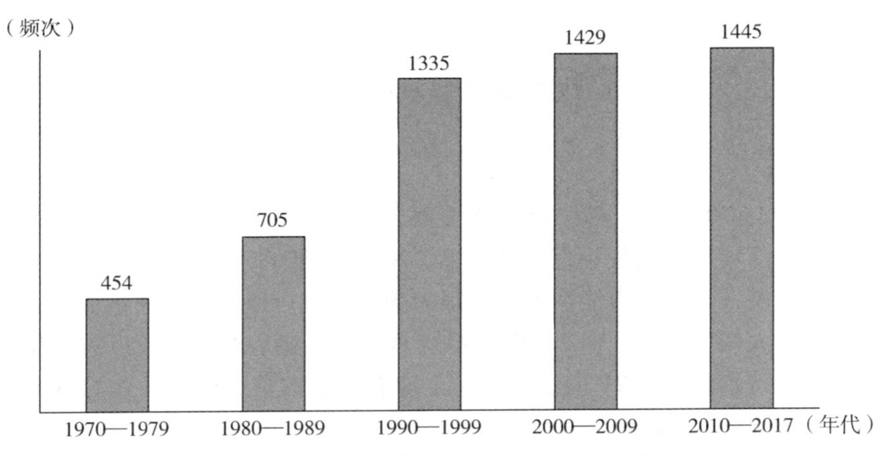

图 4－2　不同年代全球农业巨灾发生频次

二　全球农业巨灾伤亡人数

一般年份农业巨灾造成的伤亡人数在 50000 人以下，历史上有 6 个年份伤亡人数巨大，分别是 1970 年、1976 年、1991 年、2004 年、2008 年和2010年，其伤亡人数为372238人、305396人、155089人、235151人、234857人和297648人（见图4-3）。主要原因是这些年份发生了极端的巨灾事件，如地震（1970年秘鲁地震、1976年中国唐山地震、2008年中国汶川地震）、海啸（2004年印度洋海啸、2010年日本海啸）和洪水（1991年中国洪水），造成了全球巨大的人员伤亡。

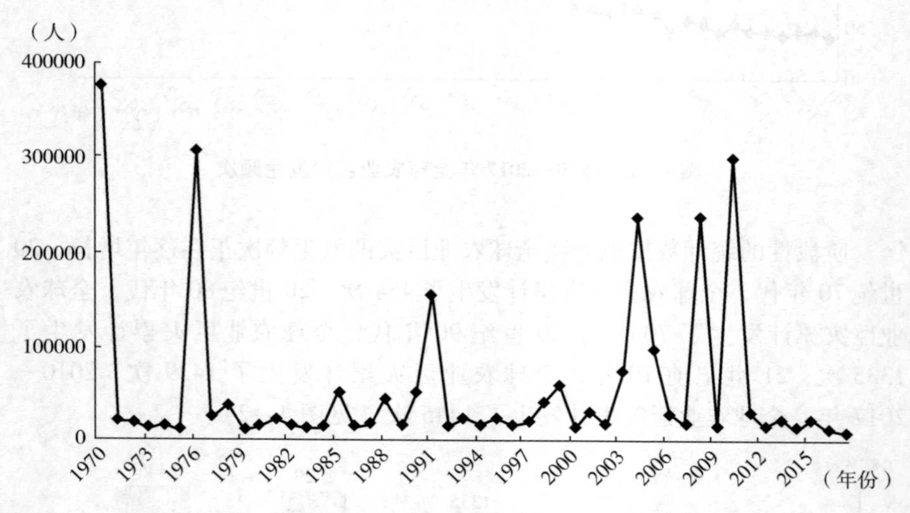

图4-3 1970—2017年全球农业巨灾人员伤亡

20世纪70年代以前，受制于全球经济社会发展，防灾减灾能力有限，农业巨灾伤亡人数一直居高不下。20世纪80年代以后，随着社会的进步和发展，防灾减灾能力得到了很大的提升，全球农业巨灾造成的人员伤亡数量大幅度减少。但20世纪90年代以后，随着全球农业巨灾发生频次增加，特别是进入21世纪以来，全球农业巨灾造成的人员伤亡数量快速增长（见图4-4）。

三 全球农业巨灾风险经济损失

全球农业巨灾造成的经济损失总体呈现增长的趋势，特别是进入20世纪90年代以来，似乎有加速增长的态势，1990—1999年较1980—1989年增长234.76%，2000—2009年较1990—1999年增长11.36%，2010—2017年较2000—2009年增长32.40%（见图4-5、图4-6）。

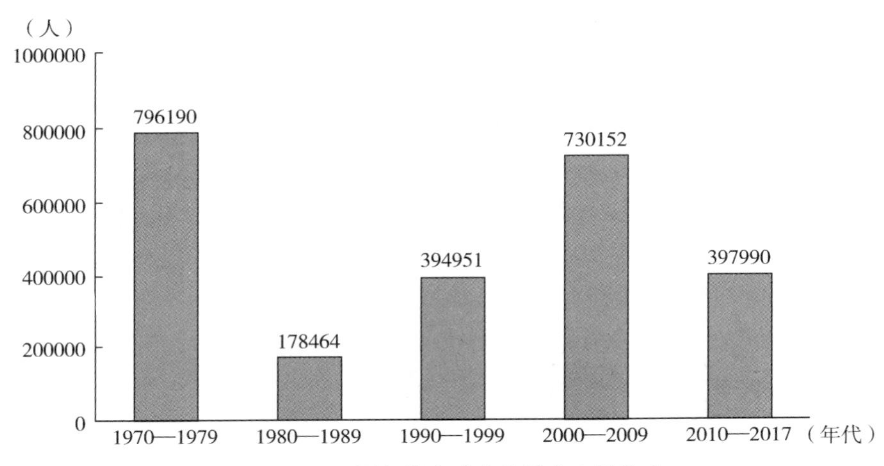

图4－4　不同年代全球农业巨灾人员伤亡

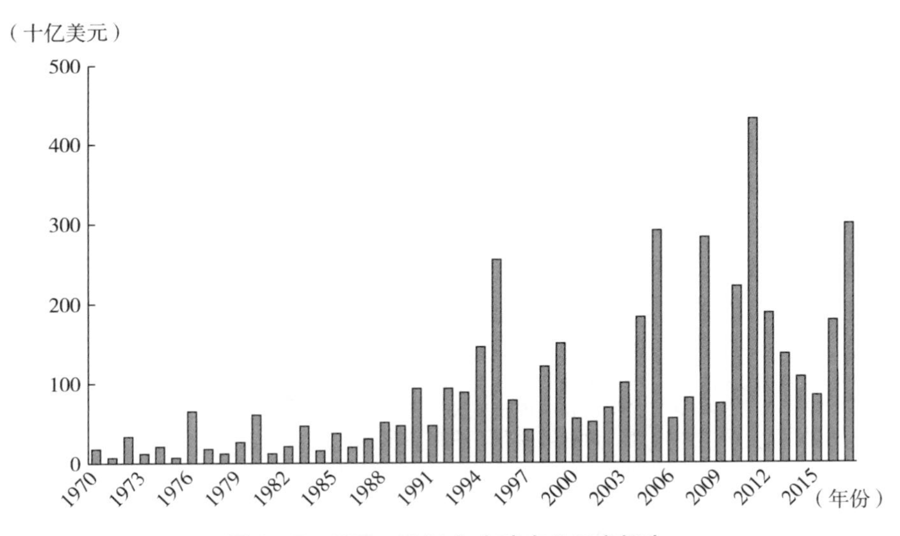

图4－5　1970—2017年全球农业巨灾损失

造成全球农业巨灾经济损失增长的主要原因：一是全球农业巨灾爆发的频次不断增加，1990—1999年较1980—1989年增长41.79%，2000—2009年较1990—1999年增长6.58%，2010—2017年较2000—2009年增长1.11%；二是单次农业巨灾造成的经济损失越来越大。以2016年9月28日的飓风马修为例，造成了美国、海地、古巴等国家直接经济损失120亿美元，2016年10月16日的台风海马造成了中国和菲律宾直接经济损失10.83亿美元（见表4－1）。

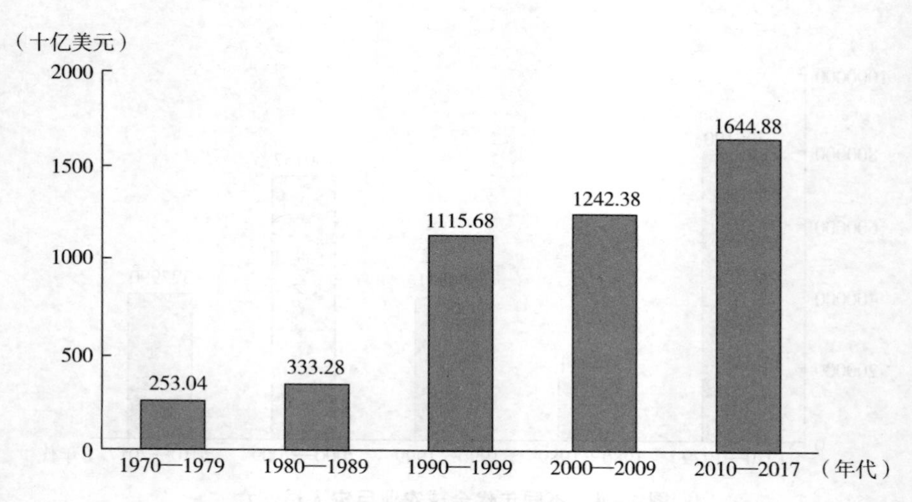

图 4－6 不同年代全球农业巨灾经济损失

表 4－1 2016 年全球主要农业巨灾及损失情况

序号	日期	国家/地区	名称	直接经济损失（亿美元）
1	2 月 20—22 日	斐济、汤加	气旋温斯顿	13.51
2	4 月 29 日—5 月 3 日	美国得克萨斯州、亚利桑那州、弗吉尼亚州、印第安纳州、北卡罗来纳州、马里兰州、俄克拉何马州、佐治亚州、密苏里州、伊利诺伊州、西弗吉尼亚州	雷暴、大冰雹、龙卷风、骤发洪水	24
3	5 月 17—23 日	孟加拉国	气旋罗纳、风暴潮	6
4	5 月 27 日—6 月 7 日	德国、法国、瑞士、比利时、卢森堡、波兰、奥地利、罗马尼亚	低压系统 Elvira 和 Friederike	40
5	6 月 23 日	中国江苏盐城	雷暴大冰雹龙卷风	5
6	6 月 23 日	荷兰北布拉邦省、林堡省	雷暴、雹灾	8.44

续表

序号	日期	国家/地区	名称	直接经济损失（亿美元）
7	9月14—16日	中国大陆、台湾，菲律宾	台风莫兰蒂	25
8	9月23—28日	中国浙江、福建、江西、台湾	台风鲇鱼、洪水、滑坡	9.51
9	9月28日—10月8日	美国、海地、古巴、巴哈马群岛、多米尼加共和国、哥伦比亚、牙买加等	飓风马修	120
10	10月3—6日	日本、韩国	台风暹芭、风暴潮	8
11	10月16—19日	菲律宾、中国	台风莎莉嘉	7.29
12	10月16—19日	菲律宾、中国	台风海马	10.83

资料来源：根据CRED和Sigma相关文献资料整理。

四 全球农业巨灾风险保险损失

全球农业巨灾导致了全球农业巨灾保险业不断遭受重创，而且有加重之势（见图4-7）。20世纪90年代以前，全球农业巨灾保险年均损失为55.92亿美元，20世纪90年代，全球农业巨灾保险年均损失为260.22亿美元，进入21世纪，全球农业巨灾保险年均损失为508.59亿美元，较以往有大幅度的增长。

另外，个别年份全球农业巨灾保险损失的情况特别严重，2005年、2011年和2017年全球农业巨灾保险损失都超过了1000亿美元，分别为1297.3亿美元、1310亿美元和1310.1亿美元，全球农业巨灾保险业正在经受越来越严峻的考验。

第二节 全球各大洲农业巨灾风险及损失情况

从2009—2016年瑞士再保险的统计数据显示：不论是农业巨灾发生

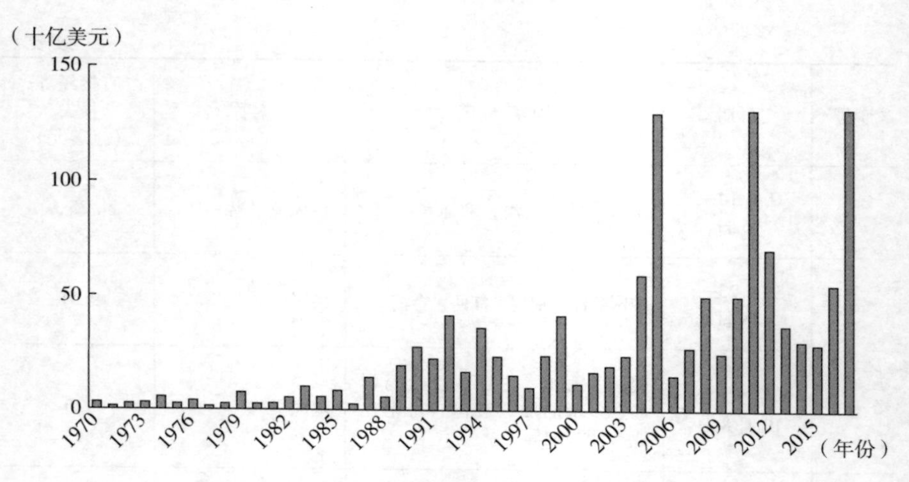

图 4－7 1970—2017 年全球农业巨灾保险损失

次数，还是农业巨灾造成的经济、保险损失，世界上各大洲（南极洲除外）的情况不尽相同。

一 各大洲农业巨灾发生频次

2009—2016 年，全球总计发生了 2457 次农业巨灾，亚洲最多，发生 1025 次，占总发生次数的 41.7%，其次是欧洲和北美洲，占总发生次数的 16.4%，非洲发生的次数最少（64 次），拉丁美洲及加勒比海地区也不少（216 次）。

从各个年份的分布来看，欧洲、北美洲、拉丁美洲及加勒比海地区、非洲农业巨灾发生频次总体比较平稳，只是欧洲在 2016 年首次超过 60 次，达到 66 次。亚洲农业巨灾发生的次数除了一直在高位运行（历年发生的次数都在 100 次以上）外，其波动也比较大，最少的年份是 2011 年，发生了 104 次，最高的年份是 2015 年，发生了 159 次，极差达到 55 次（见图 4－8）。

二 各大洲农业巨灾伤亡人数

2009—2016 年，全球农业巨灾总计伤亡人数为 434651 人，其中，拉丁美洲及加勒比海地区由于 2010 年发生的海地地震，伤亡人数最多，达到 233071 人，占总伤亡人数的 53.6%，超过了半数，其次是亚洲，伤亡人数

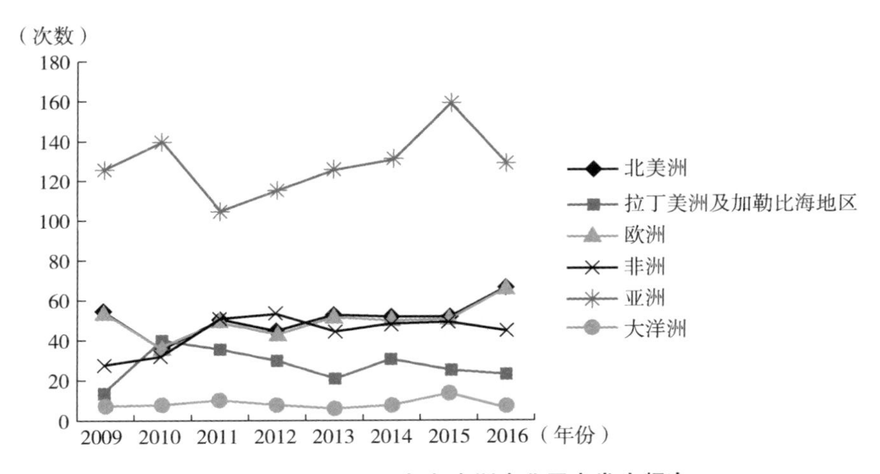

图4－8　2009—2016年各大洲农业巨灾发生频次

为112322人，占总伤亡人数的25.8%，北美洲和非洲伤亡人数也不少，分别为3748人和18035人，大洋洲农业巨灾伤亡的人数最少（1422人）。

从各个年份的分布来看，北美洲、欧洲、非洲和大洋洲伤亡人数总体比较平稳，只是欧洲在2010年由于洪灾的影响，伤亡人数达到56490人，其他年份基本正常；波动最大的是拉丁美洲及加勒比海地区，2010年由于海地地震伤亡人数巨大（伤亡人数为225784），其他年份变化不大；亚洲农业巨灾伤亡人数一直在高位运行，年平均伤亡人数为14040.25人，最少的是2016年伤亡人数为5309人，最高的是2011年达到26189人，当年亚洲发生了日本的“3·11”地震和印度尼西亚伊里安查亚地区发生7.1级地震等巨灾（见表4－2）。

表4－2　2009—2016年各大洲农业巨灾伤亡人数　单位：人

年份	北美洲	拉丁美洲及加勒比海地区	欧洲	非洲	亚洲	大洋洲
2009	543	547	874	932	9386	706
2010	139	225784	56490	2460	17599	50
2011	768	1880	1158	2894	26189	233
2012	560	1167	1480	2300	7177	97
2013	249	1055	1167	1751	20653	21
2014	206	883	763	2506	7093	206
2015	278	746	2612	3431	18916	57

续表

年份	北美洲	拉丁美洲及加勒比海地区	欧洲	非洲	亚洲	大洋洲
2016	1005	1009	1509	1761	5309	52
合计	3748	233071	66053	18035	112322	1422

三 各大洲农业巨灾经济损失

2009—2016 年，全球农业巨灾总计经济损失为 131991 亿美元，其中，亚洲农业巨灾总计经济损失最大，为 61663 亿美元，其次为北美洲，农业巨灾总计经济损失为 37131 亿美元，欧洲历年的农业巨灾总计经济损失也不小（16781 亿美元），农业巨灾总计经济损失较少的为拉丁美洲及加勒比海地区（9480 亿美元），最少的为大洋洲（5878 亿美元）。

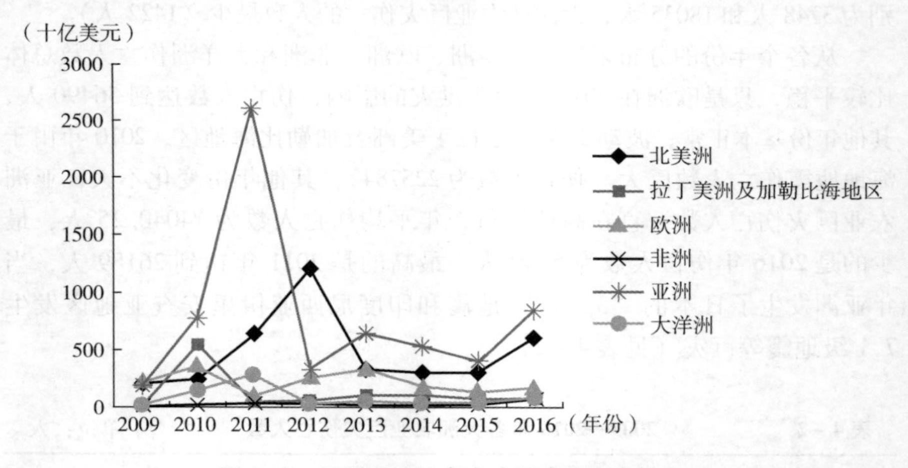

图 4－9 2009—2016 年各大洲农业巨灾损失

从各个年份的分布来看，拉丁美洲及加勒比海地区、欧洲和大洋洲农业巨灾经济损失总体比较平稳，只是拉丁美洲及加勒比海地区在 2010 年由于海地地震的影响，农业巨灾经济损失 533.8 亿美元，其他年份大体正常；亚洲和北美洲历年的农业巨灾经济损失都比较大，分别占到了 2009—2016 年全球农业巨灾经济损失的 46.7% 和 28.1%，并且不同年份的农业巨灾经济损失波动较大，其中，2011 年由于受日本“3·11”大地震的影响，亚洲当年经济损失高达 2615 亿美元，2012 年由于受飓风桑迪、艾萨克等影响，北美洲当年经济损失达到6346亿美元（见图4－9）。

四　各大洲农业巨灾保险损失

2009—2016年，全球农业巨灾总计保险损失为4200.9亿美元，其中，北美洲农业巨灾保险损失最为严重，总计为2165.7亿美元，占到其间全球农业巨灾保险损失的51.6%，其次为亚洲，农业巨灾保险损失总计为843.3亿美元，欧洲的农业巨灾保险总计损失为591.4亿美元。令人惊奇的是，尽管大洋洲农业巨灾经济损失不高，但其农业巨灾保险损失却不低，为370.6亿美元，农业巨灾保险损失较少的为拉丁美洲及加勒比海地区（194.6亿美元），最少的为非洲（35.3亿美元）。

从各个年份的分布来看，非洲、欧洲和大洋洲农业巨灾保险损失总体比较平稳，只是大洋洲在2011年由于澳大利亚洪灾的影响，农业巨灾保险损失191亿美元，欧洲在2013年由于洪灾的影响，农业巨灾保险损失150亿美元，其他年份大体正常；亚洲的农业巨灾保险损失一般年份都不少，但个别年份特别巨大，尤其是2011年受日本“3·11”大地震的影响，亚洲当年农业巨灾保险损失高达492.5亿美元；北美洲一直是农业巨灾保险损失的重灾区，2009—2016年合计农业巨灾保险损失达到2165.7亿美元，其中，2011年和2012年农业巨灾保险损失高达379.6亿美元和646亿美元（见表4－3）。

表4－3　　2009—2016年各大洲农业巨灾保险损失　　单位：亿美元

年份	北美洲	拉丁美洲及加勒比海地区	欧洲	非洲	亚洲	大洋洲
2009	126.6	0.5	77	1.8	24.4	13
2010	153.5	89.8	63	1.2	22.4	88.6
2011	397.6	6.3	43.4	3.2	492.5	191
2012	646	9	55	2	34	3
2013	190	20	150	1.7	60	10
2014	175	23	66	8	52	10
2015	173	32	62	0.4	70	21
2016	304	14	75	17	88	34
合计	2165.7	194.6	591.4	35.3	843.3	370.6

第三节 全球农业巨灾风险分布及损失情况

全球造成损失比较大的农业巨灾类型主要有地震、风暴、洪水、冰雹、严寒和冰冻、干旱、丛林火灾、热浪等，分布在世界各地，但不同类型的农业巨灾分布表现出明显的区域性特征。

一 地震巨灾分布及损失情况

全球地震巨灾（5 级以上）主要分布在环太平洋地震带和欧亚地震带（即地中海—喜马拉雅地震带），区域特征非常明显。

自 20 世纪 90 年代以来，全球地震巨灾多发生在环太平洋东西海岸和欧亚板块交会带，主要分布在亚洲、南美洲、欧洲、北美洲，集中在亚洲东部和南部、南美洲西部、欧洲南部和北美洲西部（见图 4－10）。

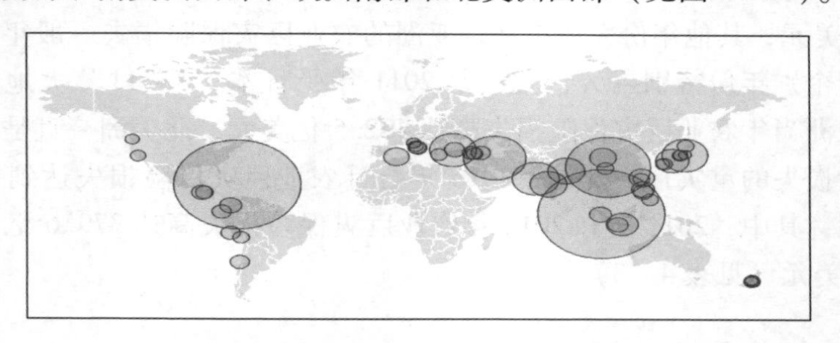

图 4－10 1990—2016 年全球地震分布

说明：根据伤亡人数计算数据点的大小。

2002—2016 年，全球地震巨灾（5 级以上）总共发生了 199 次，平均每年发生 13.27 次，地震巨灾发生最多的是 2003 年，达到 18 次，最少的是 2006 年，为 8 次（见图 4－11）。一方面，全球地震巨灾造成了巨大的人员伤亡，总计 760655 人，个别年份地震巨灾造成的人员伤亡比较大，比如 2004 年和 2010 年，分别达到 280859 人和 227050 人（见图 4－12）；另一方面，全球地震巨灾也造成了保险业的巨大损失，总计达到 819.911 亿美元，其中，2011 年受日本“3·11”大地震的影响，全球地震巨灾保险损失高达 491.94 亿美元（见图 4－13）。

值得注意的是地震巨灾造成的损失在持续扩大（见表 4－4），单个地震造成的影响也在增加，如 2010 年发生在海地的地震，造成的人员伤亡

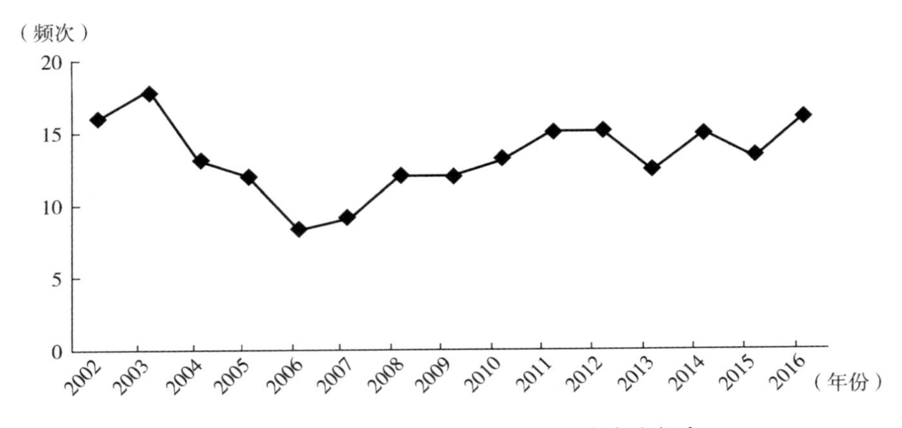

图 4－11　2002—2016 年全球地震巨灾发生频次

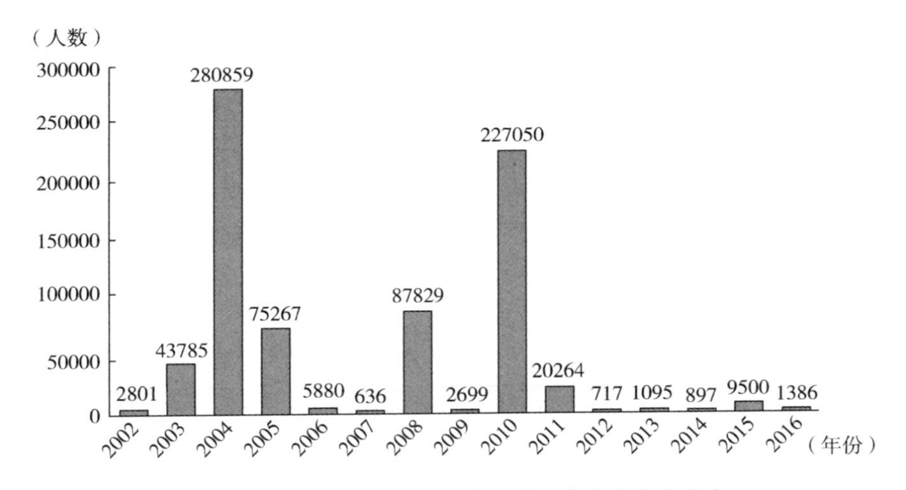

图 4－12　2002—2016 年全球地震巨灾人员伤亡分布

数达到 222570 人，2011 年发生在日本的“3・11”地震造成了 228.99 亿美元的经济损失和 38.17 亿美元的保险损失。

表 4－4　　1990—2016 年全球十大地震巨灾情况（2016 年价格）

序号	时间	国家/地区	伤亡人数（人）	直接经济损失（亿美元）	保险损失（亿美元）
1	2010 年 1 月 12 日	海地	222570	8.84	0.11
2	2004 年 12 月 26 日	印度尼西亚	220000	16.88	2.26

续表

序号	时间	国家/地区	伤亡人数（人）	直接经济损失（亿美元）	保险损失（亿美元）
3	2008 年 5 月 12 日	中国汶川	87449	141.95	0.42
4	1990 年 6 月 20 日	伊朗	40000	15.02	0.22
5	2010 年 1 月 26 日	印度	19737	6.23	0.14
6	1999 年 8 月 17 日	土耳其	19118	29.45	1.47
7	2011 年 3 月 11 日	日本	18451	228.99	38.17
8	1993 年 9 月 30 日	印度	9475	0.48	0.00
9	2015 年 4 月 25 日	尼泊尔	8960	6.21	0.17
10	1995 年 1 月 17 日	日本	6434	132.63	3.98

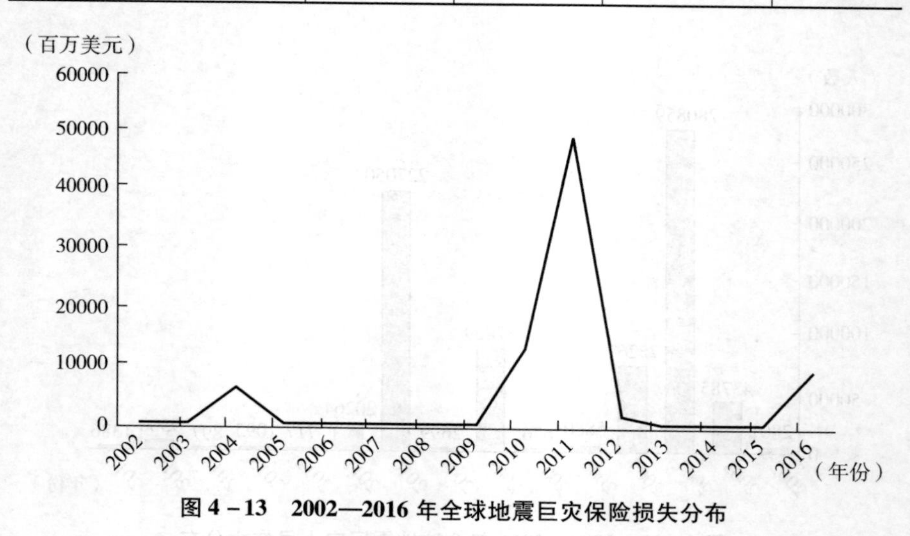

图 4 - 13　2002—2016 年全球地震巨灾保险损失分布

二　风暴巨灾分布及损失情况

热带气旋分为热带低压、热带风暴、强热带风暴、台风、强台风和超强台风 6 个等级。风暴巨灾是指底层中心附近最大平均风速超过 17.2m/s 的热带气旋，也叫飓风。

全球风暴分布在印度洋、太平洋和大西洋三大洋。美国海军—商业部（U.S. Navy-Department of Commerce）进一步细化为北印度洋（NIN）、西南印度洋（SWI）、西北太平洋（NWP）、西南太平洋（SWP）、北大西洋（ATL）、东北太平洋（NEP）以及中太平洋、东南太平洋（MESP）7 个海域。瑞士再保险公司的1990—2016年观测数据显示，全球风暴主要集中在上述7个区域，其中，西北太平洋（NWP）、北印度洋（NIN）、东北太平洋（NEP）三个区域最为集中。

图4-14　1990—2016年全球风暴分布

说明：根据伤亡人数计算数据点的大小。

2002—2016年，全球风暴巨灾总共发生了908次，平均每年发生60.53次，发生的频次呈现明显增长的趋势，风暴巨灾发生最多的是2015年，达到102次，最少的是2003年，为31次（见图4-15）。一方面，全球风暴巨灾造成了巨大的人员伤亡，总计191268人（见图4-16）；另一方面，全球风暴巨灾也造成了较大的保险损失，总计达到379.603亿美元，其中，2005年受大西洋飓风的影响，全球风暴巨灾保险损失高达73.512亿美元（见图4-17）。

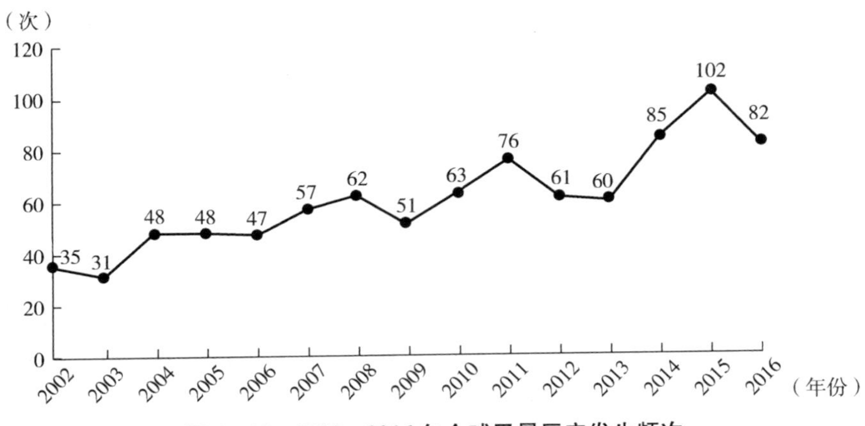

图4-15　2002—2016年全球风暴巨灾发生频次

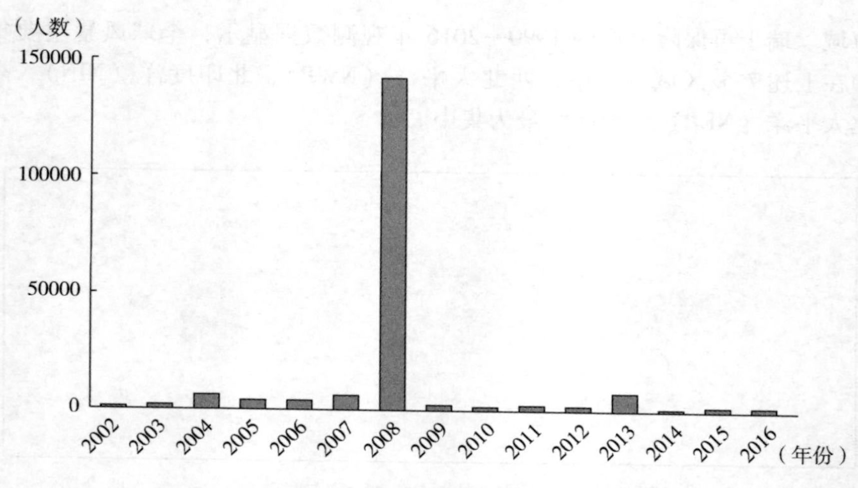

图 4－16　2002—2016 年全球风暴巨灾人员伤亡分布

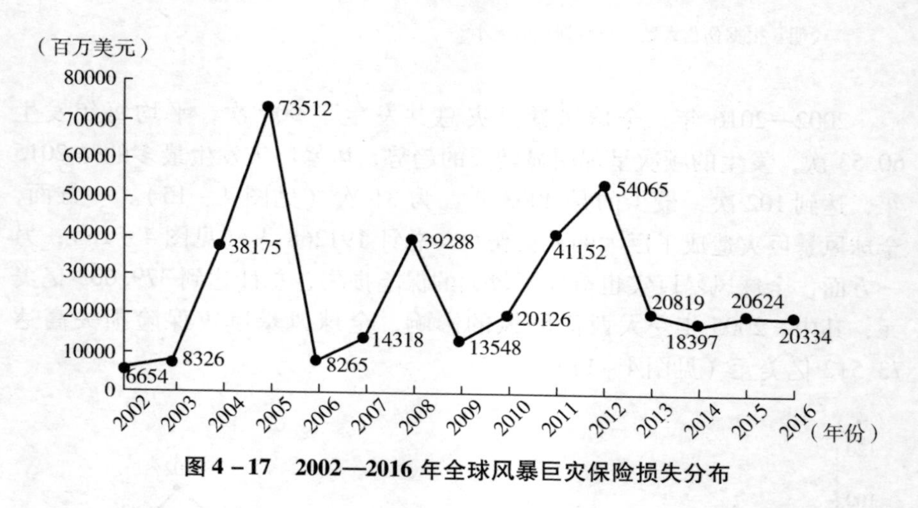

图 4－17　2002—2016 年全球风暴巨灾保险损失分布

三　洪水巨灾分布及损失情况

洪水是水流从河道或其他水体的正常范围溢漫出来，或者水流在正常情况下在不受淹地区累积而不能及时消退的现象。在联合国公布的 15 种主要自然灾害中，洪水灾害是影响范围最广、发生次数最多、损失最为严重的几种灾害之一。其灾害损失占全球自然灾害损失的五分之一。

洪灾多发生在季风气候带，比如温带季风气候带、亚热带季风气候带、热带季风气候带，地中海气候带在冬季也容易产生洪涝灾害。全球洪灾主要发生在亚洲、欧洲、北美洲和南美洲的沿海、沿河、沿湖地区，其中，亚洲东部和南部、欧洲南部和西部、北美洲南部、南美洲北部是全球洪灾的主要发生地区（见图4－18）。

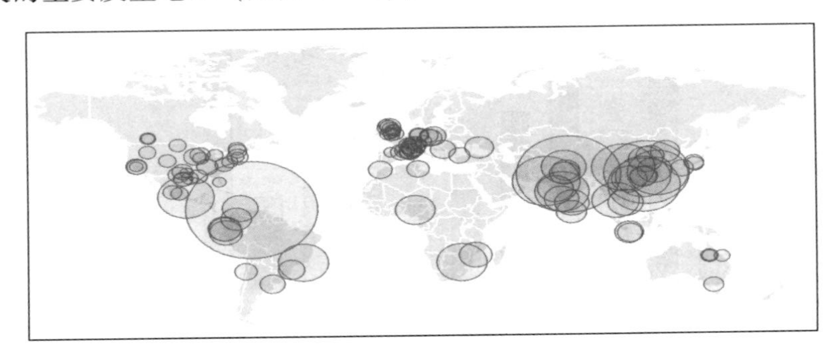

图4－18　1990—2016年全球洪灾分布

说明：根据伤亡人数计算数据点的大小。

2002—2016年，全球洪灾总共发生了856次，平均每年发生57.07次，发生的频次总体较为平稳，洪灾发生最多的是2003年和2010年，均为69次，最少的是2004年，为37次（见图4－19）。一方面，全球洪灾造成了较大的人员伤亡，总计76164人，个别年份洪灾造成的人员伤亡还特别多，比如2010年人员伤亡达到11027人（见图4－20）；另一方面，全球洪灾也造成了较大的保险损失，总计达到67.240亿美元，其中，2011年受美国和澳大利亚洪灾的影响，全球洪灾保险损失高达16.262亿美元（见图4－21）。

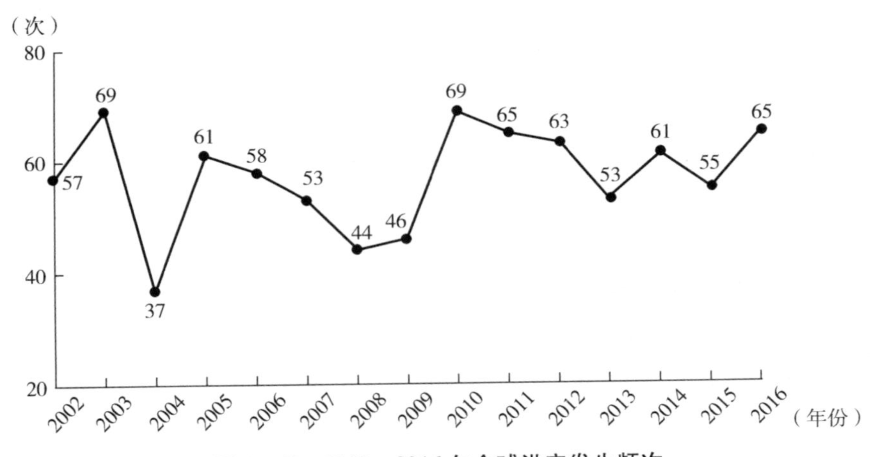

图4－19　2002—2016年全球洪灾发生频次

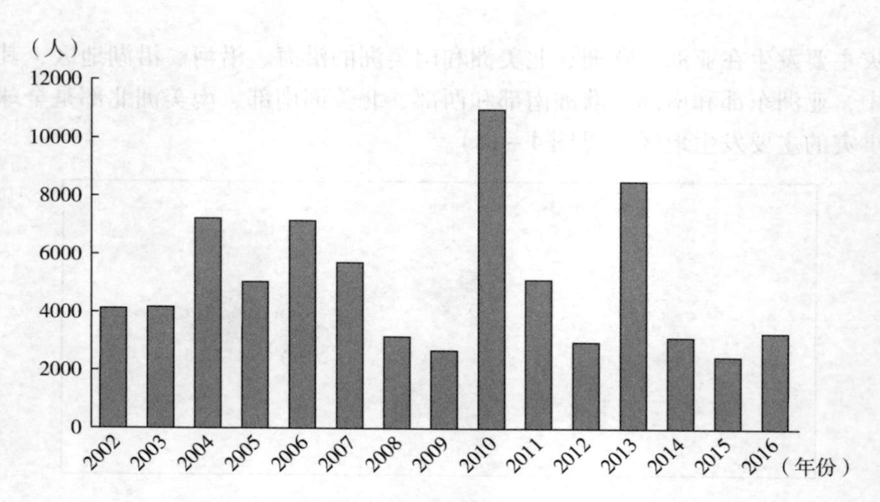

图 4－20　2002—2016 年全球洪灾人员伤亡分布

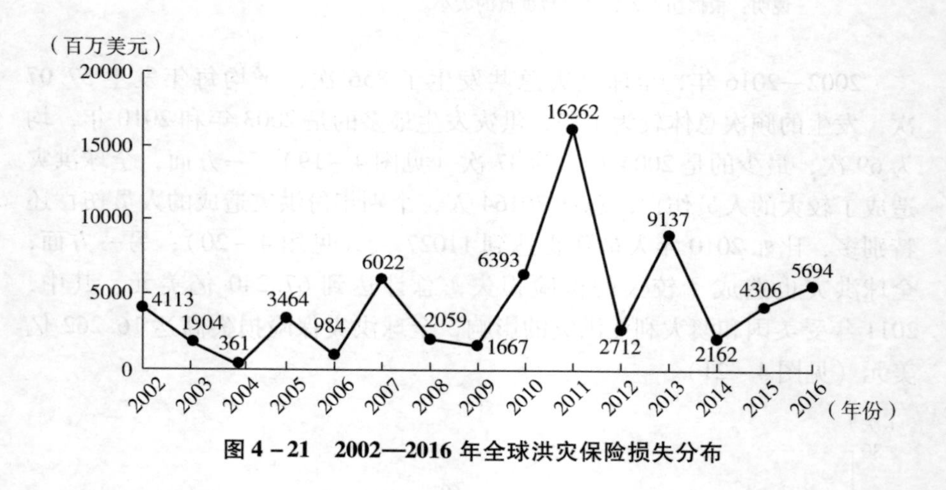

图 4－21　2002—2016 年全球洪灾保险损失分布

四　严寒和冰冻巨灾分布及损失情况

通常意义上严寒是指气温在－20℃至－29.9℃之间变化的寒冷天气，统计学意义上的严寒是指－20℃以下的寒冷天气，也就是把寒冷程度等级中的酷寒和极寒也计算在内。冰冻是由于严寒造成结冰的大气现象。严寒和冰冻造成农作物受灾、减产或绝收，是影响人类的主要巨灾之一。

1990—2016 年全球严寒和冰冻巨灾的观测数据显示，严寒和冰冻主要分布在欧洲、亚洲、北美洲和非洲，集中在欧洲西部和中部、亚洲东部、北美洲中部和南部（见图4－22）。

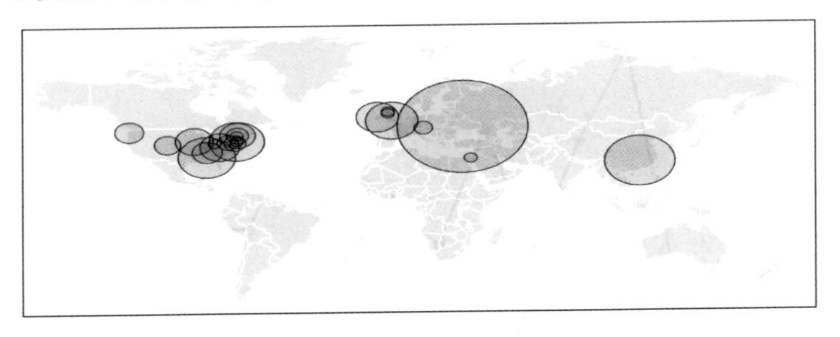

图4－22　1990—2016年全球严寒和冰霜分布

说明：根据伤亡人数计算数据点的大小。

2002—2016年，全球严寒和冰冻总共发生了116次，平均每年发生7.73次，发生的频次总体较为平稳，最多的是2012年，为12次，最少的是2015年，为1次。近四年（2013—2016年）发生的频次不高，最多的是2014年的6次（见图4－23）。一方面，全球严寒和冰冻造成了较大的人员伤亡，总计13861人，个别年份，严寒和冰冻造成的人员伤亡更严重，比如2005年人员伤亡达到2549人（见图4－24）；另一方面，全球严寒和冰冻也造成了一定的保险损失，总计达到8.985亿美元，其中，2008年受席卷欧洲严寒和冰冻的影响，全球严寒和冰冻保险损失高达1.575亿美元（见图4－25）。

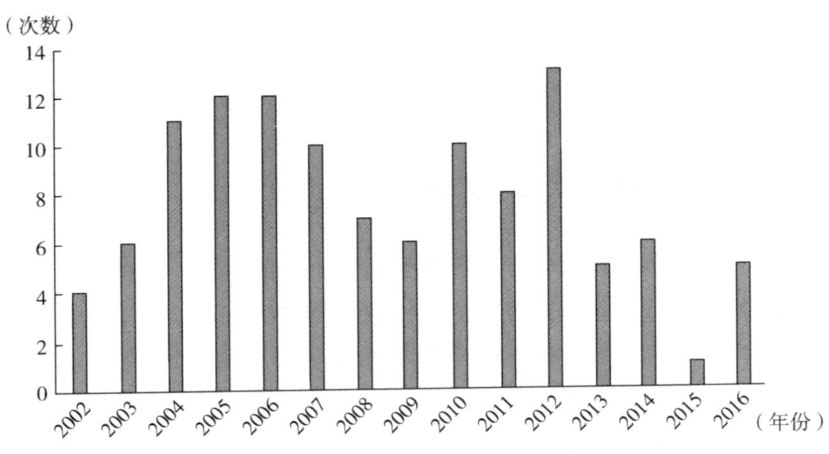

图4－23　2002—2016年全球严寒和冰冻发生频次

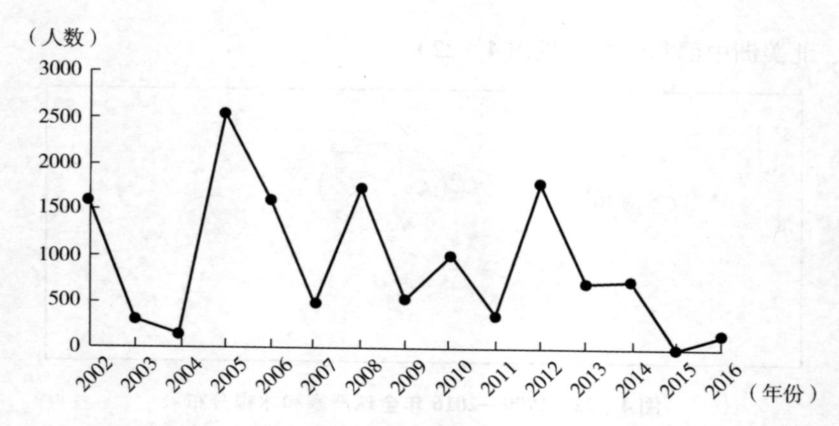

图 4－24　2002—2016 年全球严寒和冰冻人员伤亡分布

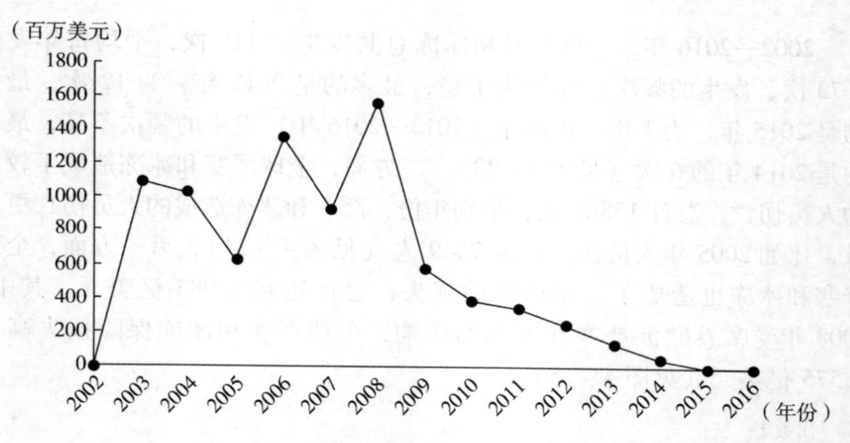

图 4－25　2002—2016 年全球严寒和冰冻保险损失分布

五　冰雹巨灾分布及损失情况

冰雹是一种固态降水物，系圆球形或圆锥形的冰块，由透明层和不透明层相间组成。冰雹是全球巨灾之一，以其特有的特点，给工农业生产和人民生命财产带来严重损失。由于受降雹发生地域内的大气层结和下垫面地形的影响，导致冰雹灾害是一种小尺度天气现象，除此之外，冰雹受季节性影响也比较严重。

1990—2016 年全球冰雹巨灾的观测数据显示，冰雹巨灾主要分布在欧洲、非洲、北美洲、大洋洲和亚洲，集中分布在欧洲、非洲北部、北美洲中部和南部、大洋洲东部、亚洲东部（见图4－26），其中欧洲、北美洲中部和南部、大洋洲东部最为集中。

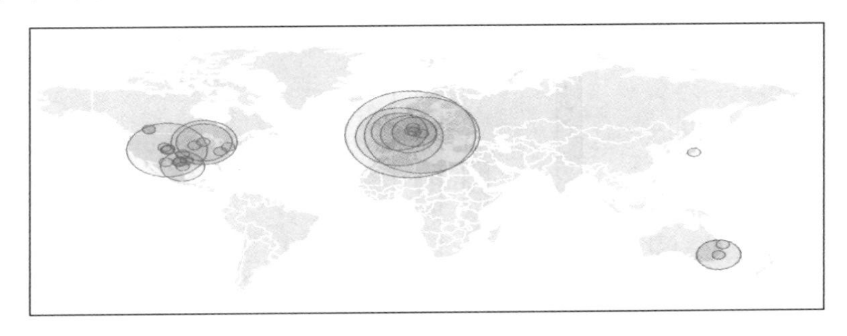

图4－26　1990—2016年全球冰雹分布

说明：根据伤亡人数计算数据点的大小。

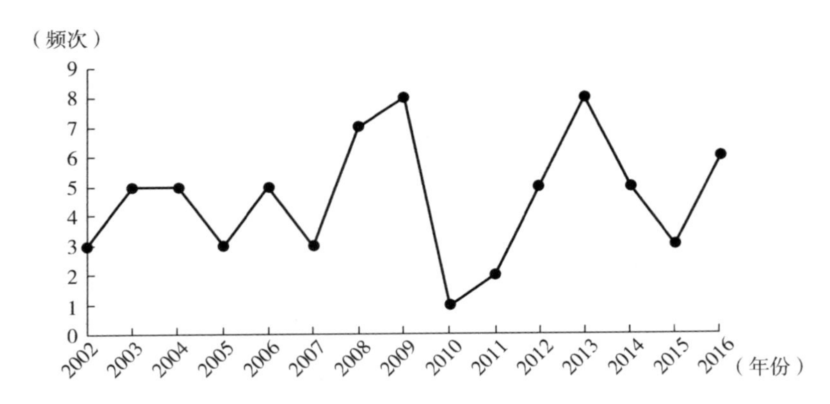

图4－27　2002—2016年全球冰雹发生频次

2002—2016年，全球冰雹总共发生了69次，平均每年发生4.6次，发生的频次不高，总体也较为平稳，最多的年份（2009年和2013年）发生了8次，最少的年份（2010年）只有1次（见图4－27）。一方面，全球冰雹造成的人员伤亡较小，总计98人，7个年份没有人员伤亡，最高的年份人员伤亡也只有28人（见图4－28）；另一方面，全球冰雹也造成了一定的保险损失，总计达到31.018亿美元，其中，2015年受澳大利亚和中国冰雹的影响，全球冰雹保险损失达6.236亿美元（见图4－29）。

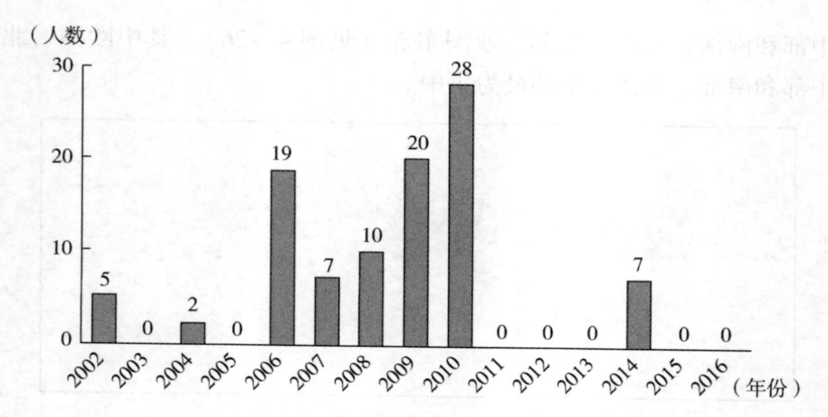

图 4－28 2002—2016 年全球冰雹人员伤亡分布

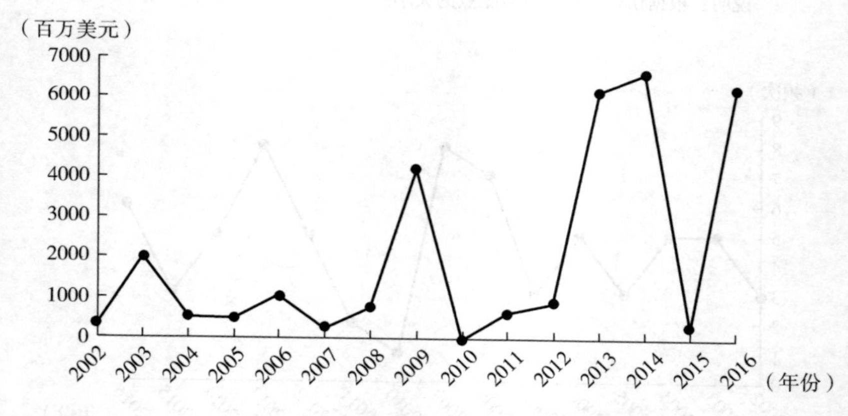

图 4－29 2002—2016 年全球冰雹保险损失分布

第四节 全球农业巨灾风险分散分析

农业巨灾风险管理发展到目前阶段，主要的风险分散方式可分为两大类，一类是以财政救助、社会捐赠、保险、相互保险、再保险和巨灾基金等为代表的传统农业巨灾风险分散方式（其详细介绍可参见：A. D. Roy，1952；W. Joseph，2002；H. Keith，2003；孙祁祥，2004）。另一类是利用巨灾风险证券化手段分散农业巨灾风险，主要包括四个传统工具（巨灾期权、巨灾债券、巨灾期货和巨灾互换）和四个当代创新工具（或有资本票据、巨灾权益卖权、行业损失担保和“侧挂车”）（H. Cox Sammuel，2000；Christian Gollier，2005；M. Dwright，2005；J. David，2006；Thomas

Russel，2004；田玲等，2007；吕思颖，2008；谢世清，2009）。

一　总体情况分析

本书把全球农业巨灾风险分散手段分为三类。第一类是市场手段，主要包括保险、再保险、巨灾风险证券化产品；第二类是非市场手段，主要包括受害人自保、政府财政救助、社会捐赠；第三类是混合手段，主要包括基金、债券，其主要原因是基于巨灾本身的特征，一般巨灾基金和债券都有政府背景或由政府主导。

从全球农业巨灾风险分散的情况来看，保险（含再保险）是最有效的手段，尽管其他的农业巨灾风险分散方式（如基金、债券、政府财政救助、社会捐赠和巨灾风险证券化产品）经常使用，但其受所用资源的限制，带来的影响非常有限，而且其效率和效果被越来越多的人怀疑。

总体来看，全球农业巨灾保费占全球 GDP 的比重过小（见图 4-30），在 4%—8%，而且近二十年来有下降的趋势，但其对全球农业巨灾损失分散发挥了重要的作用。1970—2017 年全球农业巨灾保险理赔数据显示，年均农业巨灾保险理赔额占到了全球农业巨灾损失的 27.24%，最高的年份达到 57.26%，一般年份接近 1/3，农业巨灾保险已经成为农业巨灾风险分散的有效方式，发挥了不可替代的作用（见图 4-31）。

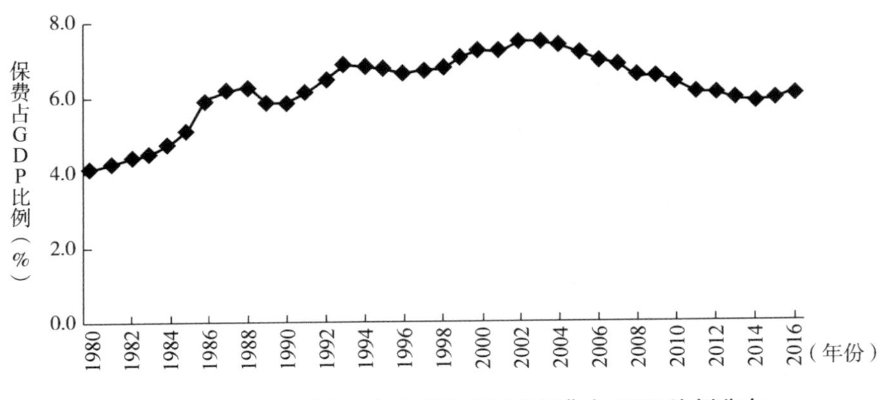

图 4-30　1980—2016 年全球农业巨灾保费占 GDP 比例分布

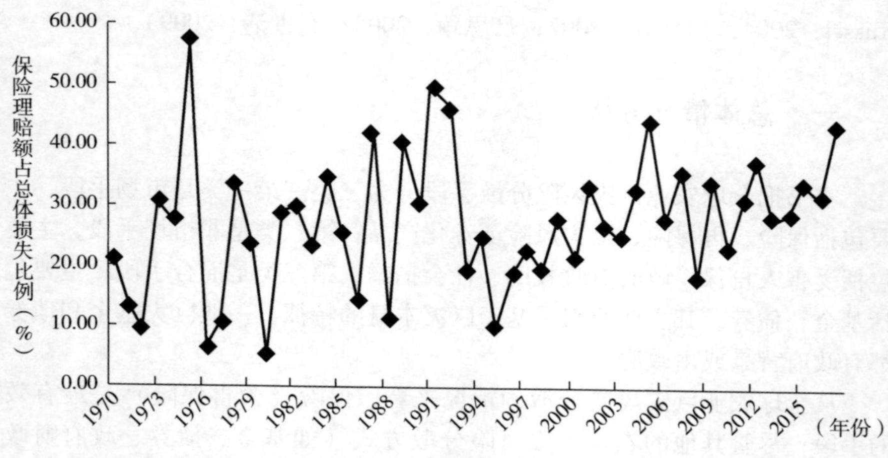

图 4－31　1970—2016 年全球农业巨灾保险理赔额占总体损失比例分布

二　各大洲情况分析

农业巨灾保险已经成为全球各大洲农业巨灾风险分散的主要手段和方式，但各大洲的情况不尽相同。2009—2016 年各大洲农业巨灾保险损失数据（见图 4－32）显示：北美洲农业巨灾保险补偿水平最高，常年在 60% 左右，其次是大洋洲，一般年份都在 50% 左右，欧洲的农业巨灾损失保险补偿也不低，一般年份在 40% 左右，非洲、拉丁美洲和加勒比海地区的农业巨灾损失不太严重，但农业巨灾保险补偿水平也不低，最不理想的是亚洲，尽管亚洲是全球农业巨灾损失最严重的地区，但农业巨灾保险补偿水平却是最低的。

如果分析 2009—2016 年各大洲农业巨灾保险分散的平均值（见图 4－33）也可以得出同样的结论。农业巨灾保险分散能力最强的是北美洲，达到了 60. 87%，也就是说农业巨灾保险已经成为农业巨灾风险分散的最重要工具，其次是大洋洲和欧洲，农业巨灾保险年平均补偿水平达到 53. 35% 和 38. 98%，农业巨灾保险已经成为农业巨灾风险分散的主要工具，在上述三个大洲，市场主导了农业巨灾风险分散。但在非洲、拉丁美洲和加勒比海地区，尤其是在亚洲，农业巨灾保险补偿率较低，政府的财政救济还是其最重要的方式，政府主导了农业巨灾风险分散，当然也必然背负沉重的财政压力，势必挤压农业巨灾风险市场分散功能有效发挥。

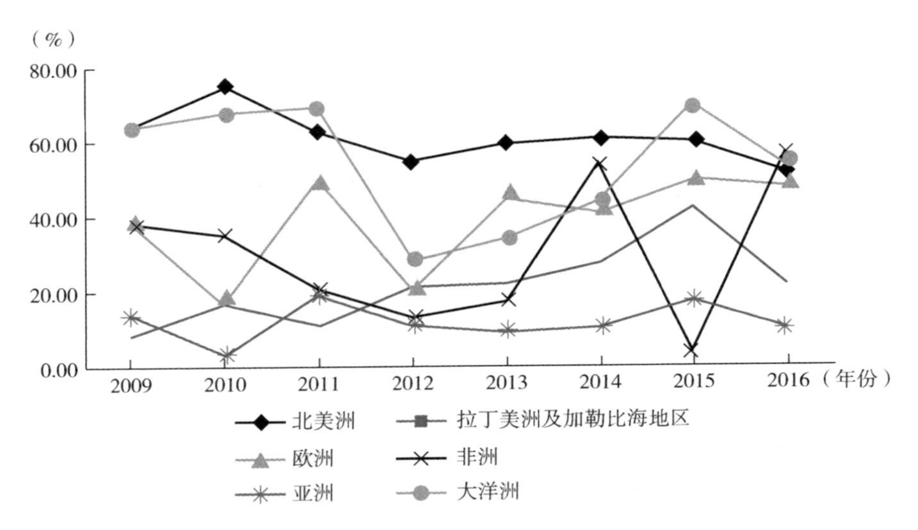

图 4-32　2009—2016 年各大洲农业巨灾保险损失占农业巨灾损失比例

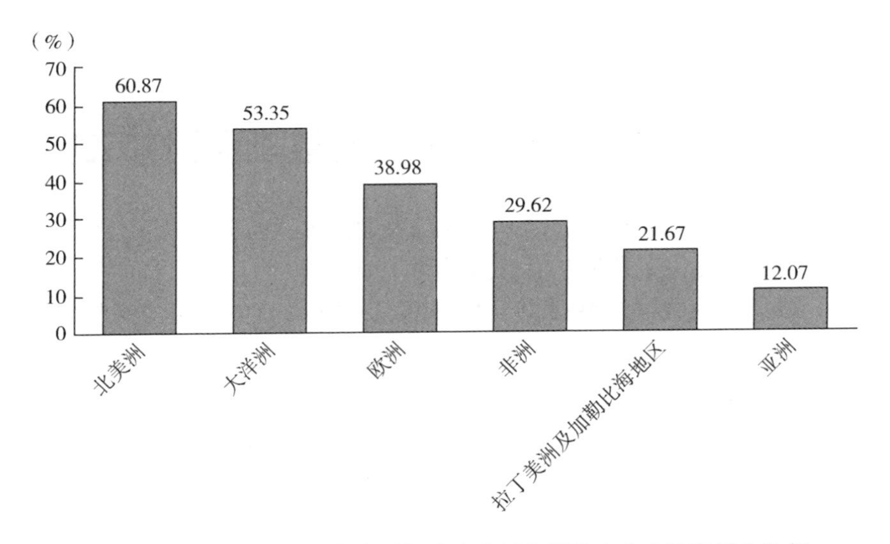

图 4-33　2009—2016 年各大洲年均农业巨灾保险占农业巨灾损失比例

第五章　我国农业巨灾风险分散国际合作回顾与评价

我国农业巨灾风险分散国际合作是我国与其他国际行为主体之间基于相互利益的基本一致或部分一致，而在农业巨灾风险分散领域中所进行的政策协调行为。随着我国政治、经济和社会意识形态的变化，我国农业巨灾风险分散国际合作从早期的单边国际合作到多元化的国际合作，机制已经固化，模式日趋完善，初步形成了农业巨灾风险分散国际合作的“中国经验”。

第一节　我国农业巨灾风险分散国际合作历史

自中华人民共和国成立以来，我国农业巨灾风险分散国际合作就已经开始，尽管国际关系研究学者普遍认为1980年以前我国实行的是“拒绝外援”政策，但我国国际援助合作一直就存在，其中人道主义援助是国际援助的三大援助（战略援助、发展援助和人道主义援助）之一，人道主义援助有很大一部分是农业巨灾国际援助，所以我国农业巨灾风险分散国际合作历史较长，国际合作的内容还是比较丰富的。

我国农业巨灾风险分散国际合作由“进口”和“出口”两个方面组成，“进口”主要指国际对华人道主义救灾合作，“出口”主要指我国对外人道主义国际救灾合作，但从救灾国际合作的主体互动关系来看，我国农业巨灾风险分散国际合作分为三个阶段。

一　第一阶段（1949—1979年）：单边国际救灾合作

我国自1949年开始，一方面积极开展对外人道主义国际救灾援助，另一方面，拒绝了所有的国际社会的对华人道主义救灾援助，所以这个时期，我国实行的是单边国际救灾合作。

（一）我国对外人道主义救灾援助合作

中华人民共和国成立后，为了发展的需要，尽快打开外交局面，在财力特别紧张、物资相当匮乏的情况下，我国也以捐款和物资援助为主要形式对外提供人道主义援助。

1. 援助对象

1949—1965 年，周边国家在中国对外人道主义援助对象中的比例占到 43%，一共达 33 次；对社会主义国家的人道主义救灾援助比例为 29%，共 18 次。除此之外，西方资本主义国家也是我国对外援助对象。1953 年，英国和荷兰发生洪灾，中国人民团体发起募捐。1955 年希腊地震，中国红十字会向希腊红十字会进行捐款援助（见表 5 - 1）。1952—1959 年，我国有关人民团体三次对日本进行援助。20 世纪 50 年代，中国对外人道主义援助共 36 次，对周边国家的援助占绝大部分。进入 60 年代，停止了对西方资本主义国家的救助，进而转向非洲和拉美国家。在 1960—1965 年的 5 年时间里，对非洲和拉美国家的援助占到 35%。20 世纪 70 年代以后，由于受意识形态的影响，无产阶级国际主义被提高到了极高的地位，对我国对外人道主义救灾援助的影响也逐步加强，因此，这个阶段对外人道主义救灾援助主要集中在社会主义国家阵营中，基本摒弃了对立的资本主义国家，对外人道主义救灾援助的对象和频次减少了。

表 5 - 1　1949—1979 年我国对外国际人道主义救灾合作主要事件

序号	年份	援助国	灾害类型	金额	备注
1	1952	印度	洪灾	20 亿元（旧币）	
2	1953	英国、荷兰、印度	洪灾	15 亿元（旧币）	
3	1955	越南	台风	20 万元人民币	布匹、药品等物资
4	1955	希腊	地震	2 万瑞士法郎	
5	1956	南斯拉夫	雪灾和洪灾	3 万元人民币	
6	1957	保加利亚	洪灾	5 万元人民币	
7	1961	索马里	洪灾	30 万元人民币	药品和现款各一半
8	1961	阿尔巴尼亚	洪灾	11250 万卢布	无息贷款
9	1963	古巴	飓风	100 万元人民币	现款和医药物资各一半

续表

序号	年份	援助国	灾害类型	金额	备注
10	1964	索马里	洪灾	50 万元人民币	粮食和药品
11	1964	巴基斯坦	洪灾	4 万卢比和 2 万元人民币	
12	1965	巴基斯坦	台风	20 万元人民币	
13	1965	马里	洪灾	10 万元人民币	
14	1965	智利	洪灾	2000 美元和 7 万元人民币	
15	1970	罗马尼亚	洪灾	5000 万元人民币	物资
16	1973	巴基斯坦	洪灾	200 万元人民币	现款和物资各一半

资料来源：根据相关文献资料整理。

2. 援助合作形式与规模

中国主要以政府名义、红十字会或民间组织名义、驻外使馆名义的形式对外进行人道主义救灾援助，也有政府和民间团体共同捐助的情况，而以红十字会或民间组织的名义捐助的比例达到 72%。以政府名义援助的国家主要集中于亚非地区，包括越南、蒙古、尼泊尔、肯尼亚等国。

中国对外救灾合作形式除了救灾援助以外，医疗援助也是重要的合作形式之一。1963 年，中国政府应阿尔及利亚政府的紧急呼吁，向阿尔及利亚派遣医疗队，开创了中国与非洲等发展中国家和地区新的援助合作形式。自此以后，先后派出援外医务人员约 2 万余人次，遍及亚、非、拉和东欧的 65 个国家和地区，向广大受援国进行医疗援助。

就救助金额来说，在中华人民共和国成立后的 30 年时间里，人道主义对外援助金额波动较大，且有增长之势。尽管我国政府及各级民间组织皆制定有对外捐助的年度预算，但在实际中，捐助金额受各种因素的影响。20 世纪 50 年代，年援助额大体保持在 40 余万元人民币；50 年代末至 60 年代初年援助数额从 12 万元人民币到 200 万元人民币不等，这一时期援助数额波动较大。进入 20 世纪 70 年代以后，尽管对外人道主义救灾援助的对象和频次减少了，但单笔救灾援助规模增加了，救灾援助的总规模也不断扩大。1970 年，罗马尼亚发生了洪灾，我国就一次性援助了 5000 万人民币，整个 20 世纪 70 年代，我国对外救灾援助总规模达到 152 亿元人民币，远超我国以前对外救灾援助的总和。

（二）国际对华人道主义救灾援助

与我国积极开展对外救灾援助形成鲜明对比的是，从 1949—1979 年的30年中，我国对国际救灾援助实行的是“拒绝外援”政策，没有接受国际社会的救灾援助。

中华人民共和国成立后，我国就面临严重自然灾害，长江、淮河流域发生了特大洪灾，此次洪灾损失严重，导致粮食减产高达120亿斤，灾民规模4000万人。针对灾情，内务部提出了“节约防灾，生产自救，群众互助，以工代赈”的救灾工作方针。1949年12月，周恩来总理在救灾会议中指出：“生产自救，整个说起来就是自力更生。”1950年2月，中央生产救灾委员会成立，政务院副总理董必武又一次指出：“生产自救，节约渡荒，群众互助，以工代赈，辅之以必要的救济。”确定了我国人民在面对自然灾害时，要坚持自力更生，国内各级政府对灾区和灾民进行必要的救济方针，国际救灾援助并不包括在内。

1950年3月，美国发表了《美国对亚洲政策》的演说，提到“中国面对着4000万灾民，在现在和下一个收获之间挨饿，数以万计的人会死亡”，并传达了美国对中国灾民提供救济的意向。而对此言论，中央人民政府副主席刘少奇在庆祝五一劳动节干部大会的演讲中，做出了严厉的回应：“在我国人民的团结努力下，不需要国外一粒粮食就可以渡过难关。我们经历过美国帝国主义者对我国人民的侵略，要揭开他们的伪善面具，防止对我国再次进行破坏行动。中国人民虽然欢迎那些确属善意的国外帮助，但是对于帝国主义的好意，我们已经领教得够多了，我们不需要这些人来进行破坏活动。”① 刘少奇的讲话明确地阐述了当时中国政府对待国际救灾援助的态度。

1954年8月，由内务部办公厅整理并经周恩来总理修改的《答外国记者问》一文，表明了中国政府应对国际救灾援助的态度：“我们原则上欢迎国际友人对我国提供的国际人道主义援助，中国地广人多、地大物博，自然灾害只是在局部地区发生，虽然当前灾荒等自然灾害有一定困难，只要全国人民团结一致、合理调配，我们仍有信心克服困难，度过灾荒。”②

中华人民共和国成立初期，以美国为首的北约和以苏联为首的华约两大阵营冷战对峙，西方资本主义国家还对中国实行“压制”。在历经帝国主义压迫和侵略后，中国人民团结一致迎来新的曙光，表现出了强烈的民族自尊心。

国际政治格局的改变给中国的外交带来新变化。1971年10月，中华

① 刘少奇：《建国以来刘少奇文稿》（第2册），中央文献出版社2005年版。

② 孙绍骋：《中国救灾制度》，商务印书馆2004年版。

人民共和国政府恢复在联合国安理会的合法席位，并相继和新西兰、美国、日本多个国家建立外交关系。国际环境对中国的发展已经逐渐改善。然而，在1979年改革开放之前，即使是1976年发生唐山大地震特大自然灾害，中国政府对国际救灾援助也一直持拒绝态度。

1976年7月28日，河北省唐山市发生7.8级特大地震。地震造成的人员、经济损失达到历史之最。从7月28日到30日，美国驻华联络处主任盖茨、联合国秘书长瓦尔德海姆、英国外交大臣克罗斯兰、日本外相宫泽喜一等，通过各种方式向中国政府表示愿意为中国政府和中国人民提供国际援助，以帮助灾区人民克服这场特大自然灾害。然而，中国拒绝接受一切外援，7月30日，中国外交部正式发布公告：不接受任何外国援助，我们有能力、有决心战胜灾难。

中国驻联合国代表团对拒绝国际救灾援助的理由进行了声明："经马克思主义、列宁主义、毛泽东思想武装起来的、经过无产阶级文化大革命考验的人民是不可战胜的，说明我国无产阶级专政的社会主义制度具有极大的优越性，中国共产党领导广大人民进行自力更生救灾，必能取得伟大胜利。"从1949年到1979年的30年，是中国特大洪水、地震的高发期，先后经历包括1954年江淮特大洪水在内的4次洪水灾害，包括1976年唐山7.8级地震在内的5次大地震，还有包括1959—1961年三年自然灾害在内的多次严重自然灾害，对外国政府或国际组织提供的救灾援助，中国政府始终持拒绝态度。直到改革开放以前，国内普遍认为，接受国际救灾援助就等于放弃自力更生，仍然把接受国际救灾援助与自力更生的救灾方针对立起来。

二 第二阶段（1980—2003年）：双边国际救灾合作

我国在继续开展对外救灾国际合作的基础上，从1980年开始，转变观念，不断完善对华救灾援助合作政策和法律，接受对华的救灾援助越来越频繁，开展双边国际救灾合作，也逐渐与国际接轨，变得越来越规范。

鉴于联合国救灾署曾多次向中国提出在适当时候应该接受该组织的国际援助，为了适应新的发展形势，1980年10月，对外经济联络部、民政部、外交部联合向国务院上报《关于接受联合国救灾署援助的请示》[1]。

---

[1] 民政部、经贸部、外交部：《关于调整接受国际救灾援助方针问题的请示》，法律图书馆网，http://www.law-lib.com/lawlaw view.asp? id=48362，1987年5月13日。

文中提到："鉴于发展中国家遭受严重自然灾害时要求救灾署组织救济较为普遍，属于各国人民相互支援的性质"，"今后我国发生自然灾害时，可及时向救灾署提供灾情，对于情况严重的，亦可提出援助的要求"。国务院批准同意了这一请示。从此，中国政府对国际救灾援助的政策发生转变。这一年，中国遭遇严重的"北旱南涝"自然灾害。北方严重的旱灾使全国 7 个省份受灾，而长江流域洪水导致湖北、湖南两省受灾严重。11 月，中国政府向联合国相关机构报告河北省和湖北省的受灾情况。在联合国救灾署的积极协调下，中国政府共接受了价值 2000 多万美元的粮食、奶粉等国外救灾物资。这次的国外救灾援助，无论是对帮助灾区人民渡过难关、恢复重建，还是对中国对外政策都有重要意义。

但不得不说，这一时期在对待外来援助时，中国还具有防备心理。1980 年，中国北方遭遇严重旱灾的有 7 个省份；遭遇严重水灾的至少有两个省份。中国政府在向国际社会通报时，有意隐瞒了国内的实际受灾情况，并严格限制了接受国际援助的省份。我国政府还规定，各国和国际组织的对华救灾物资只允许通过联合国救灾署这一渠道对华进行援助。尽管接受外援程度有限，但相较之前已经有了很大的进步。中国政府逐渐弱化意识形态和政治激情对相关政策的影响，已初步奠定接受国际救灾援助的政策方向。

由于受改革开放初期思想解放程度限制，中国应对国际救灾援助的立场并没有一直坚定下去，长期形成的历史惯性思维仍然在束缚着中国人民的观念。1981 年的长江特大水灾，导致四川省 138 个县受灾。面对许多国家和国际组织传达的提供救灾援助的意向，当年 8 月，国务院对《关于处理国际上对四川水灾救济问题的请示》作了回应，并对灾情相关信息的报告及接受安排国外援助物资等具体工作做了安排①。此批示意味着中国又紧缩了接收国际救灾援助的口径。

本已缓慢开放的受援之门，在 1982—1986 年，又有封闭的趋势，中国接受国际救灾援助的工作基本停止。改革开放之初，在对待国际救灾援助时还存有一定的戒备心理。然而，巨灾不仅给受灾国带来严重的生命财产损害，也会对他国的发展产生负面影响。人道主义的普世价值观在国际救灾援助中得以体现的同时，对世界各国的长远利益也产生着积极的影响。邓小平同志说过："历史最终会证明，帮助了我们的人，得到的利益不会小于他们对我们的帮助。"尽管中国对待国际救灾援助的立场有所反

① 孙绍骋：《中国救灾制度研究》，商务印书馆 2004 年版。

复，但联合国救灾署仍然多次表示愿意在救灾援助方面与中国加强合作。在中国遭遇较大灾害接受外来援助时，也往往处于被动的局面，带来的结果便是灾民的生活得不到很好的保障，也会极大地影响中国在国际上的开放形象。

1987 年，中国接受国际救灾援助政策逐步规范化。改革开放使人们逐渐意识到，自然灾害是一国之力无以应对的，与世界各国加强合作，一道应对自然灾害风险，符合全球各国人民的共同利益。1987 年 5 月 6 日，大兴安岭林区特大森林火灾的发生，加快了中国应对国际救灾援助政策变革的速度。此次大火共造成着火面积 101 万公顷，3 个林业局、9 个林场被烧毁，伤亡损失惨重，死伤人数 400 多人，5 万多人无家可归，直接经济损失 5 亿元人民币。这场大火无论从毁林面积，还是伤亡人数、经济损失方面来说，都达到新中国成立以来的历史之最，国际社会对此给予高度关注。

根据需要，民政部、外交部等部门于 5 月 13 日联合向国务院上报《关于调整接受国际救灾援助方针问题的请示》，主要内容包括：①要有组织有计划地向国际社会通报和提供有关灾情和救灾工作的资料。今后可视情况向联合国等部门提供相关信息，对有关国际组织、外国使馆和新闻单位的询问，可及时答复。国内新闻机构可对一般灾情公开报道。②有选择地积极争取国际救灾援助。如遇重大灾情，可通过救灾署向国际社会提出救灾援助的要求。针对局部灾情，可接受主动提供的国外救灾援助。除教会组织外，外国民间组织和国际友人、爱国华侨主动提供捐赠，一般可接受。③接受联合国系统各机构、其他国际组织和友好国家政府的救灾援助，各部门各司其职，做好相应工作。对除上述以外的国外民间组织和个人的救灾捐赠，可由民政部通过外交途径直接对外联系交涉和接收分配。如遇特殊情况（如此次东北森林火灾），可由国务院指定的部门牵头，协同经贸、民政、外交部对外联系、交涉和接受援助。④不涉及救灾援助，纯属向有关国际组织和友好国家提供灾情和救灾工作资料的业务交往，可由民政部直接对外，并与外交、经贸两部通气。①

为此，国务院进行了批示并对相关政策做了调整，此举在便于我国开展救灾工作的同时，也增进了同国际社会救灾领域方面的交流与合作。为了统筹大兴安岭火灾外援工作，国务院成立了相应的领导小组。从火灾发

---

① 民政部、经贸部、外交部：《关于调整接受国际救灾援助方针问题的请示》，110 网，http：//www. law - lib. com/law/law view. asp？ id =48362，1987 年 5 月 13 日。

生到7月底的将近两个月的时间里，中国共接受来自20多个国家、地区和国际组织提供的生活用品等相关物资和600多万美元现金折合款。

1987年救灾外援政策调整之后，在相关领域的工作取得很大进展。1988年5月，福建省遭遇特大水灾，到7月底，中国政府共接受8个国家和国际组织的200多万美元的救灾援助。根据实际工作情况，民政部、对外经济贸易部、外交部联合向国务院上报《关于在接受国际救灾援助中分情况表明态度的请示》[①]，请示中提到："①省范围内，一次性灾害倒房5万间以上，农作物失收面积500万亩以上，6级以上地震，属其一者，及时通报灾情，有主动援助者可接受。②省范围内，一次性灾害倒房10万间以上，农作物失收面积1000万亩以上，7级以上强烈地震，属其一者，在及时通报灾情的同时，表示准备接受外援的意愿，并列出急需救灾物资的种类，但不提出呼吁。③省范围内，一次性灾害倒房30万间以上，农作物失收面积1500万亩以上，7.5级以上强烈地震，属其一者，在通报灾情的同时公开呼吁请求国际援助，如有适当时机，也可向联合国有关组织提出抗灾救灾的项目，申请专项援助。"我国政府为了应对国际民间组织，报告中还希望我国也能有相对应的民间机构进行工作对接，负责接受国际民间组织的救灾援助，加强民间组织的友好往来，以解决一些政府部门不宜出面的相关活动。

国务院于当年9月8日对该请示做了批准，并规定由民政部统一办理国际救灾援助事宜，相关部门也分别对救灾工作做了相应制度安排。救灾援助政策的制度化和规范化，使我国救灾工作与国际惯例更加接轨。至此，我国进入了一个新的接受救灾外援的历史时期。

1991年，我国长江、淮河流域发生特大水灾，无论是受灾范围还是灾害损失都前所未有，致使全国农作物受灾面积达36894万亩，1亿多人口受灾，因灾死亡5113人，200多万人无家可归，直接经济损失779.08亿元人民币。在此情况下，"中国国际减灾十年委员会"代表我国政府，向联合国机构和国际社会发起求助。新中国第一次正式地、直截了当地向国际社会发出救灾呼吁，共接收国际（包括我国港澳台地区）救灾款物折合人民币6.83亿元。

1993年6月25日，"中国灾害管理国际会议"召开，时任中共中央总书记、国家主席江泽民在贺信中写道："近十年来，每当中国发生较大

---

① 民政部、经贸部、外交部：《关于调整接受国际救灾援助方针问题的请示》，110网，http：//www.law-lib.com/law/law view.asp? id=48362，1987年5月13日。

的自然灾害时，特别是1991年发生严重水灾时，国际社会给予了人道主义的援助，支持灾区的紧急救援和恢复重建工作。国际社会同中国防灾方面的合作也有了良好的开端。对此，我们表示衷心的感谢。”① 此后包括丽江7.0级地震、长江和松花江流域特大洪水在内的严重自然灾害，中国政府和民间团体等均及时向国际社会发出明确的求助信息，中国越来越走向成熟与开放。

1999年9月1日，《中华人民共和国公益事业捐赠法》颁布实施。依据该法，2000年5月，民政部第22号令发布《救灾捐赠管理暂行办法》，应对国际救灾援助的相关问题做出了比较具体的规定。《中华人民共和国公益事业捐赠法》《救灾捐赠管理暂行办法》的颁布施行，标志着中国应对国际救灾援助开始走向法治化。

三　第三阶段（2004年至今）：全面国际救灾合作

以2004年印度洋海啸事件为分水岭，我国救灾国际合作进入了一个全新的时代。

（一）继续开展国际救灾援助双边合作

2004年印度洋海啸，灾难波及8个亚洲国家和4个非洲国家，造成8万多人死亡，上百万人丧失家园，经济损失达到130多亿美元，受灾程度历史罕见，引起了全世界的关注。全球40多个国家纷纷对受灾国提供援助，以帮助他们渡过难关。中国政府先后提供总额为5.2163亿元人民币的援助和2000万美元的多边捐助。此后，我国参与了历次全球巨灾的救灾国际合作（见表5-2）。

表5-2　2004—2017年我国参与的全球巨灾合作主要事件

序号	年份	灾害类型	援助合作	备注
1	2004	印度洋海啸	68736万元人民币	派遣国际救援队和医疗队
2	2005	美国“卡特里娜”飓风	500万元人民币	现汇和物质
3	2005	巴基斯坦7.8级地震	2673万美元	派遣国际救援队和医疗队
4	2006	菲律宾泥石流	100万美元	现金和物资

① 江泽民：《给“中国灾害管理国际会议”的贺信》，《人民日报》1993年6月26日。

续表

序号	年份	灾害类型	援助合作	备注
5	2006	印度尼西亚 6.2 级地震	200 万美元现汇、1000 万元人民币物资	现汇和物质
6	2007	孟加拉国台风	100 万美元	现汇
7	2007	乌拉圭洪灾、飓风和森林火灾	10 万美元	现汇
8	2007	秘鲁地震	35 万美元	现汇
9	2007	希腊森林火灾	100 万美元	现汇
10	2007	孟加拉国台风	100 万美元	现汇
11	2008	缅甸“纳吉斯”台风	110 万美元和 1000 万人民币	救灾款和物质，派遣国际医疗队
12	2010	朝鲜洪灾	100 万美元	物质
13	2010	海地地震	3000 万元人民币	物质，派遣国际救援队
14	2011	日本“3·11”地震	3000 万元人民币	物质，派出国际救援队
15	2011	斯里兰卡洪灾	3000 万元人民币	物质
16	2011	新西兰 6.3 级地震	50 万美元	现款
17	2011	斯里兰卡洪灾	1000 万元人民币	物质
18	2013	巴基斯坦 7.7 级地震	3000 万元人民币	物质
19	2015	马来西亚、斯里兰卡洪灾	4000 万元人民币	物质
20	2015	阿拉瓦图飓风	3000 万元人民币	物质
21	2016	尼泊尔 8.1 级地震	2000 万元人民币	物质
22	2016	多米尼克“埃瑞卡”飓风	30 万美元	现款

资料来源：根据相关文献资料整理。

全球也参与了我国巨灾的国际救灾合作。以 2008 年汶川地震为例，截至当年 6 月 4 日，我国共接收国际社会提供的救援款项折合人民币 47 亿多元，救灾物资 5000 余吨。在严重的地震灾情面前，我国打破惯例，首次允许境外专业救援队、医护人员和卫生防疫人员奔赴地震灾区参加搜救和医护卫生工作。在汶川大地震中无论是援助国分布范围，还是援助额数、援助速度、救援深度，在中国接受救灾外援的历史上都达到了前所未有的高度。

（二）逐渐建立救灾国际合作机制

2004 年 9 月，我国开始着手构建相对完善的对外人道主义援助架构体系，多部门参加的国际人道主义紧急救灾援助应急机制正式建立。2005 年经国务院批准，中国国际减灾委员会更名为国家减灾委员会，全面指导国家减灾相关工作。2008 年，对外援助部际联系机制建立，在 2011 年 2 月升级为国际协调机制后，2018 年 4 月，又改革升级为国家国际发展合作署。2018 年 4 月，中华人民共和国应急管理部成立，整合我国各部委救灾资源，优化了防灾救灾体系。

更为重要的是我国开始逐渐融入国际救灾合作机制。通过承办海啸受灾国灾害风险管理培训班等一系列国际专题培训班，加强了各国减灾防灾领域的交流与合作；“第一届亚洲部长级减灾大会”于 2005 年 9 月在北京举办；2007 年 5 月 24 日，中国国家航天局与欧洲空间局正式签署了《空间和重大灾害国际宪章》，中国正式加入国际减灾合作机制；中国先后于 2008 年、2009 年举办“加强亚洲国家应对巨灾能力建设研讨会”“第二届亚洲巨灾风险保险国际会议”，通过高级别会议的形式加强各国之间的信息交流；在中国的积极参与和推动下，《亚太 2010 年减轻灾害风险仁川宣言》《仁川行动计划宣言》《亚太 2012 年减轻灾害风险日惹宣言》等一系列成果得以发布；积极参与《2015—2030 年仙台减轻灾害风险框架》、2030 年可持续发展议程、第三届世界减灾大会磋商与制定。此外，我国加入了联合国、亚洲减灾中心等众多国际和区域灾害救援组织，开展了系列国际救灾活动，开展了包括灾害援助、人员搜救、医疗援助、技术交流、人员培训等在内的国际合作，我国已经全面进入了农业巨灾风险分散国际合作新时代。

第二节　我国农业巨灾风险分散国际合作现状

自中华人民共和国成立以来，我国农业巨灾风险分散国际合作经历了从最初的单边合作，发展到双边合作，到今天的全面合作，无论是合作的范围、区域还是合作的机制、模式等都发生了巨大的变化，逐渐形成了农业巨灾风险分散国际合作的“中国经验”。

一　合作机制已经形成

合作机制是指两个或两个以上国家（地区或团体）之间为达成某种目的，建立起来的比较稳定的在政治、经济、文化等方面的双边或多边合作运作模式。经过50多年的探索，目前我国农业巨灾风险分散国际合作机制已经初步形成。

（一）联合国救灾合作机制

联合国作为全球公认的第一个国际机构，在国际减灾合作中为各国政府提供了一个良好的交流平台，通过协调人道主义救灾援助、促进国际交流、减灾框架与气候框架的磋商等形式，在全球的减灾工作中发挥着关键作用。国际社会在联合国及其下设救灾组织（见表5－3）的组织和协调下，广泛和持久地开展了全球农业巨灾风险分散的国际合作。

表5－3　　联合国框架下的主要救灾组织

序号	名称	成立时间	简介
1	人道主义事务协调办公室（OCHA）	1998年	总部设在纽约和日内瓦的人道主义事务协调办公室，1998年由联合国设立的人道救援事务部改组而来。其在全球设有区域、次区域、国家级等不同级别的35个办公室，工作人员1900余名。OCHA通过整合协调资源、提供政策咨询、保障信息管理和人道主义资金援助等方面行使其协调人道主义事务的职责
2	联合国开发计划署（UNDP）	1965年	1949年成立的技术援助扩大方案和1958年设立的旨在向较大规模发展项目提供投资前援助的特别基金。根据联合国大会决议，这两个组织于1965年合并成立开发署。目的是为发展中国家提供技术支持、人才培养及相关设备，尤其是为最不发达国家或地区提供援助。以推动全球的可持续发展，协助各国人民创造更美好的生活
3	联合国环境规划署（UNEP）	1972年	在联合国系统内，主要负责全球环境事务，它提倡、教育和促进全球资源的合理利用，并运用合理有效的方式推动全球环境的可持续发展。基本目标是在灾害治理中加强对环境的重视
4	世界粮食计划署（WFP）	1961年	它是联合国内负责多边粮食援助的机构，主要通过粮食援助的手段，帮助受援国在粮农方面达到自给自足的目的。主要任务是提供救济援助；管理国际紧急粮食储备，即供应世界各地紧急需要的粮食储备。同人道主义事务协调办公室、其他联合国机构、政府组织和非政府组织密切合作

续表

序号	名称	成立时间	简介
5	世界卫生组织（WHO）	1948 年	国际上最大的政府间卫生组织。以使全球各国人民获得高水平的健康为宗旨。主要职能包括：促进流行病和地方病等疾病的防治；为改善公共卫生、疾病医疗提供教学与训练；推动各国生物制品的国际标准化；协调国际卫生领域对紧急情势和自然灾害做出反应行动，主要着眼于加强会员国的国家能力来减轻紧急情势和灾害对健康的危害
6	世界粮农组织（FAO）	1945 年	该组织致力于通过促进农业发展、改善营养状况和增进粮食安全来缓解贫困和饥饿。粮农组织提供直接发展援助，收集、分析并传播资料，应请求向政府提供政策和规划咨询，在有关粮食及农业问题，包括林业及渔业问题的辩论中发挥国际论坛的作用。通过保障各国人民的温饱和生活水准，提高粮农产品的生产和分配效率等途径，改善和促进农村经济和人民生活水平，并达到最终消除饥饿和贫困的目标
7	联合国国际减灾战略（UNISDR）	2000 年	该组织是联合国下属的减灾机构，成立于 2000 年，是国际减少自然灾害十年计划（IDNDR）（1990—1999 年）的延续。它是一个由 168 个国家、国际组织、金融机构、民间团体、科学学术组织等共同参与的全球性机构，其主要目标是减少灾害所造成的人员及财产损失。其秘书处设在日内瓦，在非洲、美洲、亚洲和太平洋地区、欧洲分别设有办事处，在纽约设有一个联络办公室
8	灾害防御协会（PC）	2000 年	世界银行于 2000 年 2 月成立了灾害防御协会。2003 年起，由国际红十字会接管。灾害防御协会旨在建立国际救灾的伙伴关系，致力于发展中国家的救灾，还为减灾充当资源和主要参与者联系的纽带，设法把科技界和政策制定部门、私营部门和公营部门、捐款者和灾民联系起来，在发展中国家促进风险评估、风险减持和风险救灾。比如：建立计划统一的防灾和减灾机制，实施改善过的建筑代码制度，更有力地对土地使用和应急机构实施有效的管理；培育政府预报灾害和快速反应能力，建立一旦遭到灾害就能警报的民防体系

资料来源：根据相关文献资料整理。

（二）区域机制

区域合作机制是指区域内两个或两个以上国家（地区或团体）之间为达成某种目的，建立起来的比较稳定的在政治、经济、文化等方面的双边或多边合作运作模式。

在全球各个区域范围内，成立了特定的组织（见表 5－4），就农业巨灾风险分散开展国际合作，对全球农业巨灾风险的分散起到了有效的促进作用。

表 5-4　　国际区域层次的主要救灾组织

序号	地区	名称	成立时间	简介
1	欧洲	欧盟人道主义援助办公室（ECHO）	1992 年	欧盟作为世界上最大的人道主义援助体，长期为各种灾害受害者提供有力的人道主义援助。欧洲共同体人道主义办公室（简称 ECHO）成立于 1992 年。2010 年欧盟进行了机构调整，组建了欧盟人道主义与和民防总局（简称 DG ECHO），以更有效地应对人道主义救援工作，为欧盟实现人道主义和民防工作的整合奠定了坚实的基础。欧盟人道主义援助办公室负责协调组织援助事务，同时还对人道主义进行宣传
2	欧洲	欧盟委员会民防机构（CPU）	2001 年	该机构成立于 2001 年，旨在促进欧洲各国民防当局之间的合作。建立该机制的目的是使参与国能够协调援助欧洲和其他地区的自然灾害和人为灾害的受害者。通过协调向受影响国家和人口提供民防保护团队和资产，它可以更迅速有效地应对紧急情况。世界上任何国家都可以向该机构寻求帮助
3	亚洲	亚洲备灾中心（ADPC）	1986 年	主要工作目标是减少亚太地区的自然灾害，以促进社会的良性发展。加强和建立灾害管理系统，促进区域性合作。主要任务是训练与教育；技术性服务；信息、研究与网络支持；区域方案管理
4	亚洲	亚洲减灾中心（ADRC）	1998 年	亚洲减灾中心于 1998 年 7 月 30 日在日本兵库县神户市成立，由亚洲地区的 28 个成员国、5 个咨询国和 1 个观察者组织组成。亚洲减灾中心的主要任务是：建立自然灾害数据库并分享相关信息；加强减灾合作研究；收集紧急救援相关信息；开展灾害教育，提高亚洲地区人民的减灾意识和能力
5	亚洲	东盟地区论坛（ARF）	1994 年	是该地区规模最大、影响最广的官方多边政治和安全对话与合作渠道，目前一共有 27 个成员，在该地区的减灾工作方面发挥着重要作用
6	亚洲	东亚峰会（EAS）	2005 年	东亚峰会致力于推动东亚一体化进程、实现东亚共同体目标。峰会由每年的轮值主席国主办，相关议题由参与国共同审议。目前，正式的各领域和各层级支撑机制还有待建立，主要以外长及高官会晤的形式交换各方的意见。灾害管理是峰会重点合作领域之一
7	美洲	美洲国家组织（OAS）	1890 年	美洲国家组织是美国和拉丁美洲国家组成的区域性国际组织，其前身是美洲共和国国际联盟，在 1948 年的第 9 次泛美大会上改称现名。目前有 34 个成员国，并有多个欧美及亚非国家或地区的代表作为常驻观察员。其宗旨是确保该地区的安全，促进美洲地区的经济发展水平，加速美洲国家一体化进程

续表

序号	地区	名称	成立时间	简介
8	美洲	泛美卫生组织（PAHO）	1902 年	PAHO 是一个国际性公共卫生机构，其总部设在华盛顿特区，同时是世界卫生组织在美洲区的办事处，目的是提升美洲人民的健康水平。为了更有效地实现该目标，泛美组织在 27 个国家设有办事处和 3 个专业中心，通过此种途径积极与政府机构、民间团体、大学、科研机构等展开技术合作。合作领域主要包括：艾滋病等传染病与健康分析；癌症和糖尿病等非传染性疾病的风险因素和心理健康；卫生系统和服务；应急准备与灾害救援工作
9	美洲	中美洲自然灾害预防协调中心（CNPC）	1988 年	中美洲自然灾害预防协调中心始建于 1988 年，在它的推动下，一些科学研究院纷纷开始研究建筑物和公共设施对自然灾害的抵御能力。1991 年，应中美洲各国的要求，中美洲国家联合会诞生了。1994 年中美洲国家联合会的会议上，中美洲各国首脑一致同意将中美洲自然灾害预防协调中心并入中美洲国家联合会，成为该组织的下属机构，总部设在巴拿马。中美洲国家政府指派该机构通过交流信息形成统一的分析方法，建立地区性减灾策略，加强地区减灾工作
10	美洲	加勒比灾害紧急管理机构（CDEMA）	1991 年	1991 年加勒比沿海国家首脑签署协议，加勒比沿海国家灾害紧急救援处就此诞生。该机构包括 18 个成员国，总部设在西印度群岛的多多巴斯。它的主要职责是在其成员国出现灾情时，提供资金、物资等援助，帮助受灾国救灾和灾后重建，增强它们的灾害管理能力和水平
11	非洲	西非国家经济共同体（ECOWAS）	1975 年	西非国家经济共同体是非洲最大的发展中国家区域性经济合作组织。1975 年 7 月成立。成员国有贝宁、佛得角、冈比亚、加纳、几内亚、塞拉利昂、多哥和上沃尔特（今布基纳法索）等 16 个国家。总部设在拉各斯。该组织努力全面建立灾害管理战略框架，ECOWAS 秘书处的高层领导认为迫切需要并将推动次区域灾害管理战略的发展
12	非洲	南部非洲发展共同体（SADC）	1992 年	其前身是南部非洲发展协调会议，1992 年 8 月 17 日，南部非洲发展协调会议成员国首脑会议在纳米比亚首都举行，会议签署了有关建立南部非洲发展共同体的条约、宣言和议定书，决定南部非洲发展协调会议升级为南部非洲发展共同体，朝地区经济一体化方向迈进。成员包括纳米比亚、坦桑尼亚等 15 个国家，面积 926 万平方公里，约占非洲的 28%。灾害管理是 SADC 整体区域发展战略的一个非常重要的组成部分，项目强调政治承诺和机构安排，在次区域早期预警和脆弱性评估能力方面加强投资

续表

序号	地区	名称	成立时间	简介
13	非洲	非洲发展新伙伴计划（NEPAD）	2001 年	“非洲发展新伙伴计划”是第 37 届非洲统一组织首脑会议上一致通过的新型计划。它是第一个全面规划非洲政治、经济和社会发展目标蓝图的组织，旨在解决非洲各国共同面临的挑战，包括贫困加剧、经济落后和被边缘化等问题。NEPAD 优先开发的现行项目包括减少自然灾害风险、在环境和农业部门实施灾害管理，同时，整个项目包括教育、健康、地方基础设施和市场准入等所有能加强非洲社区救灾韧性的活动
14		非洲联盟（AU）	2002 年	其前身是非洲统一组织。1999 年 9 月 9 日，在非统第四届特别首脑会议上决定成立非盟。非盟一共包含 55 个非洲成员国，是集政治、经济和军事于一体的全非洲性的政治实体，它在维护和促进非洲大陆的和平与稳定、减贫战略与实现发展中发挥着独特的作用

资料来源：根据相关文献资料整理。

我国农业巨灾风险分散除了开展与联合国及其下属组织机构的国际合作外，区域性的国际合作主要集中在亚洲范围内。

亚洲救灾合作机制主要特点表现为中国和日本两大国推动机制。中日不仅是亚洲地区最大的两个经济体，在全球范围内也颇具影响力。凭借其综合实力，在一系列事务中扮演着关键角色，在救灾合作方面主要建构了以下合作机制：

（1）亚洲减灾中心。亚洲减灾中心是由日本倡议成立的，中日两国都是该减灾中心的核心成员国。减灾中心旨在通过减灾信息共享、防灾减灾社区能力建设等工作，提升社区减灾意识，建设安全的社区，以提升成员国应对灾害的能力。

（2）亚洲减灾大会。亚洲减灾大会是由中国提倡发起，目的是为亚洲各国提供一个减灾交流与合作的工作平台。2005 年第一次亚洲部长级减灾会议召开之后，大会每两年召开 1 次，先后形成了《亚洲减少灾害风险北京行动计划》《减少灾害风险德里宣言》《亚洲减少灾害风险吉隆坡宣言》《仁川宣言》等成果文件。2012 年 7 月 17—18 日，南海海洋防灾减灾研讨会在昆明举行，来自中国、柬埔寨等十余个国家的 50 余名专家学者和官员参加会议。通过亚洲减灾大会等高级别灾害研讨会，有效促进救灾合作的开展。

中国参与亚洲救灾合作的主要机制是亚洲减灾中心、亚洲减灾大会和亚洲备灾中心。中国在以往的参与合作中体现了以下两个特点：一是善于利用重大自然灾害推动亚洲救灾合作。“第一届亚洲部长级减灾大会”主要是受印度洋海啸的影响而筹备的，“加强亚洲国家应对巨灾能力建设研讨会”“第二届亚洲巨灾风险保险国际会议”主要是受汶川大地震的影响而召开的。可以看出，中国借用重大自然灾害，为深入推进亚洲国际救灾合作做出了巨大努力。二是达成实质性成果显著。从《亚洲减少灾害风险北京行动计划》到《仁川行动计划宣言》再到《德里宣言》和《亚洲地区实施〈仙台减灾框架〉行动计划》，一系列实质性成果都是在“亚洲部长级减灾大会”上取得的，这些成果的取得，为亚洲减灾事务指明了阶段性方向。

2018 年亚洲部长级减灾大会在蒙古乌兰巴托召开。中国应急管理部副部长郑国光应联合国减灾办和蒙古国政府邀请，率领由应急管理、地震、气象等多部门组成的中国代表团出席。郑国光代表中国政府作专题发言，介绍了《仙台减灾框架》文件通过以来，中国在推进防灾减灾救灾体制机制改革、防灾减灾规划等方面的经验做法，并为深入推动亚洲和全球减灾事业发展，提出三条建设性倡议。

（三）次区域机制

1. 东亚机制

（1）东盟地区论坛（ARF）救灾合作机制

东盟地区论坛作为本地区影响最广的多边政治和安全对话平台，在减灾救灾方面，先后制定了《ARF 地区论坛人道主义援助和减灾战略指导文件》《ARF 减灾工作计划》和《ARF 救灾合作指导原则》等框架性文件。中国作为东盟地区论坛的 27 个与会国之一，为东盟地区论坛救灾会间会成果的达成发挥了主导作用。

“救灾领域是东盟地区论坛所涉及的重要领域之一，在东盟地区论坛框架下所建立起来的救灾合作机制近年来发挥着越来越重要的作用。中国作为正在崛起的世界大国，也作为论坛重要的成员国，理应在论坛救灾合作机制的建设中发挥更加重要的作用。”[①] 中国在积极参与承办论坛救灾会间会、军队参与救灾合作法规建设、救灾演练三方面发挥着积极作用，以实际行动推动成员国之间的救灾合作，促使本地区的国际救灾合作进入实质性实施阶段。

---

① 王勇辉、孙赔君：《东盟地区论坛框架内的救灾合作机制研究》，《社会主义研究》2012 年第 2 期。

（2）东盟与中日韩（10+3）救灾合作机制

2004年后，防灾减灾成为该机制的重点合作领域之一。在《2007—2017年10+3合作工作计划》中，规定了减灾的具体合作措施。中国连续举办了2007年、2008年两届10+3武装部队国际救灾研讨会，与参会各国深入探讨了武装部队国际救灾协调机制建设等相关问题。2010年，东盟10国与中日韩3国参加了在中国北京召开的“10+3城市灾害应急管理研讨会”。无论是在国际框架下还是在区域框架下，中国都以明确的方向、积极主动的态度参与救灾合作，表明了中国的明确观点和态度，并在合作领域方面不断深化，从救灾领域发展到其他非传统安全领域。

（3）东亚峰会救灾合作机制

东亚峰会作为次区域组织，在第二届东亚峰会会议进程中达成将减灾防灾作为今后的主要合作领域之一。《东亚峰会灾害管理帕塔亚声明》明确规定要加强灾害管理能力建设合作力度，开发区域一体化、多灾种、多层次的早期预警系统，共同提升各国的备灾能力和灾害应对能力。

中国作为东亚峰会的创始成员国之一，为推动东亚峰会框架下的救灾合作发挥了不可或缺的作用。从第二届峰会确定减灾为重点合作领域之一，到《东亚峰会灾害管理帕塔亚声明》的达成，再到“东亚峰会灾害社会心理干预研讨会”“东亚峰会重特大自然灾害风险管理研讨会”的举办，已充分证明减灾救灾在该峰会中的地位。中国在该框架下开创了独具中国特色的救灾外交，对推动国际救灾合作起到了非同一般的作用。要实现中华民族伟大复兴的中国梦，中国必须创造有利的国际环境，首先要以东亚区域发展为核心，促进东亚地区发展一体化，然后以东亚一体化为支点，通过地区主导性力量的建立，完成多边外交，逐步实现大战略目标。

（4）东盟与中国（10+1）救灾合作机制

中国同东盟对话始于1991年，到2003年，双方达成“面向和平与繁荣的战略伙伴关系”，与此同时，中国还加入《东南亚友好合作条约》，中国—东盟合作已成为中国周边外交一大亮点。

中国参与东盟与中国（10+1）救灾合作有三个特点：一是主动把握时机，利用重大灾害驱动合作。例如：2003年爆发的非典型肺炎（SARS）促使“中国—东盟领导人关于非典型肺炎特别会议”于2003年4月29日在泰国曼谷召开，强化了各国在非典型肺炎防治领域的合作；2004年发生印度洋海啸后，次年3月在中国北京召开“中国—东盟灾后防疫研讨会”，会议主要就灾后防疫管控及区域间应急合作进行了协商，达成“关于加强中国—东盟救灾防病应急合作的北京行动计划”的会议成果。二是中国积极主动，发挥引领作用。中国在2006—2007年，先后在北京举办了“中国—东盟艾滋病实验室网络培训班”“中国—东盟传统医药防治艾滋病研讨会”“人禽流感实验室诊断技术培训班”等会议培训，为东盟各国培训相关技术人员40余名，有效地提升了各国疾病防控的力量。三是领导人高层会议达成系列成果。公共卫生（特别是防治禽流感）被列为双方五大重点合作领域之一，先后发表《中国和东盟领导人关于可持续发展的联合声明》《第14次中国—东盟领导人会议联合声明》等，通过领导人高层会议达成一系列成果，进一步加强了双方在重大灾害风险管理领域的实质性合作，为有效推进本地区的务实合作提供了制度保障。

2. 上海合作组织（SCO）救灾合作机制

上海合作组织救灾合作机制是上合组织机制的一部分，中国通过一系列实质行动推动上合组织成员国政府间救灾合作，随着综合国力的提升，中国在国际或周边事务中的影响力越来越大，中国智慧和中国方案为上合救灾合作机制提供了有力的支撑。中国参与该机制主要特点表现在以下三个方面：

一是积极参与和承办“上合组织成员国紧急救灾部门领导人会议”，推动会议成果落成。从第一次参与到第一次承办上海合作组织成员国紧急救灾部门领导人会议，再到积极地提供中国智慧，在中国的推动下，先后通过了《上海合作组织成员国政府相互配合应对紧急情况协议（草案）》《上合组织框架内实施救灾互助合作2009—2010年活动计划》《〈上合组织成员国政府间救灾互助协定〉实施行动计划（2014—2015年）》等一系列阶段性成果，阶段性成果的落实为上合组织成员国在救灾联络、信息共享、边境区域救灾等方面开展活动建立了行动框架，促成了上合组织救灾中心的建立。

二是学术推动和高层互动相结合。中国先后主办了上合组织成员国“灾害应急管理研修班”、上合组织成员国边境地区领导人首次会议，深化上海合作组织成员国在防灾、减灾方面的交流与合作，有效推动边境地区联合救灾行动机制等问题达成共识。

三是以联合救灾演练为契机，加深各国救灾互信。中俄两国在上合组织成员国国际救灾合作方面一直处于主导地位，国际救灾合作已走过十余年的历程，从《上海合作组织成员国政府相互配合应对紧急情况协议（草案）》的签订，到上合成员国联合救灾演练的实质性举行，从2009年的莫斯科“博戈罗茨克”救灾演练到2013年浙江“救援协作—2013”联合救灾演练，每一步都走得坚定踏实。中国凭借特色救灾外交，为推动该组织的机制建设和合作发挥着关键作用，为救灾机制的形成做了大量的努力。

（四）三边机制：中日韩三国机制与中俄印三国机制

1. 中日韩三国救灾合作机制

中日韩三国由于地理位置原因，导致自然灾害多发，鉴于三国的实际情况，近年来加强了救灾领域的合作。通过高层互动，推进了三国之间紧急救援队、救援物资等多层次、多样式的防灾合作。以2008年中国汶川大地震为例，从救灾前期的救援物质提供、救援队的派遣到后期灾后重建等工作，实现三国之间防灾减灾的合作。中国参与中日韩三国救灾合作的特点有以下三个方面：

一是以中日韩峰会为推动，促进三国间的救灾合作。从历次领导人峰会发布的联合声明来看，灾害领域的合作都是重点，例如，在2008年的《三国灾害管理联合声明》中，强调促进三国灾害管理合作的必要性及可行性；2009年发布的《中日韩合作十周年联合声明》中指出，三国要积极应对全球性问题，加强气候变化、自然灾害等领域的交流合作；2010年发布的《2020中日韩合作展望》中表示，中日韩三国相关部门将共享与灾害有关的信息、政策和技术，共同应对东北亚灾害风险；2010年发布的《第四次中日韩领导人会议宣言》中把《灾害管理合作》单独列为附件；2012年在第五次中日韩领导人会议上，把核安全领域拓展为灾害风险管理的一部分。救灾合作已成为中日韩领导人会议重点关注的焦点问题之一，通过领导人会议的推动，加快了三国在灾害防范和管理方面的合作。

二是三国救灾部门间务实合作，进一步推动了中日韩三国救灾合作的机制化。通过各国救灾部门间的务实合作，实现灾害风险管理的阶段成果有效落地，透过部长级会议讨论并通过的《灾害管理合作三方联合声明》和《第二届中日韩灾害管理部门负责人会议联合声明》，我们可以看到，三国在灾害管理领域的合作态度与诚意，形成以技术为支撑、灾害管理部门负责人定期会晤为机制、全面灾害管理为框架的合作体系。

三是以实质性的救灾研讨及演练为内容，增强三国国际救灾合作的实用性。中日韩三国近年来举办了多次救灾研讨及演练的实质性活动，如2005年7月在中国东海举行的“中日韩东海联合搜救演习”，通过海上联合搜救演练，强化了各国处理海上危险的技能；2010年和2012年分别在中国举行了“中日韩国际救援技术培训交流活动暨国际山地救援演习”、在日本举行了“中日韩三国登山救援交流活动”，两场实地演练为山地救援提供了很好的交流机会；2013 年在韩国首尔举行了“三国灾害管理桌面演练”，对三国的灾害综合管理能力进行了展示。通过一系列的实质性活动，阐释中日韩三国推动救灾合作的诚意和决心，必定会推动中日韩三国的救灾能力和水平的提升。

2. 中俄印三国救灾合作机制

中俄印三国都是世界大国，无论是人口数量还是国内生产总值，在全球都是排名前列的。中俄印三国组建的“战略三角”是时代的必然产物，在推动地区和全球可持续发展上，也必然肩负历史重任。鉴于全球共同面临着气候、环境、灾害等问题，三国率先垂范，积极探索地区治理新模式。

中国参与中俄印三国救灾合作也有显著的特点：一是依托中俄印三国外长会晤机制。三国外长会晤机制对推进三国之间全面合作具有重要意义，从历次的会晤情况来看，救灾合作已经成为三国外长会晤的主要议题之一；二是利用中俄印三国救灾部门专家会议机制，深化三国救灾领域的互信合作。中俄印救灾部门专家会议始于 2008 年，每年举行一次，通过专家会议深入了解各国救灾水平与能力，明确合作领域与方向，极大地提高了各国的救灾水准；三是重大自然灾害提供合作契机。如 2004 年印度洋海啸发生后，三国外长在 2005 年 6 月 2 日俄罗斯符拉迪沃斯托克举行的“中俄印三国外长非正式会晤”中谈到，三国为海啸救灾提供了极大帮助；2008 年中国汶川大地震后，俄罗斯接受 1570 名灾区儿童赴俄罗斯疗养。我们不能阻止灾害的发生，但灾难发生后，我们会共同应对灾害问题。重大自然灾害为中俄印三国提供了合作的契机，共同促进三国的救灾合作，为深入解决地区灾害问题提供有效方案。

（五）双边机制

中国展开双边救灾外交的机制，根据双边受灾情况可以分为三类。一是中国与受灾国，此种形式以国家领导人慰问和捐赠应急资金、物资为主；二是中国与援助国，例如，在 2005 年 1 月 6 日，温家宝总理在东盟地震和海啸灾后问题领导人特别会议上，呼吁各援助国要及时履行捐赠承诺，帮助受灾国及时渡过难关；三是中国与他国在非受灾状态下的减灾防灾合作，例如，2018 年中非论坛之际，中国决定向非洲 7 国援建气象设施项目并提供技术培训，可大幅度提升非洲等国的气象防灾能力。

二　合作模式日趋完善

模式指事物的标准样式，中国模式原本是指在全球化背景下，中国人民在中国共产党的领导下把马克思主义原理与当代中国国情和时代特征相结合，走出一条具有中国特色的新型发展道路。由于中国自古多灾多难，在应对自然灾害时，我们逐渐总结了中国的特有经验，为全球自然灾害的预防及管理提供中国方案。

我国台湾地区行政部门前负责人陈冲曾说过："世界是平的，很多灾难伤害不止是单一国家。"在灾难面前国际合作显得尤为重要。目前，我国农业巨灾风险分散国际合作主要可分为以下几个模式（见表 5 - 5）。

表 5 - 5　　我国农业巨灾风险分散国际合作主要模式

序号	模式名称	合作主体	典型代表
1	全球合作模式	联合国及其下属机构	联合国国际减灾战略等
2	区域合作模式	区域内的国家（地区）	加勒比巨灾风险保险基金、中美洲自然灾害保险基金等
3	政府间组织合作模式	国家（地区）政府的组织	经济合作与发展组织（OECD）等
4	NGO 合作模式	NGO	国际红十字会、乐施会等
5	企业或个人模式	企业或个人	汶川地震、印度洋海啸等企业或个人救灾

我国经过几十年的农业巨灾风险分散实践探索，逐渐形成了全球合作模式、区域合作模式、政府间组织合作模式、NGO 合作模式、企业或个人模式，构建了多层次的农业巨灾风险分散国际合作模式，为我国农业巨灾风险分散提供了有力的支撑。

第三节　我国农业巨灾风险分散国际合作评价

回顾 60 多年的我国农业巨灾风险分散国际合作之路，在国际合作政策因时、因势发生变化的基础上，国际合作成效显著，表现为国际合作机制不断完善，国际合作模式正在探索，为我国农业巨灾风险分散提供了有利的支持，但目前我国农业巨灾风险分散国际合作仍然以事务性国际合作为主，实质性的国际合作是未来的发展趋势。

一　中国农业巨灾风险分散国际合作政策因时、因势发生变化

中国农业巨灾风险分散国际合作的政策变化日趋明显。从中华人民共

和国成立到改革开放前的这段时间内，中国政府一直执行的是拒绝国际救灾援助的单边国际合作政策，并不受世界格局变化的影响。我国实行了持续30年的单边对外援助，最初援助的对象为社会主义国家，20世纪50年代，西方资本主义国家也成为中国政府的援助对象，20世纪60年代，中国摒弃了西方资本主义国家，逐渐加大对非洲和拉美国家的援助，到20世纪70年代以后，对外人道主义救灾援助主要集中在社会主义国家阵营中，基本摒弃了对立的资本主义国家，对外人道主义救灾援助的对象和频次减少了。这个时期的我国农业巨灾风险分散国际合作一方面是基于当时国家新政权稳固的需要，另一方面，更多的是受意识形态的影响，基于社会主义国家阵营和资本主义国家阵营斗争的政治需要。

从20世纪80年代开始，为了适应新形势的发展，在联合国救灾署多次向中国提出在适当情况下应接受该署组织的国际援助的情况下，1980年10月，国务院批准了对外经济联络部、民政部、外交部联合向国务院上报《关于接受联合国救灾署援助的请示》，由此标志着中国政府拒绝国际救灾援助的政策开始发生转变。此后我国接受对华的救灾援助越来越频繁，开展双边的国际救灾合作，也逐渐与国际接轨，变得越来越规范。1987年以前，中国应对国际救灾援助的政策也出现过调整和反复，但在此后，中国在相关领域的政策逐步走向规范化和制度化。自1992年以来，我国政府逐渐加大了相关政策的规范力度，处理手法也相对灵活。

2004年以后，我国农业巨灾风险分散进入了全面国际合作阶段，逐渐与国际接轨，国际合作机制不断完善，广泛参与全球农业巨灾风险分散国际合作，形成了具有中国特色的农业巨灾风险分散国际合作模式。特别是在2013年习近平主席提出建设“新丝绸之路经济带”和“21世纪海上丝绸之路”合作倡议以后，2015年3月28日，国家发展改革委员会联合外交部等部委共同发布了《推动共建丝绸之路经济带和21世纪海上丝绸之路的愿景与行动》。“一带一路”的提出，将共同促进相关国家在各领域的深入合作，并充分依靠既有的双边、多边机制，借助现行的、行之有效的区域合作平台，在借用古代丝绸之路的历史符号的同时，高举和平发展的旗帜，积极发展与沿线国家的经济合作伙伴关系。借助“一带一路”倡议，和沿线各国共同打造政策沟通、设施联通、贸易畅通、资金融通、民心相通的五通协调发展的命运共同体。更为重要的是，“一带一路”为我国农业巨灾风险分散国际合作提供了良好的平台。

二　我国农业巨灾风险分散国际合作成效显著

经过60多年的探索和实践，我国农业巨灾风险分散国际合作取得了一定的成效，主要表现为：

（一）建立了国内国际合作管理机制

2004年9月，我国开始着手构建相对完善的对外人道主义援助架构体系，涉及多部门参与的部际人道主义紧急救灾援助应急机制正式建立；2005年经国务院批准，中国国际减灾委员会更名为国家减灾委员会，全面指导国家减灾相关工作；2008年，对外援助部际联系机制成立，在2011年2月升级为部际协调机制后，2018年4月，又改革升级为国家国际发展合作署；2018年4月，中华人民共和国应急管理部成立，整合我国各部委救灾资源，优化了防灾救灾体系。

（二）我国开始逐渐融入国际救灾合作机制

2007年9月，中国主办了发展中国家减灾管理部长级会议，并与联合国国际减灾战略密切合作，于2007年设立国际减少干旱风险中心，并建立了联合国灾害管理和应急响应天基信息平台（UN-SPIDER）北京办事处，2005年9月中国主办的第一届亚洲减灾大会取得成功，该会议旨在促进交流减灾管理方面的最佳做法和经验教训。随后，通过了《亚洲减少灾害风险北京行动计划》，最终确定了《兵库框架》将在全国和跨国范围内运作。为了预防和有效解决空间重大灾害，2007年5月24日，中国国家航天局与欧洲空间局正式签署了《空间和重大灾害国际宪章》，我国正式成为这项国际减灾合作机制的成员。除此之外，还与上合组织各成员国签订了政府间救灾互助协定，开展了救灾联络、信息交流、边境区域救灾等多形式、多层次的灾害合作，极大增强了各国之间的救灾互信和能力建设。2008年和2009年在中国举办了“加强亚洲国家应对巨灾能力建设研讨会”“第二届亚洲巨灾风险保险国际会议”，2010年发布了《亚太2010年减轻灾害风险仁川宣言》《适应气候变化减轻灾害风险仁川区域路线图》和《仁川行动计划宣言》，2012年发布了《亚太2012年减轻灾害风险日惹宣言》。此外，我国加入了联合国、亚洲减灾中心等众多国际和区域灾害救援组织，开展了系列国际救灾活动，展开了包括灾害援助、人员搜救、医疗援助、技术交流、人员培训等在内的国际合作，进入了全面进行农业巨灾风险分散国际合作的新时代。

（三）不断探索农业巨灾风险分散国际合作模式

60 多年来，基于地缘关系和政治因素的考量，我国不断探索农业巨灾风险分散国际合作模式。20 世纪 50 年代到 70 年代，主要考量的是政治意识形态，农业巨灾风险分散国际合作对象主要是社会主义阵营国家，实行的是“兄弟”国际合作模式。20 世纪 80 年代到 21 世纪初期，基于地缘关系等原因，我国农业巨灾风险分散国际合作的对象主要是周边邻国，实行的是“区域”国际合作模式，参加了亚洲减灾中心、亚洲减灾大会、东盟地区论坛（ARF）、东盟与中日韩（10 +3）、东亚峰会、东盟与中国（10 +1）、上合（SCO）组织等。2004 年以后，基于全球开放和共享的趋势，在联合国及其下属相关机构主导和“一带一路”倡议下，农业巨灾风险分散国际合作对象为全球各国，实行的是“全球”国际合作模式，逐渐融入农业巨灾风险分散全球国际合作之中。

（四）农业巨灾风险分散国际合作领域不断扩大

从中华人民国和国成立到 21 世纪初期，我国农业巨灾风险分散国际合作局限在救灾援助方面，以物质和资金形式开展救灾活动，其间偶尔也派出援外医务人员。2004 年以后，国际合作领域逐渐扩大，中国以各种形式参与到风险分散的国际合作中，先后承办了海啸受灾国灾害风险管理培训班、东盟国家灾害应急救助培训班等一系列国际培训班，主办了“第一届亚洲减灾大会”等，与上合组织各成员国签订了政府间救灾互助协定，开展了救灾联络、信息交流、边境区域救灾等多形式、多层次的合作，举办了“第二届亚洲巨灾风险保险国际会议”，加强学术交流，在印度洋海啸、海地地震等巨灾事件中开始派出搜救人员。总之，我国农业巨灾风险分散国际合作领域包括灾害援助、人员搜救、医疗援助、技术交流、人员培训等，国际合作领域不断扩大。

三　中国农业巨灾风险分散国际合作未来要实现两个转变

尽管我国农业巨灾风险分散国际合作开展了 60 多年，也取得了很大的成效，但不可否认的是，我国农业巨灾风险分散国际合作之路还很漫长，未来我们要按照国际惯例和国际发展潮流，做好我国农业巨灾风险分散国际合作工作。

（一）由事务性合作转向实质性合作

我国现有农业巨灾风险分散国际合作主要集中在国际救援、信息共享、技术合作研发、人才培养、学术交流和灾后重建等方面，笔者认为这些都是初步和浅层次的事务性国际合作，最重要的问题是农业巨灾风险分散国际合作不能够从根本上有效解决农业巨灾风险分散。以汶川地震为例，直接经济损失为8451.15亿元人民币，各级政府共投入抗震救灾资金672亿元人民币，中央财政投入598.2亿元人民币，占总损失的7.08%；保险赔付为16.6亿元人民币，占总损失的0.20%；汶川地震共接受国内外捐款659.96亿元人民币，捐赠物资折合人民币107.16亿元人民币，占总损失的7.81%，其中，境外民间机构捐款8.745亿元人民币，境外政府机构（包括国际组织）捐款164.8503亿元人民币，占总损失的2.05%①。由此可以看出，一是巨灾风险分散总体不足，各类分散总计仅占总损失额的15.96%；二是国内外分散比例不协调，国内分散占81.13%，国外分散占12.87%，也就是说巨灾风险分散还是以国内为主，利用国外资源分散国内巨灾风险不足；三是巨灾风险分散市场力量严重不足，保险对巨灾风险分散的作用极其有限。

农业巨灾风险分散国际合作的核心是通过利用国际资源，运用传统和非传统的分散工具，实现农业巨灾风险跨国间分散的行为，因此，深层次的实质性国际合作还有待我们去探索。

（二）由国内主导转向国际合作

在农业巨灾风险分散管理实践中，各国根据本国自然、政治、经济和市场等实际状况，积极探索适应本国发展的农业巨灾风险分散管理模式，形成了政府主导农业巨灾风险分散模式、市场主导农业巨灾风险分散模式、混合农业巨灾风险分散模式、互助农业巨灾风险分散模式四种主要模式。由于农业巨灾风险的特殊性和农业的特殊性紧密结合在一起，政府行为在世界各国农业巨灾风险分散过程中处于主体地位，但随着政府体制和市场结构的不断完善，行政的力量正在逐渐弱化，市场的力量不断得到加强，但不管怎样转变，其主要特征是主要利用国内资源开展农业巨灾风险分散，这在一国资源富裕的情况下，问题还可以得到有效的解决，但在一国资源有限的情况下，特别是一些巨灾频发的贫困国家和地区，上述四种模式必然受到很大影响和制约。在此背景下，世界各国特别是一些发展中国家和地区，一直在探索国际合作农业巨灾风险分散模式。

尽管目前有某些国家出现反全球化的态势，但经济全球化和一体化深入发展的进程是不可阻挡的，全球农业巨灾风险损失对全球资本市场的总

---

① 于洋：《我国巨灾保险制度发展现状与建议》，《湖南工业职业技术学院学报》2014年第5期。

量来说只占很小的一部分，因此，单个国家的农业巨灾风险完全可以通过国际再保险市场和资本市场进行分散，而各国之间也可以通过建立政府间的合作组织开展农业巨灾风险分散，以此达到农业巨灾风险分散的国际合作的目的。

利用国际再保险市场和资本市场进行农业巨灾风险分散不是最近才提出来的观点。20 世纪 90 年代以前，本国保险、再保险和资本市场是各国农业巨灾风险分散的主要渠道，20 世纪 90 年代以后，各国开始尝试通过引入国际再保险市场和资本市场来达到分散本国农业巨灾风险的目的。

巨灾债券是资本市场中农业巨灾风险分散的一种最有效的手段，也已经得到了实际应用。2006 年，墨西哥在世界银行支持下发行了全球第一只巨灾债券，成为全球第一个发行巨灾债券的主权国家，首只墨西哥巨灾债券总额 1.6 亿美元，用来保障墨西哥地震风险。此外，在 2009 年，墨西哥还发行了三年期限的 2.9 亿美元综合灾种巨灾债券，以保障地震、太平洋飓风（两个地区）和大西洋飓风特定风险。由于墨西哥巨灾债券的发行成功，吸引了大量投资者的高度关注，有效地扩大了投资者队伍规模，并适当降低保险费率。除此之外，为其他发展中国家提供了示范作用，把农业巨灾风险引入国际保险和资本市场进行分散，有效扩大了发展中国家农业巨灾风险分散的范围和途径。

经济合作与发展组织（OECD）作为政府间专业合作组织的代表，也对农业巨灾风险分散做了尝试。为了有效应对巨灾事件，OECD 已经建立了相对完善的应急管理体系，针对不同类型的巨灾事件出台不同的应急预案，同时明确了巨灾事件应急管理中的关键性问题，诸如风险评估、政府责任的厘定、救援流程、相关救援预算与落实、救灾效果评估等，救灾体系与框架的明确为各成员国巨灾事件管理提供了参考依据。此外，OECD 还通过巨灾风险管理学术交流的形式，加强成员国巨灾风险管理决策的科学性。通过为成员国提供的 500 亿美元的援助，有效地解决了 OECD 成员国巨灾风险分散的部分问题。

加勒比巨灾风险保险基金（The Caribbean Catastrophe Risk Insurance Facility，CCRIF）也是一个比较成功的案例。加勒比地区位于中美洲，占地 500 多万平方公里，人口超过 2 亿人，一共包括巴哈马、危地马拉、巴拿马、哥伦比亚等 37 个国家和地区。1994 年 7 月，由 20 个环加勒比国家和地区组成的加勒比共同体成立，作为政府间协商与合作机构，以推动该地区发展一体化、加强区域自然灾害管理合作为宗旨。由于加勒比地区受地理位置影响，成为全球飓风活动最为频繁的区域，自然灾害造成的年平均损失占当地 GDP 的 2% 之多。2004 年四大飓风给加勒比地区造成 40 亿美元的经济损失，Ivan 飓风给格林纳达造成的经济损失是其 GDP 的两倍。为了有效减轻飓风给该地区造成的经济损失，加勒比共同体在世界银行的援助下，2007 年 6 月，初始基金规模为 4.95 亿美元的 CCRIF 成立，包含 17 个成员国，同时，CCRIF 分别与世界银行、慕尼黑再保险公司签订了一份 3000 万美元保额的掉期协约，以抵消世界银行掉期协约的风险。在各方的努力下，加勒比地区实现了巨灾风险在国际资本市场上的分散，探索出巨灾风险分散国际合作的新途径，为农业巨灾风险分散国际合作提供了一个很好的范式。

第六章 国际农业巨灾风险分散合作经验及启示

农业巨灾是世界各国共同面对的难题，贯穿了整个人类社会的发展历史。基于共同面对农业巨灾的利益诉求，世界各国（地区）开展了广泛的合作，逐渐形成了农业巨灾风险分散的国际合作机制和模式，不断探索和创新农业巨灾风险分散的国际合作工具，产生了一些农业巨灾风险分散的国际合作的典型案例，为我国农业巨灾风险分散的国际合作提供了有益的启示。

第一节 国际农业巨灾风险分散合作机制

国际合作机制是指全球范围内两个或两个以上国家（地区或团体）之间为达成某种目的，为建立比较稳定的政治、经济、文化等方面的双边或多边合作而在运作政策、规则、规范和共同行动方面的设计和安排。

一 国际农业巨灾风险分散合作机制分类

国际农业巨灾风险分散合作机制按合作国家的范围区域和数量进行划分，主要有联合国救灾合作机制、区域救灾合作机制、次区域救灾合作机制、三边合作机制和双边合作机制。联合国是全球范围内最大的合作机制，区域主要是按欧洲、亚洲、美洲、非洲进行简要划分，次区域是指若干国家和地区或接壤地区之间的跨国界的合作，合作国家数量略小于区域合作，三边合作是指三个国家的合作关系，双边合作是指两个国家间的合作关系。因此，在应对国际农业巨灾风险分散时可以按照合作国家区域和数量进行国际合作机制的划分和梳理（见表6－1）。

表6－1　国际农业巨灾风险分散合作机制分类

合作机制	合作主体	合作范围	典型组织或案例
联合国救灾合作机制	联合国组织和成员国	全球区域	联合国国际减灾战略
区域救灾合作机制	各洲国家	各大洲区域	亚洲减灾中心
次区域救灾合作机制	若干国家和地区	部分地区	东盟地区论坛救灾合作机制
三边合作机制	三个国家或组织	部分国家或组织	中日韩三边合作
双边合作机制	两个国家或组织	部分国家或组织	中日双边合作

资料来源：根据相关文献资料整理。

二　启示

农业巨灾风险分散的国际合作机制有很多种类，是不同国家、地区、组织为了分散农业巨灾风险，而建立起来的一种多边国际合作的体系。通过分析不同的农业巨灾风险分散国际合作机制和相关案例，可以得出以下启示。

（一）全球范围内多层次合作机制是农业巨灾风险分散国际合作的发展趋势

当前，全球各种农业巨灾风险分散国际合作机制很多，这些机制间没有形成紧密的纽带，在各自机制下能发挥一定的作用，在全球范围内可能因为资源能力有限就力不从心。全球化使各个国家、地区、组织的利益和作用紧密联系在一起，如何建立全球范围内多层次的农业巨灾风险分散国际合作机制就成为关键问题。多层次的农业巨灾风险分散国际合作机制的建立离不开各个国家、地区、组织的支持，一旦建立就能在农业巨灾风险分散方面发挥巨大作用，全球范围内的风险分散得以实现，就会大大降低各个国家、地区、组织的风险损失，提高抗风险能力。全球一体化的多层次农业巨灾风险分散国际合作机制的建立除了需要各方的支持，也需要政策法规的约束，这样才能确保全球一体化的多层次农业巨灾风险分散国际合作机制发挥不可替代的作用。

（二）建立适合本国国情的农业巨灾风险分散国际合作机制

各个国家、地区、组织的制度环境和自然条件各不相同，所以建立符合当地发展情况的风险分散机制，对不同地区农业巨灾风险损失降低有积极的意义。发达国家跟发展中国家相比，在环境预测、激励农民、保护措施、风险分散等方面具有较大优势，对其他国家建立风险分散机制有重要的参考和指导意义，但是发达国家的经验和举措不能盲目照搬。随着时代的发展和技术的进步，各个国家的农业巨灾风险分散机制也在不断变化革新，以适应飞速变化的社会环境，从而使分散农业巨灾风险效用最大化。发展中国家要想建立相应的农业巨灾风险分散国际合作机制，需要学习先进经验，也需要创新，这样才能适合本国的发展。因此，各个国家、地区、组织要积极参与减灾、防灾、抗灾会议讨论，学习先进经验和办法，同时也要考察本国、本地区、本组织的实际情况，再确定不同主体的农业巨灾风险分散国际合作机制，才能发挥其最大作用。

（三）需要完善的法律制度体系作为支撑和保障

根据相关国际经验不难看出，不同国家和地区农业巨灾保险的快速蓬勃发展离不开强大和完善的法律体系作为支撑和保障，完善的法律体系是建立农业巨灾风险分散国际合作机制的关键。否则建立农业巨灾风险分散国际合作机制很有可能成为摆设，发挥不了实际作用。不同国家的利益和合作模式不同，如果缺乏有效的支撑体系，农业巨灾风险分散国际合作机制的管理会比较混乱，缺乏法律法规的约束力，简单的交流合作也不一定能够长久。因此，建立相关农业巨灾风险分散国际合作机制时需要考虑到机制能否正常运行，确保不会受到其他因素的影响。这些法律法规需要明确合作对象的责任和义务，也需要明确合作各方的市场定位，约束合作各方的行为，维护合作利益。合作双方也需要在法律法规允许的范围内行使监督权，确保合作双方利益，真正发挥农业巨灾风险分散国际合作机制的实际作用，分散农业巨灾风险。

第二节　国际农业巨灾风险分散合作模式

国际农业巨灾风险分散国际合作模式按范围和性质分为全球合作模式、区域合作模式、政府间合作模式、非政府组织合作模式和其他模式等。

一　全球合作模式

巨灾不仅仅是某个国家或地区面临的难题，也是全球必须面对的共同困境。面对巨灾，仅仅依靠一个或几个国家甚至某个区域的力量很难有效解决其分散问题。目前，以联合国及其下属机构为主体，形成了全球范围内的农业巨灾风险分散合作模式。在联合国及其下属机构的全球合作模式框架下，广泛开展了防灾减灾、技术研发和交流、应急救援、灾后恢复重建、人员培训等国际合作，更为重要的是开展了在联合国及其下属机构主导下的巨灾保险和再保险、巨灾基金、巨灾债券、巨灾期货等现代巨灾金融及其衍生产品的开发和推广活动，有效地推动了全球农业巨灾风险的分散，促进了全球社会经济的稳定发展。

如 2004 年印度洋海啸的灾难过后，德国率先协助印尼建立了早期的印度洋预警系统，后来在联合国教科文组织的积极推动和帮助下，多个国家不断深化合作，提升预警系统质量，在 2010 年升级后交付印尼使用，并以 InaTEWS 命名，在以后的印度洋海啸预警过程中起到重要作用，这是国际合作的典型案例。

二 区域合作模式

巨灾作为全球性的问题，具有明显的跨境特点，以台风为例，1970 年的“波拉”台风袭击了孟加拉国和印度的西孟加拉邦，2013 年“海燕”登陆中国、越南等，都带来了巨大损失。各国在做好国内防灾减灾的同时，也在积极寻求国际合作模式，特别是周边国家的合作，因此产生了一些典型的区域国际合作案例，譬如跨国建立的区域性灾害基金——加勒比巨灾风险保险基金、中美洲自然灾害保险基金等（见表 6 -2）。

表 6 -2 区域合作模式典型案例

类型	加勒比巨灾风险保险基金	中美洲自然灾害保险基金
成立年份	2007	2010
风险管理工具	保险/再保险/风险互换	保险/再保险
保障的风险	飓风、地震	飓风、地震
保险金额	各国家设立具体制度，每次灾害最高赔付可达 1 亿美元	各国设立具体承保制度
触发机制	巨灾事件中的参数，如飓风的风速、地震的震级	受灾害影响的人数
受益者	17 个成员国	中美洲和多米尼加共和国
发起者	世界银行	美洲开发银行

资料来源：相关文献资料整理。

三 政府间组织合作模式

政府间组织是为了适应国家之间的交往日益频繁、交往的领域和地区不断扩大而产生和发展起来的。一般由三个或以上国家（或其他国际法主体）构成，通过合作条约或文件设立管理机构进行日常工作。联合国、欧洲联盟、非洲联盟、东南亚国家联盟、世界贸易组织等都是该类型的组织，这些组织发展较快，对国际灾害救援起到了关键作用。

比较有名的还有经济合作与发展组织（OECD），简称为经合组织，致力于协调发展中国家充分发展其经济，以促进会员国经济的全面发展。会员国借助政府间的专业合作组织来开展巨灾风险分散，在对巨灾的长期摸索中，已经建立了较为完善的应急管理体系，出台了针对不同巨灾事件的应急管理预案，自 OECD 成立以来，先后为其成员国提供了约 500 亿美元的援助，在风险分散中起到了一定的作用。

综合实力较差的国家和地区在应对农业巨灾方面还存在巨大难题，各方面保障机制措施不完善，但在这些政府间组织的帮助和支持下，还能有效应对和处理。参与政府间组织合作可以更好地分散巨灾带来的风险。

四 非政府组织合作模式

非政府组织的缩写是 NGO（Non-Governmental Organization），是地区、国家或国际区域建立的志愿性和非营利的公民组织机构，是在国际性的事务处理过程中发挥中立作用的非官方机构，著名的大型非政府组织包括国际红十字会、乐施会、国际志愿者委员会、国际美慈组织等（见表 6－3）。

表 6－3 世界主要非政府组织

序号	名称	成立时间	简介
1	红十字与红新月国际联合会（ICRC）	1863 年	该组织是一个人道组织，为救护、救济而组织的志愿团体。其总部在日内瓦。1863 年 10 月，在红十字国际委员会敦促下，商定了红十字运动的基本原则。1864 年 8 月，国际会议通过了《改善战地陆军伤者境遇之日内瓦公约》，使该组织的合法性有了保障，得到了国际公约的承认。该组织是落实国际人道法规则的监督者。中立是其基因，也是生存和发展的根基。它是国际红十字与红新月运动的创始机构

续表

序号	名称	成立时间	简介
2	国际志愿者委员会（IAVE）	1970 年	国际志愿者委员会始建于 1970 年，由来自世界各地的志愿者组成，他们因为共同意识到了志愿服务是一种可以互通不同国家文化的方式而走到了一起。国际志愿者协会在全球拥有 70 多个国家和地区的成员，已经成为一个志愿者、志愿者组织、各个国家和地区代表及志愿者中心的全球志愿服务网络。国际志愿者委员会在联合国经社理事会享有特殊的咨商身份，同时也是联合国非政府组织联盟的成员，并以联合国志愿者组织（UNV）观察员身份与联合国志愿者组织建立起很强的工作关系
3	乐施会（OXFAM）	1942 年	乐施会由 14 个国家和地区组成［英国、爱尔兰、加拿大、美国、魁北克（独立于加拿大分部）、新西兰、澳大利亚、荷兰、比利时、法国、德国、丹麦、中国香港、印度］的国际救援机构。1942 年在英国牛津郡成立。乐施会是超越宗教、种族等界限的机构，与各方密切联系和合作，为贫穷人服务的组织。“助人自助，对抗贫穷”是该组织的宗旨
4	国际美慈组织（MC）	1979 年	该组织是一个国际性的救援组织机构，于 1979 年成立，由于柬埔寨饥荒和战争等原因应运而生。该组织的宗旨是解决民生问题并建立安全社区。同时，该组织大力支持和鼓励社区和市场发展机会，提倡各方共同参与为贫民服务

资料来源：根据相关文献资料整理。

此外还有国际卫生服务协会、基督教救援服务中心、路德国际联盟、医学新领域、救助儿童会等许多非政府组织，这些组织力求设定人道主义援助的基本规范，提高人道主义援助的实施。以下列举一些非政府组织的救灾案例。

美国卡特里娜飓风救援中，美国红十字会是全国反应计划第六组的责任单位，在为灾民提供群众照顾、住房和公共服务等方面做出了自己的贡献，得到了较为广泛的肯定。同时，其他组织机构，如墨西哥湾沿岸社区国际救济和发展资源中心（GCCSC）等也参与到其灾后重建和救援活动中去。

20 世纪 90 年代以后，中国贵州、广西、安徽等地的水灾和澜沧、丽江、大姚等地的地震都带来了巨大灾难。乐施会都参与到其救灾过程中，提供大量物资并积极帮助不同地区的灾后恢复和重建工作。

中国汶川大地震期间，国际美慈组织联合当地机构，提供大量物资援助，为当地灾民送去必需品，还积极开展灾民心理咨询，帮助其恢复信心和积极的生活态度。丹麦红十字会通过国际红十字会向中方提供价值超过100万丹麦克朗的救灾物资。泰国红十字会和普密蓬国王猜帕塔那发展基金会各向中国红十字会捐款10万美元用于救助工作。

厄瓜多尔2016年4月16日发生里氏7.5级强烈地震，20日再次发生里氏6.1级地震。共造成超过660人死亡，19万人受伤，7万人流离失所。基督教救援服务中心派遣不同团队前往救援并祈祷，红十字会、泛美组织、乐施会、联合国相关组织也积极进行救灾工作。

这些非政府组织在许多国家开展活动并提供救灾服务，在农业巨灾风险分散方面发挥了重要作用。

五 其他模式

在各类应急援助和灾后重建过程中，许多国家在灾害面前都乐意贡献自己的一份力量，各国援助也起了很大的作用，包括派遣救援人员到场以及物资和资金捐助，提供人道主义援助。这些模式也给分散巨灾风险提供了重要帮助。

譬如在美国卡特里娜飓风灾害援助过程中，包括欧盟、澳大利亚、中国、俄罗斯、以色列、日本、加拿大、美洲国家组织等20多个国家、地区和组织向美国提供了援助。在日本“3·11”大地震后，163个国家、地区及43个机构声明提供援助，日本政府接受了28个国家、地区、机构的救援队，接收了92个国家、地区、机构的捐款。在海地地震后，中国向海地派出由专业搜救队员、医疗救护人员和地震专家组成的国际救援队。

再如马拉维、越南和拉丁美洲部分不发达国家的巨灾防范由该国会同世界银行和瑞士再保险公司共同制订详细计划。汶川地震后，世界银行向我国提供金额为7.10亿美元的贷款用于汶川地震灾后重建项目（WERP）。均符合其经济发展环境，产生很好的效果。加勒比巨灾风险保险基金也是在世界银行的帮助下成立的。

六 启示

全球范围内农业巨灾风险分散国际合作模式和相关案例，给我们带来了以下经验和启示。

（一）国际农业巨灾风险分散合作是全球化趋势下的必然结果

农业巨灾带来的危害和损失很大，在全球化的趋势下，各个国家、地区、组织的利益已经紧密地联系在一起，任何一个国家的灾害损失都会带来更多关联效应，也会使其他国家、地区受到灾害的影响。因此，合作是分散农业巨灾风险的重要途径。合作模式的选择需要根据各个国家、地区的实际情况、地理位置、利益关系进行合理选择，以期达到最大限度的分散农业巨灾风险。通过国际间的密切合作模式可以共同分担农业巨灾风险，将风险的损失降到最低。合作模式的选择需要考虑世界各国的国情差异，通过选择几个合作模式的组合来进一步分散农业巨灾风险也是一种风险分散的合理选择。采取合理的合作模式是在全球化背景下国家、地区、组织合作的重要途径，多个国家、地区、组织都分散一部分风险，就能减少每个国家自身的损失，从而达到减小风险的目的。即使农业巨灾不可避免也可以通过这些合作模式来应对灾害挑战。因此，合作共赢才是全球化趋势下的发展之道。

（二）为建立农业巨灾风险分散国际合作的“中国模式”提供了有益的借鉴

全球成熟的合作模式多样，都在应对各种农业巨灾风险方面起到了关键作用。多数国家可以参考和借鉴成熟合作模式的经验。随着全球化的日益加深，合作固然成为了全球化背景下发展的趋势，但是部分国家、地区和组织因为缺乏国际交流经验，选择合作模式和对象非常困难，还有可能损失合作方的利益，因此，这些国家、地区和组织需要借鉴和参考成功合作的经验来发展合作伙伴关系，降低风险的损失。世界上多个国家有丰富的合作模式的实践经验，中国可以通过和这些国家交流合作，学习先进经验，掌握最优合作模式的选择方法，并结合实际情况和世界发展趋势进行调整创新，不能盲目照搬照抄，从而带来不必要的损失。我们把农业巨灾风险分散和我国的发展现状、自然条件、实际情况进行结合，就能创造出满足自身分散农业巨灾风险需求的“中国模式”，从而推动我国农业巨灾风险管理。

（三）不同合作模式的不同主体间应加强交流和沟通

交流和沟通是获取实践经验的关键路径，对国家和地区农业巨灾风险分散具有积极意义。各个合作模式主体间的交流沟通能够将不同的思想、信息相互碰撞，创造出更好的分散农业巨灾风险模式。沟通交流是分散农业巨灾风险的重要途径，各个国家、地区、组织的经验不同，相互学习交流是提高分散农业巨灾风险能力的重要环节。交流和沟通能够将更多信息传入、传出，被其他主体接收。各种会议如世界减灾大会等提供了交流和沟通的机会，各减灾主体通过这些学习到成功经验，再用到本国、本地区、本组织，就能促进风险分散的效用最大化，同时也可以选择合作对象和合作模式，进而减少农业巨灾风险的损失。

第三节 国际农业巨灾风险分散合作工具

农业巨灾风险分散国际合作工具是指为了实现农业巨灾风险分散目标，基于合同或合约的约束，通过国际组织、国家（或地区）间密切合作分散农业巨灾风险的手段。农业巨灾风险分散国际合作工具可以根据工具的性质分为国际社会捐赠工具、政策工具、技术工具和金融工具等几大类。

农业巨灾风险分散国际工具随着市场的发展，特别是保险市场、再保险市场、金融市场和资本市场的快速发展，日益丰富多元，在传统农业巨灾风险分散国际合作工具的基础上，不断创新，开发了新型的现代农业巨灾风险分散国际合作工具。通过分析和梳理，本书把农业巨灾风险分散国际合作工具分为捐助工具、政策工具、技术工具和金融工具（细分为传统金融工具和现代金融工具）四大类22种具体工具。

一 捐助工具

国际捐助是农业巨灾风险分散的主要工具之一，国际捐赠和国际援助都是不计报酬的捐助，区别是捐助的主体不同，国际捐赠的主体是非本国个人和非政府组织，国际援助的主体是各个国家和地区。随着时代的发展和社会公益意识的加强，农业巨灾风险分散的国际援助扮演着越来越重要的角色。

以2004年12月26日发生的印度洋海啸为例，此次海啸给印度尼西亚、泰国等国家带来了巨大灾难，导致22.6万人死亡，经济损失超过100亿美元。各国在海啸发生后纷纷进行援助。2005年年初，多个国家累计援助总额达30多亿美元。其中德国的官方救援款项从2000万欧元增加到5亿欧元，居世界之首；欧盟共捐助1.32亿欧元的救灾资金；中国多次进行援助活动，援助资金累计超过5.2亿元人民币，相关救灾物资价值500万元人民币。同时，各个国际组织也在进行相关捐助活动，联合国儿童基金会、乐施会、救世军、无国界医生等组织共计捐款达15多亿美元。国际合作已承诺的印度洋海啸救灾捐款总计接近40亿美元。这些资金援助给抢险救灾和灾后恢复重建及经济的发展都起到重要作用。

2010 年，海地里氏 7.3 级地震造成了巨大灾难，地震使 48 万人失去家园，370 万人受灾，27 万人死亡，经济损失达 79 亿美元。震后半个月内，来自全世界 95 个国家、13 个国际组织、101 个非政府组织、270 个私营机构给予了总价值达 13.8 亿美元的资金捐助。

2011 年 3 月 11 日，日本地震的震级高达里氏 9.0 级，是世界观测历史上的最高震级。该地震使日本多个地区不同程度受损，还引起了海啸、核泄漏等灾害。日本“3·11”地震损失总额概算高达 16 兆 9000 亿日元，约合 1.36 万亿人民币。地震发生后，先后有 196 个国家、地区和机构提供资金和派遣救援队等帮助日本进行救灾工作。12 日到 25 日短短 14 天，日本就收到了 190 多批救灾物资，达 1300 多吨。这些援助对抢险救灾和震后恢复重建及经济的发展都起到了重要作用。

二　政策工具

政策工具也是农业巨灾风险分散的主要工具之一。国际组织和国家（地区）通过协商并进行政策调整，出台一系列规范性文件和宣言，或是通过政府渠道紧急贷款支持救灾活动等的总称。

以亚洲减灾大会为例，历次亚洲减灾部长级大会都出台了相关减灾的宣言和行为规范，形成了共同行动方案（见表 6－4 所示）。

表 6－4　　历届亚洲减灾大会简介

名称	时间	地点	文件、宣言或行为规范
第一届亚洲减灾大会	2005 年 9 月	中国北京	《亚洲减少灾害风险背景行动计划》
第二届亚洲减灾大会	2007 年 11 月	印度新德里	《2007 亚洲减少灾害风险德里宣言》
第三届亚洲减灾大会	2008 年 12 月	马来西亚吉隆坡	《2008 亚洲减少灾害风险吉隆坡宣言》
第四届亚洲减灾大会	2010 年 10 月	韩国仁川	《亚太 2010 年减轻灾害风险仁川宣言》
第五届亚洲减灾大会	2012 年 10 月	印度尼西亚日惹	《亚太 2012 年减轻灾害风险日惹宣言》

续表

名称	时间	地点	文件、宣言或行为规范
第六届亚洲减灾大会	2014 年 6 月	泰国曼谷	《亚太 2014 年减轻灾害风险曼谷宣言》
第七届亚洲减灾大会	2016 年 10 月	印度新德里	《德里宣言》和《亚洲地区实施〈仙台减灾框架〉行动计划》
第八届亚洲减灾大会	2018 年 7 月	蒙古乌兰巴托	《乌兰巴托宣言》和《亚洲地区实施〈仙台减灾框架〉行动计划（2019—2020 年）》

资料来源：根据相关文献资料整理。

三　技术工具

技术工具是国际组织成员间或跨国家（地区）间就农业巨灾风险分散相关学术问题展开交流讨论，针对农业巨灾风险分散技术研发、使用和推广应用展开培训和推广活动，或是通过合作研发的模式开展技术活动。技术工具在农业巨灾风险分散过程中也起到了重要作用。

1987 年联合国大会上，日本等国提出了卫星救灾国际合作计划，获得多数国家的支持和赞赏。WEDOS 计划全称为国际地球环境、灾害监视系统计划，主要借助观测卫星对全球灾害进行监测预警，确保国家和地区安全。该卫星可以针对各种自然灾害，如飓风、风暴等，进行长时间的监测，跟踪其变化规律和趋势，以便为各个国家提供预警和准备措施。经过长期的实践和发展，该系统不断改进并完善，已成为提供全球灾害相关信息的高端系统，对国际减灾救灾活动提供了重要帮助。

2009 年 12 月，第二届亚洲巨灾风险保险国际会议提出，保险应在巨灾防范和补偿过程中发挥重要作用。近年来，亚洲国家和部分地区发生重大自然灾害，如汶川地震、东南亚海啸、缅甸飓风等，造成了巨大损失，因此，亚洲各个国家应当积极借鉴国际减灾经验，重视灾害预警和赔偿机制的建立和完善，增强国家的风险防范意识和管理水平。该会议对亚洲存在的巨灾风险和保险进行了详细分析和讨论，指出巨灾风险管理方法和保险是应对这些风险的重要措施，需要不断深入研究并实践，才能为亚洲地区风险分散提供支持。

四　传统金融工具

传统金融工具在农业巨灾风险分散过程中起到了重要作用，许多工具目前还在被广泛使用，这些工具给农业巨灾风险提供了强有力的分散手段。这里以再保险和巨灾基金为例进行分析。

（一）再保险

再保险是巨灾的保险方在遵循相关合同文件的前提下，同其他保险公司、机构或个人达成分保合同，并由该保险方再次保险的行为过程。该工具具有独立性、利益性、责任性等特征，在世界范围内普遍使用。巨灾再保险是借助证券化方式，发行债券、期权或期货等，将巨灾风险分散到不同主体，共同承担该巨灾风险。

2005 年全球巨灾再保险市场遭受巨大冲击。相关市场统计数据显示，2005 年全年再保险巨灾赔偿金额高达 400 多亿美元，在全球巨灾赔偿中占 48% 左右。以卡特里娜飓风为例，50% 以上的损失都由再保险人分担，远远超过往年 33.3% 的平均比例。2004 年和 2005 年巨灾损失都较大，相关评估机构也在逐步提升潜在损失评估值，也使各个保险机构加大保障措施，修正相关比例和自我评估，不断推动保险费率的增长。2007 年以后，全球巨灾再保险市场逐步稳定，资本实力也不断提高，对救灾抗灾提供了重要支持和帮助。

国际再保险市场有许多公司，瑞士再保险公司、德国慕尼黑保险公司、劳合社再保险公司等占据重要市场地位，许多国家通过和国际上的知名保险公司合作，在国内保险和再保险的基础上，将本国农业巨灾风险分散到国际市场，减少自身损失。从巨灾风险分散机制可以看出，机制能否发挥良好的效果与政府、国内外保险市场密切相关。发达国家比发展中国家各方面优势较为明显，国际再保险业在巨灾风险分散机制上的作用是不可替代的。

（二）巨灾基金

巨灾基金是主要运用在农业巨灾风险分散和灾后援助的专项资金，在国际巨灾风险分散中普遍使用，发挥了重要作用。该基金一般是由各国政府相关部门参与共同制定的专项资金，为农业巨灾风险提供赔偿等保障措施。该基金是为巨灾风险而准备的应对巨大自然灾害等特殊用途的资金，并由政府、保险公司、行业协会共同进行管理和运作。该基金具有管理专业化、来源多样化、风险分散化等特征，在国际救灾活动中起到了至关重要的作用。

加勒比巨灾风险保险基金就是国际合作的典型案例。该基金是由世界银行发起、多个国家政府共同参与的区域合作组织，旨在为加勒比地区提供巨灾保险，帮助该地区国家渡过难关。该基金由成员国和国际援助共同构成资金的来源渠道，随时为加勒比地区国家提供赔偿保障措施。该基金通过再保险和风险互换等手段将风险分散到国际再保险和资本市场，以此来转移风险，能够最大限度地提供资金保障。该基金通过指数赔付机制，大大降低了资金赔付周期，为加勒比地区国家灾后快速重建提供了重要保障。

五 现代金融工具

随着时代的进步，出现了许多新型的金融工具，这些工具因适应时代发展，在农业巨灾风险分散过程中发挥了巨大的作用，这里以巨灾债券和巨灾互换为例进行分析。

（一）巨灾债券

巨灾债券是一种以分散巨灾风险为目的发行的债券，具有风险小、流动性高、过程复杂、增加负债等特点。

1994 年巨灾债券发行以后，市场出现多个成功案例，许多投资个人和组织、保险和再保险公司纷纷投入该产品的开发中去，以期扩大巨灾债券的市场规模，为分散农业巨灾风险提供适当的工具，保障风险分散和赔付机制的执行。

多巨灾债券发行方案（MultiCat）就是其中一个典型的案例。该方案是由世界银行建立的大平台，希望通过该平台为发展中国家提供巨灾保险机制。该方案为墨西哥、加勒比地区多个国家提供了帮助和支持，使这些国家获得了充足的资金进行救灾活动和灾后重建工作。2014 年世界银行发行的巨灾债券规模达 3000 万美元，作为援助 16 个加勒比岛国未来三年若受到地震和飓风的灾后重建资金。这种巨灾债券作为国际合作分散风险工具应用十分普遍。

巨灾债券的优点是：风险小、收益率高。合同规定的触发条件（即特定巨灾事件的发生与否、损失大小等），在合同期限内发生的概率很小，一般不到 1%。但研究表明，巨灾风险债券的收益率一般比同等风险程度的公司债券要高 3—4 个百分点，对风险分散有重要帮助。同时，该收益与巨灾风险债券的触发条件密切相关，与经济走势没有相关性，经济形势的变化，对巨灾债券不会产生影响。投资巨灾债券可以优化投资组合，稳定投资收益。

当然，巨灾债券也有缺陷，如成本较高、缺乏流动性，但总的来看，市场前景比较广阔，发展潜力较大。一国保险业的承保能力，尤其是巨灾风险的承保能力是衡量该国保险业竞争力的重要指标之一，承保能力越大，保险业竞争能力越强。通过巨灾风险证券化，保险市场与证券市场相互贯通，资本市场的资金为保险公司所用，保险风险向资本市场转移，保险公司的承保能力也因此而放大。

通过巨灾债券，更多国家可以通过国际上的投资银行、再保险公司、保险公司进行合作，获取债券以分散潜在的农业巨灾风险。

（二）巨灾互换

巨灾互换是指巨灾带来的损失达到触发条件后，可以获得相应的资金赔付的一种保险手段，包括再保险型和纯风险交换型，在全球范围内多数国家和地区均得到了广泛应用。巨灾互换的主要特征有交易成本低、操作便捷、流动性低等。每年巨灾互换市场大约为 50 亿美元到 100 亿美元。巨灾互换对风险转移和管理起到重要作用，是调整和完善保险公司风险相关业务流程的关键性工具。

再保险型巨灾互换（Reinsurance Catastrophe Swaps）的运作过程由风险投资者和风险规避者共同参与完成。风险规避者通过支付部分保费给投资者，获得信用凭证，并与投资者建立契约，确定触发条件和范围等合约详细情况，根据该内容履行双方应尽的责任和义务。如果达不到触发条件和范围，风险规避者就得不到赔偿金，同时也收不回前期支付的保费。反之，根据相关证明材料，风险投资者就会进行赔付等业务。

日本三井住友海上火灾保险公司（Mitsui Marine）和瑞士再保险公司的巨灾互换就是一个典型的案例。1998 年，双方达成一致意见，并签订了 3 年的再保险型巨灾互换契约，以地震等级大小作为触发赔付条件的标准。日本地震等级以 7.1 为标准分界线，若超过则可获得 3000 万美元的赔付，反之则无法获得赔偿。而且，地震等级越高，获得赔付的金额也会随之上升。

汉诺威再保险公司成功的案例使巨灾互换得以快速发展，对巨灾再保险起到了很好的补充和完善作用。1996 年以来，包括美国纽约巨灾风险交易所、百慕大商品交易所等在内的 82 个再保险和 26 个保险公司都积极开始操作巨灾互换业务，使该市场快速蓬勃发展，为国际救灾、减灾提供了重要帮助和保障。

巨灾互换市场持续呈活跃状态。2005 年美国卡特琳娜飓风使该市场交易额不断增长。2007 年慕尼黑再保险公司通过与著名企业奔福公司成为合作伙伴，为加勒比巨灾保险基金达成3000 多万美元的巨灾互换协定。同年瑞士再保险公司的数据显示，巨灾互换市场的交易额达到50 亿—100 亿美元，市场活力和可操作空间较大。

巨灾互换优缺点非常鲜明。一方面，巨灾互换是通过非先行支付的方式，灵活性较高，容易满足各方交换的需求。同时，该工具的操作性和可行性较好，流程较为简单，还能享受到区域优惠补助和税收优惠，对资本运营效率的增长有积极意义。另一方面，由于巨灾互换相关历史数据缺失和难以全面统计等问题，导致巨灾互换难以形成符合实际的标准金额，多数都是估计和测量值，有可能产生一定偏差。巨灾的赔付资金较大且次数较多，其信用问题有待考察和评价，容易产生一方不履行事前签订的契约，导致无法进行及时有效的赔偿。但从整体来说，巨灾风险互换在一定程度上对分散农业巨灾风险有积极意义。

六　启示

通过大量的案例和事实我们可以看出，国际合作工具在农业巨灾风险分散方面发挥了不可替代的作用。随着时代的发展和技术的进步，国际合作工具也在不断更新，更多国际合作工具的涌现给农业巨灾风险分散提供了更多的解决办法和手段，国际合作工具的支撑和引领作用不容忽视。

（一）传统的金融工具仍占据主导地位，但现代金融工具发展迅猛

农业巨灾风险分散国际合作传统金融工具主要包括保险、相互保险、再保险和巨灾基金等，其应用广泛，是当前发达国家最主要的风险分散途径。市场和公司都在积极推行这些工具的国际化，这也为农业巨灾风险分散提供了难得的机遇。如何利用好国际合作金融工具是各个地区、国家和组织的重要任务。随着时代的发展，金融工具不断创新，涌现出了许多现代金融工具，这些工具在防灾、救灾、减灾等方面都发挥了重要作用。

巨灾债券、期权期货和巨灾互换等工具对分散巨灾风险发挥着关键性作用，不容忽视。同时，或有资本、巨灾权益买卖权、行业损失担保、“侧挂车”等新型工具也在不断发展和崛起，如何选择也是各个国家首先要考虑的问题。

（二）农业巨灾风险分散国际合作工具的有机选择和组合格外重要

捐助工具、政策工具、技术工具、金融工具等农业巨灾风险分散国际

合作工具在分散风险方面都发挥了重要作用，但是，受国家关系、政治、经济等多方面因素的影响，并不是任何国家和地区都能应用这些工具，因此，如何选择最优工具组合就成了关键。国家需要重视探索农业巨灾风险分散国际合作工具的最优组合问题，从多项方案中选择符合本国国情的最优策略，这样才能从容应对农业巨灾问题，也才能发挥农业巨灾风险分散国际合作工具的最大作用。

农业巨灾风险分散国际合作的工具对于应对农业巨灾风险问题都在一定程度上起到了积极作用。世界上多个国家、地区、组织都在积极建立相关机构、公司，投入到农业巨灾风险分散问题中去，但是各个国家工具的使用情况存在很大差异，发达国家主要使用巨灾基金、巨灾债券、巨灾互换等工具，发展中国家主要使用社会捐赠工具和再保险等传统的市场工具。随着全球化的不断深入，国际合作越来越多，各个国家和地区也在积极寻求国际合作工具来分散国内农业巨灾风险，应对农业巨灾风险的挑战。这种国际合作大大降低了国内的风险，并且加强了国际合作交流，为应对农业巨灾风险提供了重要保障。积极探索农业巨灾风险分散国际合作工具的最优组合更有助于提升农业巨灾风险分散工具的效用最大化，因此，各个国家仍需要加大支持力度以应对农业巨灾风险。

第四节 国际农业巨灾风险分散合作个案分析

在国际农业巨灾风险分散合作的历史进程中，世界各国（地区）都在积极探索适合本国（地区）实际的机制和模式，产生了一些有代表性的案例。

一 加勒比巨灾风险保险基金

（一）加勒比巨灾风险保险基金成立背景

加勒比地区地理位置特殊，它处于中美洲板块活动剧烈地区，是多种类型的巨灾频繁区，地震、飓风等灾害给加勒比地区 30 多个国家造成了极大的经济损失。加勒比地区各个国家难以维持经济的快速发展，自然灾害造成的损失导致政府陷入债务和流动性危机，无法进行灾后救援和重建工作。

该地区国家多数为综合实力较弱的小面积国家，自身发展都难以维持，更不用说承担巨灾的经济损失和高昂的保险费用，因此，巨灾风险是这些国家面对的重大难题。若没有国际社会的帮助和支持，这些国家很快就会陷入破产的局面。但是国际社会的支持也是不定期的援助，具有较强的不确定性和难以预估的特征，所以并不能从根本上解决这些重大难题。探索符合本地区持续发展的救灾机制，是加勒比地区国家的首要任务。一直以来，各个国家不断在探索和研究巨灾资金补偿和保障措施，来减轻自身的负担。直到 2007 年，成立了加勒比巨灾风险保险基金，才在一定程度上缓解了该地区国家的经济压力和负担，并增强了地区抗灾能力和保障机制。

CCRIF 的成立，标志着加勒比地区的救灾机制有了充分的保护措施。该地区各个国家作为成员国可以上交一定数额的优惠保险金，大大促进了地区发展和抗灾救灾活动的开展，对缓解地区发展困难、保障人民财产安全等具有积极意义。多国政府参与、国际社会捐助使各个国家团结互助，大大增强了地区抗灾能力。尽管该地区自然灾害造成的损失较大，甚至达到该地区每年国民生产总值的 2% 以上，但是，随着该基金的成立给受灾地区提供了大量资金支持，在一定程度上缓解了加勒比地区国家的经济压力。

（二）CCRIF 组织架构

CCRIF 现行的组织框架如图 6 - 1 所示。

其中，董事会任命 2 名加勒比共同体成员、2 名国家开发银行捐助者和 1 名有职权范围的 CEO，在相关代表和不同委员会的支持下制定并完善 CCRIF 政策和规划。CEO、COO、CRMO 分别负责执行董事会决策、运营、风险管理相关工作，与相关经理和专家进行沟通交流，确保战略规划的有效实施。

加勒比地区各国政府相继认识到将灾害风险纳入财政政策的重要性。这样的框架为各国提供免受自然灾害的金融保护途径。通过巨灾风险保险，例如，CCRIF 提供的产品：热带气旋、地震和过量降雨指数保险等，各个成员国将加勒比巨灾风险保险基金作为财政保护和灾害风险管理的一部分策略，有利于提高自然灾害发生后的财务应对能力，减轻由这些灾害引起的相关经济和财政负担。

（三）CCRIF 历年灾害赔付情况

2007—2018 年，CCRIF 总共赔偿包含 13 个成员国的 38 项受灾项目，共赔偿 138.8 百万美元，其中灾害类型为热带气旋的赔付约 94.9 百万美元，地震赔付约 9.2 百万美元，过量降雨赔付约 34.7 百万美元。由此可以看出，加勒比巨灾风险保险基金对加勒比地区巨灾风险提供了大量的经

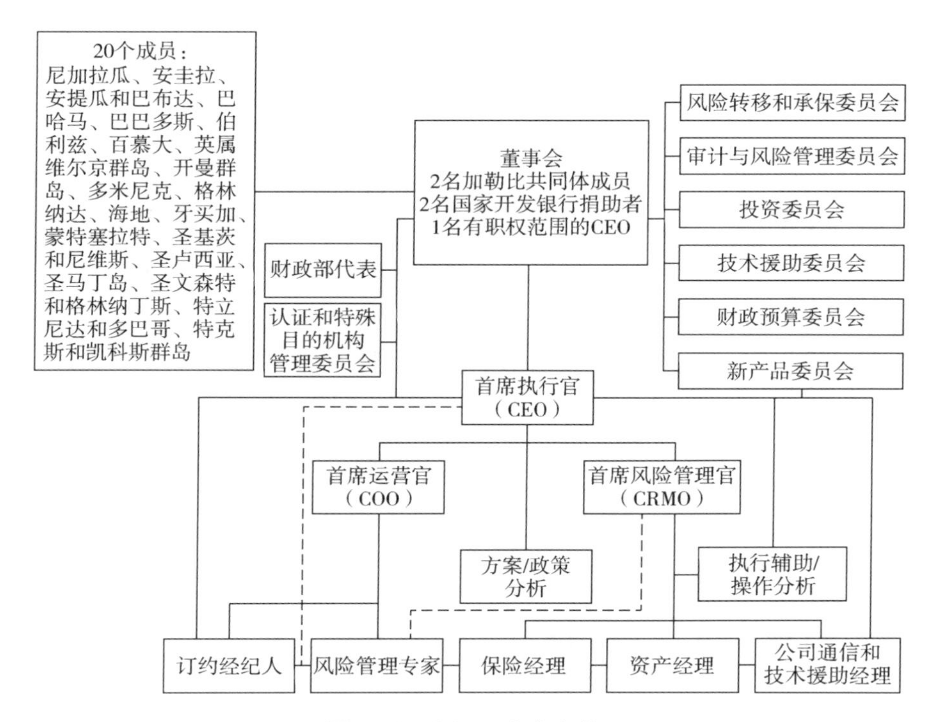

图 6－1 CCRIF 组织架构

资料来源：2017—2018 Auunal Report。

济资金支持和保障（见表 6－5 所示）。

表 6－5　　CCRIF 2007—2018 年赔付金额

灾害时间	国家	灾害类型	赔付金额（美元）
2007 年 11 月	多米尼克	地震	528021
2007 年 11 月	圣卢西亚	地震	418976
2008 年 9 月	特克斯和凯科斯群岛	热带气旋 Ike	6303913
2010 年 1 月	圣文森特和格林纳丁斯	热带气旋 Tomas	1090388
2010 年 1 月	海地	地震	7753579
2010 年 1 月	圣卢西亚	热带气旋 Tomas	3241613
2010 年 1 月	巴巴多斯	热带气旋 Tomas	8560247
2010 年 8 月	安圭拉	热带气旋 Earl	4282733
2014 年 7—8 月	圣基茨和尼维斯	槽系统（过量降雨）	1055408

续表

灾害时间	国家	灾害类型	赔付金额（美元）
2014 年 7—8 月	安圭拉	槽系统（过量降雨）	559249
2014 年 10 月	安圭拉	热带气旋 Gonzalo（过量降雨）	493465
2014 年 11 月	巴巴多斯	槽系统（过量降雨）	1284882
2015 年 8 月	多米尼克	热带风暴 Erika（过量降雨）	2402153
2016 年 1 月	海地	过量降雨	3020767
2016 年 1 月	巴巴多斯	过量降雨	753277
2016 年 6 月	尼加拉瓜	地震	500000
2016 年 8 月	伯利兹	热带气旋 Earl	216073
2016 年 9 月	海地	热带气旋 Matthew	20388067
2016 年 9 月	巴巴多斯	热带气旋	975000
2016 年 9—10 月	圣文森特和格林纳丁斯	过量降雨	285349
2016 年 9—10 月	圣卢西亚	热带气旋 Matthew	3781788
2016 年 11 月	尼加拉瓜	热带气旋 Otto	1110193
2017 年 1 月	特立尼达和多巴哥	过量降雨	7007886
2017 年 9 月	圣基茨和尼维斯	热带气旋 Irma	2294603
2017 年 9 月	安圭拉	热带气旋 Irma	6529100
2017 年 9 月	安圭拉	过量降雨	158823
2017 年 9 月	特克斯和凯科斯群岛	热带气旋 Irma	13631865
2017 年 9 月	特克斯和凯科斯群岛	过量降雨	1232769
2017 年 9 月	特克斯和凯科斯群岛	热带气旋 Maria	419372
2017 年 9 月	多米尼克	热带气旋 Maria	19294800
2017 年 9 月	多米尼克	过量降雨	1054022
2017 年 9 月	巴哈马	过量降雨	163598
2017 年 9 月	安提瓜和巴布达	热带气旋 Irma	6794875
2017 年 9 月	巴巴多斯	热带气旋 Maria（过量降雨）	1917506
2017 年 9 月	圣卢西亚	热带气旋 Maria（过量降雨）	671013
2017 年 9 月	特克斯和凯科斯群岛	热带气旋 Maria（过量降雨）	247257
2018 年 1 月	巴巴多斯	热带气旋 Kirk	5813299
2018 年 1 月	特立尼达和多巴哥	降雨事件（过量降雨）	2534550
合计			138815479

资料来源：CCRIF SPC 2017—2018 Annual Report。

（四）CCRIF 的特点

1. 资金来源渠道多元化

CCRIF 赔偿资金主要由成员国参与费和保险费、其他国际机构或政府捐助费用构成，资金渠道较为特殊。各个国家想成为 CCRIF 的成员国，首要的条件就是初次支付 220 万美元的参与费，之后按年份缴纳一笔保险费用，以便及时获得巨灾风险赔偿资金。CCRIF 有专门的储备基金池来对资金进行储存、统计和管理，以便及时掌握组织财务情况。CCRIF 的国际捐助也是该组织资金的重要来源之一。多个银行机构也会向该组织进行捐助，如世界银行、加勒比发展银行等；其他国家或地区如欧盟、百慕大等也是其资金的重要捐助方。其他国际机构或政府援助的资金称为 MDTF（多方捐赠信托基金），该基金的日常操作和管理由世界银行统一组织和协调，确保资金的安全和使用规范。MDTF 主要负责组织日常管理活动和储备基金池的存入等业务。

储备基金池的资金具有较为广泛的用途。第一，购买瑞士、慕尼黑等不同市场的巨灾风险保险，以向国际市场转移自身巨灾风险，达到风险分散的目的。第二，与世界银行等机构进行巨灾互换，共同承担巨灾风险的责任和义务，为加勒比海地区巨灾风险提供多重赔付保障机制。第三，部分资金用于投资，邀请专业的投资公司进行投资管理活动，以获得收益，支援巨灾风险赔付。加勒比海巨灾风险保险基金通过多渠道的资金来源和多元化的风险分散手段，增强了基金的赔偿能力和活力，为加勒比地区提供了巨灾风险资金支持和保障。

2. 参数指数赔付机制

参数指数赔付机制是 CCRIF 对巨灾保险的重要贡献。这种机制大大加快了资金赔付效率，缩短了评估审核流程，方便快捷。同时，参数设计较为客观合理，用自然指标参数和公式进行计算，赔付金额客观准确，减少道德风险和逆向选择问题的出现和困扰，因此，该机制具有赔付效率高、金额客观准确等特点，对巨灾风险起到了重要保障作用。

CCRIF 的巨灾保险产品主要针对飓风、地震、暴雨等灾害，这些都是加勒比海地区常见且频发的自然巨灾，对当地造成了巨大灾害和损失。这些创新型产品都是以物理参数作为赔付的标准，如地震震源和震级、飓风中心和风速等物理参数，而减少了灾区实际调查和损失评估的时间，大大缩短了赔付评估时间和流程，直接通过客观参数进行相关赔付工作，及时性和准确性较强，能在第一时间对巨灾风险进行赔付，确保救援工作快速到位，大大降低巨灾损失。

3. 短期流动资金

CCRIF 的特点是在巨灾发生后第一时间提供大量资金支持和救援工作，而不是赔付巨灾地区的经济损失。该基金主要用于物资筹备、巨灾救援和灾后重建工作，以弥补国际捐助资金到达前的空隙时间段，最大限度地保护人民财产安全，满足不同国家救灾的应急资金需求，降低巨灾带来的经济损失。

CCRIF 作为区域性的巨灾保险机构，获得了全球多个国家、地区、组织的资金支持，并通过多种农业巨灾风险分散手段将风险转移到国际保险和金融市场，大大降低了巨灾风险。同时，该组织还在不断开发和创新新型保险产品，如电力保险、农业保险等，为其他国家和地区巨灾保险组织提供了参考和借鉴。

（五）启示

CCRIF 的实践经验为我国解决巨灾风险分散问题提供了借鉴和参考。

1. CCRIF 的成功实践为我国各级政府提供了先进经验。政府可以借鉴其经验构建一个全国性的巨灾保险基金平台，鼓励全国省、市、县、镇各级政府成为该基金的成员，并积极同相关组织机构进行交流和合作，在全国范围的金融市场和资本市场购买保险或再保险，将地区的巨灾风险分散到全国甚至是国际市场，平衡分散各个地区巨灾风险，共同承担农业巨灾风险，这样就能大大提升我国区域农业巨灾风险保障能力。

2. CCRIF 的巨灾参数指数赔付机制也是我国可以借鉴并参考的重要方式。参数指数保险的商业模式，能够大大降低支付成本，提升了保险赔付机制的运行和管理效率，有利于快速对农业巨灾做出应急反应和相关救灾措施。各个省、市、县和乡镇级成员可以根据地区需要选择不同等级和赔偿限额，缴纳不同等级的支付额度，这样可以有针对性地满足不同地区灾害援助需要，大大增强巨灾风险转移和保护的力度和强度。国家也可以采取宏观调控，控制赔偿金额和限度，以最大限度地保障各地区的保险赔偿金额，为地区农业巨灾风险提供支持和保障。

3. 加勒比地区巨灾保险经验为我国地区巨灾保险提供了重要经验。我国可以通过设立区域性的基金保障组织，为东南沿海地区、西部地震频发区、长江中下游地区提供相应的台风、地震、洪水等保险基金，将区域性多类型的自然灾害分散到全国和国际金融市场，为地区灾害提供救援和灾害保障。

4. CCRIF 的成功实践也给我国寻求国际化农业巨灾风险分散提供了宝贵的经验。CCRIF 融合了日本、世界银行等多个国家和国际机构的援助平台保障机制，是这些国家和机构的国际化发展的重要环节。因此，我国也可以借鉴其发展经验，利用我国卫星、灾害信息和相关专业技术优势，建立区域性的巨灾保险基金，如东盟地区巨灾保险基金等。通过这些方式提升我国综合国力和国际地位。同时，进一步加强亚洲区域现有的保险机构的建设，借助国际金融市场和资本市场，分散国内或国际巨灾风险，利用各个国家、地区先进的农业巨灾风险分散工具，如债券、巨灾互换等手段，将我国地区风险逐步分散转移到国际市场，增强国家的风险分散和抗灾能力。

二　墨西哥巨灾风险债券

（一）墨西哥自然灾害基本情况

墨西哥位于北美洲南部，北邻美国，南接危地马拉和伯利兹，东临墨西哥湾和加勒比海，西南濒临太平洋。墨西哥气候复杂多变，大部分地区分旱（10 月至 4 月）、雨（5 月至 9 月）两季，雨季集中了全年 75% 的降水量。同时，墨西哥极易发生飓风、地震、洪灾等灾害，给当地造成了极大的损失。

较为严重的是 1985 年的地震和 2007 年的洪水等自然灾害。1985 年墨西哥墨西哥城发生里氏 8.1 级大地震，受灾地区覆盖周围 32 平方公里的区域，30 多万人流离失所，8000 多个住所被破坏，7000 多人死亡，事后评估经济损失高达 11 亿美元，给当地带来了巨大灾难和损失。

2007 年 10 月，洪灾席卷了墨西哥部分地区，给当地造成了巨大损失。洪水在墨西哥南部塔瓦斯科和恰帕斯州地区较为严重，有 100 多万居民受灾，洪水导致至少 218 人死亡，近 16 万人被迫离开家园，当地多家医院也遭到洪水侵袭，时任墨西哥总统卡尔德龙也表示这是墨西哥有史以来最严重的自然灾害之一。

（二）墨西哥巨灾债券简介

墨西哥自然灾害频发，损失巨大，为了做好灾害救援和应急工作，墨西哥政府在 1996 年就成立了自然灾害基金，提供赈灾救助和灾害重建保障。一直以来，该组织依靠市场融资从多渠道进行救灾基金的储备工作，通过多种巨灾风险分散工具，协调政府和相关救灾组织、金融保险公司进行对接，设计详细的巨灾储备资金和风险分散方案，为墨西哥灾害预防、援助和保障提供支撑，也积累了丰富的巨灾风险分散经验和先进模式。

2006 年，在世界银行等相关机构的帮助下，结合自身积累的风险管理经验，墨西哥政府首次发行了巨灾债券，为世界范围内巨灾保险做出了重大贡献。2009 年，墨西哥政府又发行了高达 2.9 亿美元的债券，持续为巨灾保险风险分散保驾护航，并对不同类型的风险进行产品开发，主要包括地震和太平洋、大西洋飓风等自然灾害的保险产品，为该地区提供了重要保险保障和支持。2012 年，墨西哥政府又发行了巨灾债券，这是墨西哥在世行项目结束后发行的第三只债券。三只债券共高达 7.65 亿美元，为相关国家和地区提供自主续保的业务保障流程和机制，为国家和地区巨灾风险分散提供更大限度的保障和支持。墨西哥巨灾债券的成功吸引了许多国家和投资者的关注，这对国家管理财务和扩大投资队伍有重要意义。

墨西哥政府巨灾债券发行步骤和流程如图 6－2 和图 6－3 所示。

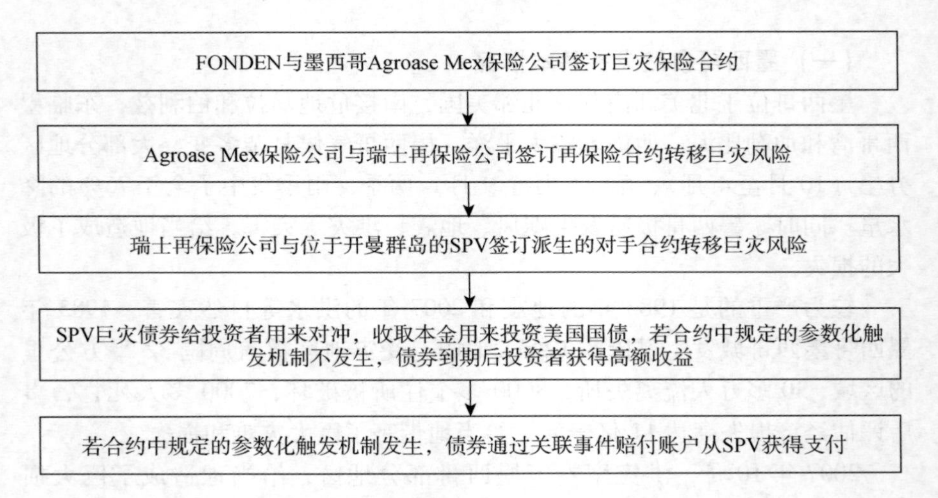

图 6－2　墨西哥政府巨灾债券发行流程

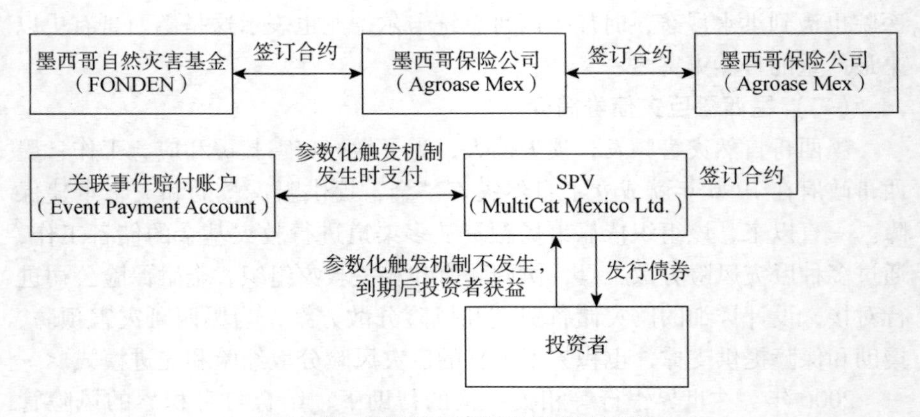

图 6－3　墨西哥政府巨灾债券交易结构

（三）墨西哥巨灾债券优缺点

墨西哥政府发行巨灾债券有许多优势：

（1）降低破产概率。墨西哥债券发行所获得的资本资金会直接存入相关信托业务机构，当出现自然灾害或到期时，这笔资金才能被启用，所以，双方不会因出现信用风险等问题而导致不良后果，安全性较好。因为资金的及时赔偿和补充，能大大降低融资成本，避免公司破产。

（2）巨灾债券信用风险较低。证券化的再保险手段，如债券等，能有效避免违约风险，再保险公司可以通过较强的资本运作能力来降低风险损失，从而避免违约行为导致的严重后果。SPV 的发行债券收入、保费收入、投资所得等收入可及时用于弥补巨灾损失。SPV 在发行者和投资者之间充当桥梁，信托账户有利于隔离风险。

（3）降低投资组合风险，获得更高收益。巨灾债券为 Zero-Beta 投资工具，不存在市场风险，有利于机构投资者分散风险，巩固投资带来的巨大收益。Markowitz 投资组合理论的观点强调不同投资工具之间的关联性越小，组合后的风险也就越低。因此，巨灾风险和证券市场的低关联性就使其风险较小，巨灾风险债券有利于降低投资风险，进而获得较高的收益。

（4）扩大市场承保容量，提升保险市场占有率。保险市场的容量有限，因此可以通过风险转移使资本市场的资金直接参与保险市场风险的承保，通过各种证券化的方式将其转移到资本市场，借助其巨大力量，扩大保险市场的容量和范围，达到分散风险的目的。

虽然巨灾债券与传统再保险相比有较大的优势，但是其劣势也客观存在，具体表现在以下两个方面。

一是较高的交易成本。巨灾债券发行过程复杂，涉及多家中介机构，如投资银行、会计师和律师事务所、信用评级机构等，造成交易成本过高。巨灾债券相比于再保险产品价格偏高，许多保险人还是会选择再保险产品。

二是容易产生道德风险问题。政府巨灾风险债券的发行，不可避免会产生道德风险问题。各方信息不对称导致巨灾风险信息披露不全，信用评级机构评估就会出现偏差。因此，如何加以监督制衡成为降低道德风险的主要问题。

（四）启示

（1）巨灾保险风险证券化对于分散巨灾风险有重要意义。由于保险或再保险市场的容量较小，无法承担不同地区多种类型的巨灾风险，因此需要借助资本市场的力量扩大保险或再保险市场的占有率。我国巨灾保险市场可以借鉴证券化的方式，将不同地区的多类型风险分散到国际资本市场，参考国际成熟的资本市场运作管理体系和基础设施，然后逐步占据市场份额，积累相关经验后再在国内资本市场全面推广和应用，以达到分散农业巨灾风险的目的。

（2）建立符合我国基本国情的巨灾债券发行平台或组织。我国可以在不同区域设立相关的SPV机构，按省、市、县等行政等级构建巨灾债券发行体系，同时也需要在政策文件、设计评估等方面做好基础设施建设，以政府带动债券的发行和使用，保障债券的安全，避免欺诈行为的出现，扰乱市场的秩序。借助政府的力量来完善巨灾债券的定价机制和运行管理模式。

（3）持续发展我国资本市场，重视证券化发展和实践。资本市场是巨灾风险分散的最佳场所，是巨灾债券运作的关键环节，因此需要格外重视。一方面，我们需要积极借鉴国外成熟资本市场的运作和管理体系；同时，也要注重国内市场发展的经验总结和自我评估。另一方面，要根据我国国情研究分析市场发展存在的潜在机遇，预测发展趋势，以便更好地扩充资本市场。我国资本市场发展目前处于初级阶段，各方面基础建设也需要不断完善，如何让资本市场发挥巨灾风险的作用，如何加强资本市场的监督管理，如何在资本市场中改革创新等都是发展资本市场面临的重要问题。因此，国家应当重视资本市场的全面健康发展，巨灾债券对资本市场的建设也有积极推动作用。所以，我国还应当在重视资本市场发展的同时，大力鼓励债券发行，以期达到分散农业巨灾风险的目的，降低农业巨灾风险带来的损失。

第七章　我国农业巨灾风险分散国际合作模式

农业巨灾风险分散国际合作模式是指国际组织、国家（或地区）、企业和个人为了实现农业巨灾风险分散的目的，彼此相互配合的一种联合行动或方式的范式。面对种类众多的农业巨灾风险分散国际合作模式，我国应该选择哪种模式，为什么选择，以及怎样具体设计是本章讨论的主题，其重点在于设计务实性农业巨灾风险分散国际合作模式，对事务性农业巨灾风险分散国际合作进行探讨。

第一节　农业巨灾风险分散国际合作模式

当代农业巨灾管理领域面临着若干相互关联的挑战和问题，使协调与合作对于尽可能多地拯救生命和减小灾害影响至关重要。首先，全球农业巨灾的数量和规模呈上升趋势（《联合国气候变化框架公约》，2015；《卡希尔公约》，2012）。仅在21世纪的第一个十年里就发生了4000起农业巨灾，大大超过了20世纪70年代的900起农业巨灾（布林克曼，2010）。特别是中低收入国家与农业巨灾风险相关的死亡率和经济损失呈上升趋势，灾害造成的经济损失平均每年达到2500亿美元至3000亿美元（UNISDR，2015）。其次，这些农业巨灾是在援助救济、人道主义行动和重建资源不断减少的情况下发生的。例如，主要捐助方为救灾提供的官方发展援助大幅减少。萨尔瓦多（2012）提供了更多的证据，表明在过去十年里，尽管实际需求非常大，但国际社会在人道主义援助方面的支出约为900亿美元，援助支出通常不超过援助需求的三分之二。与此同时，在一个复杂的多中心灾害治理网络内（Lassa，2015），如何改进人道主义援助效果的背景下（摩尔等，2003；贝克，2006；Tomassini 和瓦森霍夫，2009；泰勒等，2012），全球和地方各级多个人道主义行为体继续寻求最佳合作进程和协调结构（Gillmann，2010；Taylor 等，2012；Fredriksen，

2012）。因此，讨论农业巨灾风险分散国际合作有助于世界各国（或地区）有效减少农业巨灾风险带来的不利影响，我国也不例外，甚至更为迫切。

农业巨灾风险分散国际合作是国际社会为了实现农业巨灾风险分散而采取的一致性联合行为或方式，其国际合作模式形式多样，但大体可以分为两类：第一类是按照股权性质划分，主要分为股权国际合作和非股权国际合作；第二类是按照国际合作关系和主体地位类型划分，主要分为松散合作、协调合作、领导—伙伴合作和领导—代理合作。

一 农业巨灾风险分散股权与非股权国际合作

农业巨灾风险分散国际合作的组成形式多样，但从股权性质划分，主要分为股权合作和非股权合作两大类，选择一种合适的国际合作形式，是全面考量我国农业巨灾风险分散的综合性决策。

（一）农业巨灾风险分散股权国际合作

股权合作是指跨国（或地区）合作方相互持股或共同出资成立新的股份公司以实现联合。相对而言，股权合作由于股权是连接合作方的纽带，合作方的利益处于“一条船上”，合作方的不合作行为会给合作成员带来共同损失，所以合作方产生不合作行为的可能性较小，管理、约束、控制合作方的不合作行为也相对容易。

常见的股权合作方式主要有增资扩股合作、法人项目合作、股权重组、股权兼并和股权收购五种类型。

（1）增资扩股合作。随着全球农业巨灾发生频率和损失的不断增加，对现有的农业巨灾风险分散主体会产生越来越大的压力，加上农业巨灾风险分散主体为了增加自身抵御风险的实力，或者改善自身的经营现状，往往会主导增资扩股，吸引新的投资者，借此来分散巨灾风险。增资扩股合作操作简单，易于实现。

（2）法人项目合作。农业巨灾风险分散国际合作的参与者组织成立法人项目公司，由公司解决巨灾带来的损失，办理和审批救灾事宜，法人项目公司以农业巨灾风险分散为主要经营目的，这类合作形式具有股东责任明确、法律风险小的优点。

（3）股权重组。当需要进行农业巨灾风险分散项目转让时，风险分散双方签订项目转让协议，直接将项目开发权转移给其他农业巨灾风险分散主体，随后办理股权变更登记即可。采取此种合作方式，会导致农业巨灾风险分散成本的增加。

（4）股权兼并。当一个或多个农业巨灾风险分散主体因为发展战略需要，或无力继续开发，便将自己的资源（包括资产、物质、信息等）转移给另一巨灾分散主体的过程就叫股权兼并。对于无法承担巨额损失的农业巨灾风险分散项目公司来说，是一种有效的自救途径。

（5）股权收购。收购是指一个农业巨灾风险分散主体通过接受另一个分散主体的大部分股权来控制该企业的过程。被转让的主体仍可以正常运作，对于资不抵债的农业巨灾风险分散主体来说，这种方式可以增加资本，有利于项目的顺利实施。而且这种方式只是农业巨灾风险分散主体的股东和股权发生变动，其他并没有改变，比较灵活和简单。

加勒比海基金、欧洲联盟合作基金（EUSF）和全球减灾与灾后恢复基金都是农业巨灾风险分散股权国际合作的典型代表。

农业巨灾风险分散是一个复杂的工程，会由于合作项目、合作主体不同形成多种项目开发模式，农业巨灾风险分散的重要手段就是股权合作方式，其在农业巨灾风险分散中的地位举足轻重，各合作方也有权利决定采取最有效率、最经济的模式来分散农业巨灾风险。

（二）农业巨灾风险分散非股权国际合作

农业巨灾风险分散非股权合作是指跨国（或地区）合作方之间通过契约的形式实现联盟，因此也叫契约合作。农业巨灾风险分散非股权国际合作根据合作内容可以划分为技术合作、资金合作、物质合作、人员培训合作、人员搜救合作、信息合作和政策合作等，还可以根据合作主体进行划分，主要有联合国主导的全球合作、区域合作、次区域合作、双边合作和单边合作等。

非股权合作中对合作方的约束主要通过契约，合作成员的利益更多体现在对合作方的“利用”上。一方面由于契约对约束以外的事件没有管束力，当这种事项发生时，非合作股权的双方就会产生“投机”行为；另一方面如果契约中出现损害或者减少某一方利益的倾向或者行为，那么利益受到损害的一方就会脱离组织。非股权合作的治理问题一直都是值得研究和存在争议的话题，目前为止还没有定论。非股权合作的合作形式就像一个盒子，盒子外边各合作方相互依赖，形成一种稳定的合作表象，而盒子内部则是各合作方为自身利益相互利用的实际关系，因此对非股权合作成员的管理、约束也比较难。尽管如此，目前农业巨灾风险分散国际合作仍然是以非股权合作为主，主要是因为现行的农业巨灾风险分散国际合作是以当前的国际体系框架为基础，遵循现有的国际运行规则，以联合国为主导的全球合作、《国际减灾十年计划》和《2015—2030 年仙台减轻灾害风险框架》、世界减灾大会等为代表。

二 农业巨灾风险分散松散、协调、领导—伙伴和领导—代理国际合作

在讨论当代农业巨灾和其他人道主义紧急情况方面的协调与合作这一议题时，更应广泛地讨论国家、私营部门和非政府组织在确保集体安全方面的相对作用。Lakoff（2010）认为，主要的问题是如何在司法责任和技术能力方面划分不同组织之间的责任界线。因此，为了有效管理农业巨灾需要的是新的管理规范或新的组织形式，即政府的具体作用是设计相应的模式。此外，Jasanoff（2010）还指出了一个类似的概念：当代巨灾风险及其应对措施已脱离技术官僚管理者的控制，应更广泛地理解为一个民主治理问题。具体而言，应当讨论灾害情况应当集中还是分散。Roberts（2010）指出，基于美国联邦紧急管理机构，救灾管理需要一个网络化的政府形式，连接联邦、州和地方各级政府和私人组织（包括非政府组织）。因此，即使这些行为者有共同的目标，他们也不受直接指挥；仅有分级制度是应对灾害的一个无效的工具。他认为，成功的救灾不是通过上面的指挥，而是通过就共同目标和责任保持广泛一致的松散的正式组织和非正式职业网络。Lassa（2015）认为 2004 年印度洋海啸后观察到的“公共悲剧”显示了灾后治理的复杂性。

Gillmann（2010）通过对 2004 年达尔富尔危机和印度洋海啸国际合作的实证研究和分析，提出了巨灾风险分散国际合作的四种模式，即松散模式、协调模式、领导—伙伴模式和领导—代理模式。

（一）松散合作模式

松散模式的主要特点是合作双方缺乏一致的合作目标，一般来说也没有一个统一的协调机构或正式组织，通过投入自然资源、资金、技术、人力和物力等资源来实现各自的目标。此模式合作的随机性较强，所有的参与者都或多或少地参与运作，点对点、双边合作占主导地位，决策的一致较差，合作的效率和效果都不好（见图 7－1）。

（二）协调合作模式

协调合作模式的主要特点是不同行动者之间存在准正式联盟，其中一个或多个具有良好管理技能的行动者作为中间人来和其他参与者进行共识合作。该种模式下合作双方在充分了解彼此和互不侵犯利益的基础上，各

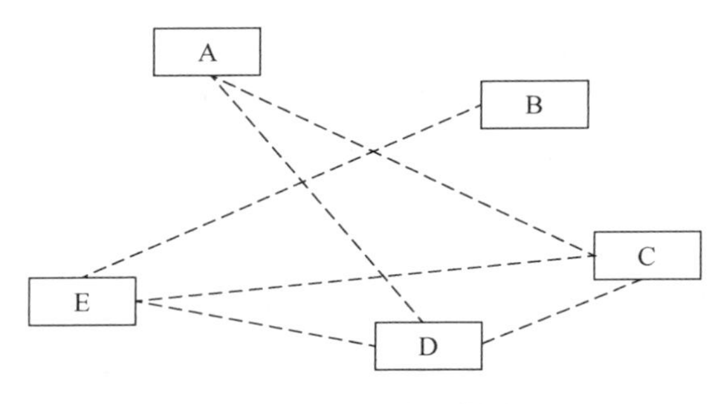

图 7－1　松散合作模式

取所需，资源相互利用、取长补短、平等协商、互惠互利，最终达到双方利益最大化。也就是说各合作方为了共同的农业巨灾风险分散任务或目标，相互帮助，借助另一方的优势资源弥补自身不足，以更好地进行农业巨灾风险分散合作（见图 7－2）。

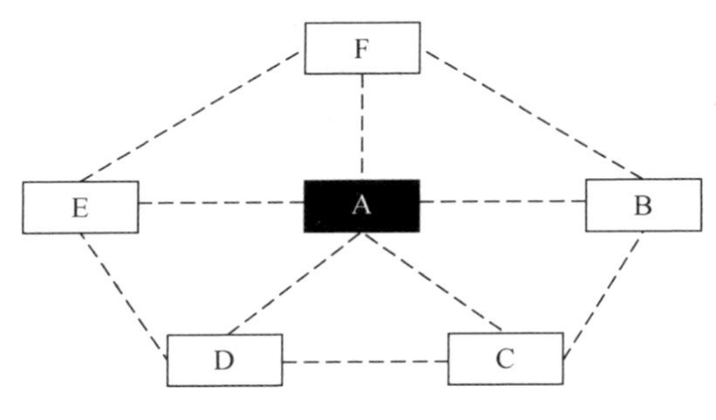

图 7－2　协调合作模式

在农业巨灾风险分散合作活动中，资金、市场、技术、专业人才和管理经验等资源是必不可少的，对于任何一方来说，都不可能具有所有的优势，农业巨灾风险分散是全球共同面临的难题，需要世界上各个国家的共同努力来实现。要想取得最好的分散效果，就需要加强与其他国家的合作。在国际农业巨灾风险分散合作过程中，主要涉及四个方面的合作，即资金、市场、技术和管理。这四方面是农业巨灾风险分散管理事业顺利启动和发展的必要条件。就目前形势而言，发展中国家与发达国家进行合作是比较明智的选择。对于发展中国家而言，与资金、技术实力雄厚的发达国家合作，一方面可以从中学习发达国家农业巨灾风险分散管理的先进经验，提升自己的管理水平；另一方面还可以更有效地缓解农业巨灾带来的巨大损失，对发展中国家而言是最有效的合作模式。

（三）领导—伙伴模式

该模式主要特点是两个或两个以上的互补性合作成员形成伙伴关系并做出联合的战略和业务决策；至少一个成员被认为是合法的决策者。一般来说，该模式中参与合作的各方在至少一个以上的领导者主导下，由主导者共同承担农业巨灾风险，然后众多参与农业巨灾风险分散的国家或地区借助这一模式进行比较集中的农业巨灾风险分散活动。该种模式下，各成员在物质、资金等各方面的投入基本相同，因此最终也是由参与各方共担风险、共享收益。为了更好地分配利益，这种合作多在经济地位、科技能力相差不多的国家和地区之间进行。世界上有许多类似的合作模式，比如世界卫生组织对世界各地人类健康和疾病的调查，就是在世界卫生组织的组织之下，世界各国共同参与，把自己收集到的数据资料、科研成果汇总到世界卫生组织进行综合研究。领导—伙伴模式相比其他模式在农业巨灾风险分散方面的应用更为普遍，因为这种模式是在相对平等的基础上开展的，对合作方来说更容易接受（见图 7 - 3）。

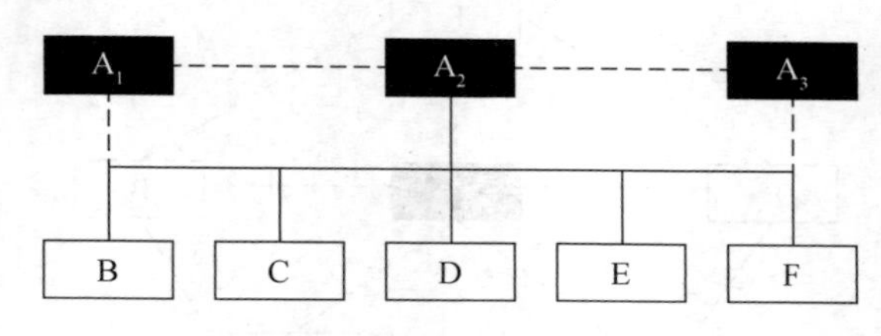

图 7 - 3　领导—伙伴模式

（四）领导—代理模式

在农业巨灾风险分散国际合作中，领导—代理模式是指某一个国家（或组织）占据合作的主导位置，各参与方以其设定的组织目标为宗旨，各自分工、相互协作，最终完成主导国制定的目标的一系列过程。领导—代理模式的主要特点是一个参与者是明确的领导者、决策者，也可能是资金或领域的控制者，合作效率高，但最终的效果不一定好。在农业巨灾风险分散合作过程中，某个受灾国家通过与其他国家进行合作来分散自身的巨灾损失，受灾国以自身为中心设置合作要达到的目标，通过与其他国家交换资金、市场、技术和专业人才等资源来完成预期目标。在该模式中，占主导地位的国家能与别的国家进行资源互换，而合作的其他国家则单独完成各自的任务，不能相互之间进行资源交换，其他国家的资源交换也是在为主导国输送资源的基础上才存在的。因此主导国是所有成员中的最大受益者，在救灾体系中，自身的损失得到最大程度的分散。在农业巨灾风险分散国际合作中，从长期来看，占主导地位的国家所得到的利益是其他各合作方的总和；但是从短期来看，主导国和其他参与国的利益是不相上下、互利互惠的。因此，就短期而言，这种合作方式是可以持续进行、重复开展的，但是想要长期存在，还需要寻找合适的利益分配方法，维持合作的稳定性（见图7－4）。

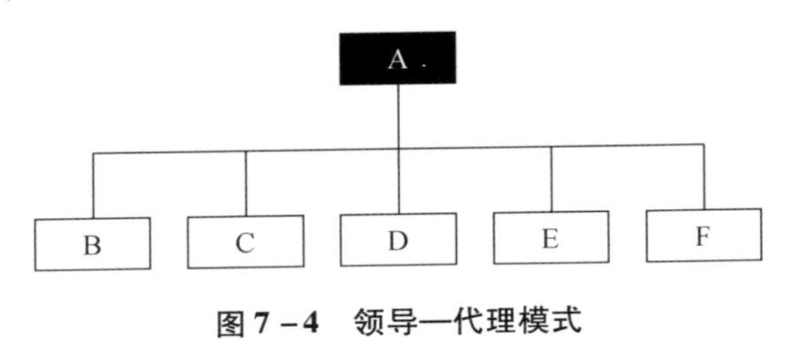

图7－4　领导—代理模式

综上所述，每一种模式都有自己的独特性和优缺点。但是总体来看，农业巨灾风险分散国际合作模式的发展趋势是从松散合作模式向协调合作模式发展；从领导—伙伴模式向领导—代理国际合作模式发展。在实际情况下，农业巨灾会因各地区的地理位置、社会环境、经济条件、文化差异以及政治法律等方面的不同呈现出不同的结果，在选取国际合作模式时，要根据实际情况，结合当地发展水平等客观情况而定，只有因地制宜，选择最恰当的国际合作模式，才能最大限度地降低农业巨灾造成的损失。

第二节　我国农业巨灾风险分散国际合作模式选择

上文已经介绍了农业巨灾风险分散国际合作模式的基本情况，从中可以得知，目前的合作模式总体可分为股权国际合作、非股权国际合作以及松散合作、协调合作、领导—伙伴合作和领导—代理合作两大类。结合我国农业巨灾风险分散的具体国情，我们到底应该选择哪种模式？或者是否需要创新国际合作模式？本书认为，上述国际合作模式都不能够适应当前我国农业巨灾风险分散的需要，亟须创新我国农业巨灾风险分散国际合作模式。

一　现有国际合作模式存在的问题

现有的农业巨灾风险分散国际合作模式都存在一定的弊端，有些是合作模式本身存在的缺陷，有些是在实际运行过程中存在的问题。

（一）股权合作与非股权合作存在的问题

股权合作的确是一种基于产权关系建立的紧密型合作关系，合作股东的权利和义务可以界定得非常清楚，风险和收益很明确，但也存在以下问题。一方面，农业巨灾风险分散国际股权合作非常有限，到目前为止，我国除了2015年7月由中再集团旗下全资子公司中再产险作为发起人，在境外市场成功发行了5000万美元的巨灾债券外，再没有其他农业巨灾风险分散国际股权合作项目；另一方面，国际股权合作对于很多小股东而言，短期可能会解决资金短缺的困难，但长期来说会产生依赖性，让小股东失去独立性，成为大股东的控制对象。如果单单是由于缺乏资金，也可以通过国际援助、国际保险和再保险、巨灾紧急贷款等的方法解决，所以中小国家（或地区）一般等到有了一定的话语权后再考虑实施股权方面的合作。

非股权合作可以通过契约约束合作各方的行为，但实际情况往往要复杂得多。根据苏恩、徐礼伯、施建军（2010）对战略联盟不合作行为的研究，在非股权战略合作中可能面临要挟、投机和背叛三种不合作行为。投机行为是指参与合作的国家“只利己，不利人”，尽量避免对自身利益造成损害的行为，但会或多或少地去损害别人的利益，对于这些合作方来说，虽然采取投机行为是自私、利己的行为，但是为了继续保持合作关系，一定程度上它们也希望自己的行为能同时给其他成员带来利益。因此，投机行为不会破坏合作的稳定性。要挟行为是指合作中某一方为了自己的利益，强迫那些依附于自己的组织做出某些让步，这种现象大多发生在发达国家和一些弱小的国家之间。要挟行为会导致强国越强，弱国越弱，但是一般情况下也不会破坏合作的稳定性。背叛是指合作参与者有一方背弃条约离开合作组织，或者加入另一个组织的情况，这是导致合作终止的最终形式。当合作中的一方在组织中无法继续获取利益或者分散风险时，就会选择离开，破坏联盟能带来收益也会引起背叛行为。背叛行为会破坏合作的稳定性，甚至使合作终止。

（二）松散合作、协调合作、领导—伙伴合作和领导—代理合作存在的问题

松散合作、协调合作、领导—伙伴合作和领导—代理合作等四类国际合作模式是依据在国际合作中成员之间的关系和主体地位进行划分的。每一种国际合作模式都有其优点和缺点（见表7－1）。

表 7-1　　农业巨灾风险分散国际合作模式比较

序号	名称	优点	缺点
1	松散合作模式	合作投资小、风险小、收效快	合作随机性强、不稳定、不牢靠，效果差
2	协调合作模式	合作双方在认识合作内容、利益的基础上，互相尊重，平等协商，互利共赢，双方受益程度基本平等	合作缺乏领导者，合作各方的博弈使合作效率不高
3	领导—伙伴合作模式	既有领导者（或决策者），又是合作伙伴关系，所以效率较高，各方利益容易协调	存在多个领导者（或决策者），所以合作效率取决于多个决策者之间的博弈，一般效率不太高
4	领导—代理合作模式	合作的约束性强，合作有序规范，合作效率高	只有一个领导者（或决策者），所以合作各方利益平衡比较困难

资料来源：根据相关文献资料整理。

二　未来我国农业巨灾风险分散国际合作模式设计选择标准

前面分析和比较了各类农业巨灾风险分散国际合作模式，明确了各类农业巨灾风险分散国际合作模式存在的优点和缺点，至于怎么样选择我国未来的农业巨灾风险分散国际合作模式，本书认为至少要考虑以下三个选择标准。

（一）合作关系要密切——股权合作模式最佳

在现有的农业巨灾风险分散国际合作模式中，股权合作是最为密切的合作模式，其他的合作模式多是以契约形式组成的合作模式，尽管契约对合作方有一定的约束，但更多的情况是“软约束”，合作方在各自利益的博弈下，往往存在投机、要挟和背叛行为，逆向选择和道德风险时常发生，这样使合作关系的密切性经常受到挑战。只有股权合作模式是基于产权关系建立的紧密型合作关系，合作股东的权利和义务可以界定得非常清楚，风险和收益依据相关公司法等法律约束就很明确，所以要想建立密切的合作关系，股权合作是最佳选择。

目前农业巨灾风险分散国际合作一方面多为事务性合作，主要开展政策交流、人员培训、技术合作交流和研发、人员搜救、医疗卫生救援、国际捐赠和紧急贷款，这些都是非股权合作，因此很难保证国际合作的稳定、持续和高效；另一方面，农业巨灾风险分散国际合作中务实性的国际合作不是主流，尽管现在全球每年的合作基金、债券和巨灾金融衍生产品也不少，但相对事务性国际合作而言，还相对较少，这也直接影响了全球农业巨灾风险的有效分散。此外，即使是务实性的国际合作，非股权合作性质的也不少，这类基金、债券和巨灾金融衍生产品不稳定、不持续。以我国为例，2015 年向国际社会发行了 5000 万美元的巨灾债券以后就停止了，其主要原因是合作对象不确定，变化较大，合作关系不稳定，使后续发生债券难度很大。因此，今后我国农业巨灾风险分散国际合作要尽可能选择股权合作而规避非股权合作。

（二）要拥有话语权——领导—代理模式最优

改革开放 40 年来，我国经济高速发展，社会繁荣稳定，国际影响力越来越大，拥有的话语权也越来越多，在农业巨灾风险分散国际合作领域的话语权也在逐渐增加。20 世纪 80 年代以前，我国实行的单边国际合作政策，拒绝国外一切援助，只是通过对外援助，在国际社会，主要是在第三世界国家拥有一定的话语权。20 世纪 80 年代以后，在继续开展对外援助的同时，我国开始接受国外援助，开始了真正意义上的巨灾国际合作，逐渐加入了“空间和重大灾害国际宪章”《仁川行动计划宣言》《2015—2030 年仙台减轻灾害风险框架》等国际合作组织和行动计划，承办了“第一届亚洲部长级减灾大会”等一些列国际防灾减灾会议，特别是以 2004 年印度洋海啸为标志，我国全面融入国际合作体系，拥有了一定的话语权，甚至在某些领域和区域成为决策者。

同时我们还应该清晰地认识到，我国在事务性的国际合作层面的确拥有一定的话语权，但多种情况下我们不是决策者，更多的是参与者，包括前文提到的国际组织和行动计划。特别是在各级务实性合作领域，我们参与得不多，全球每年都发行大量的巨灾基金、债券和巨灾金融衍生产品，极少由我国主导和发行，更谈不上成为决策者了。

（三）合作效率要高——领导—代理模式最佳

在松散合作、协调合作、领导—伙伴合作和领导—代理四类合作模式中，如果单从合作效率来看，领导—代理模式最佳，因为在这种类型的合作模式中，只有一个领导者，所有的合作决策是由领导者做出的，避免了合作各方相互博弈产生的决策时滞问题，也可以避免合作各方投机、要挟和背叛等行为发生，更可以避免合作的随机性、不稳定性和不持续性。

现阶段我国正在向强国迈进，随着“一带一路”建设的实施，在包括农业巨灾风险分散等在内的国际合作实务中，我国应该更多地参与其中，更多地发挥主导作用，争做国际合作的领导者，为全球灾害治理做出贡献，也为我国农业巨灾风险分散提供有效路径。

第三节　我国农业巨灾风险分散国际合作模式设计

农业巨灾风险分散国际合作模式是国际组织、国家（或地区）、企业和个人彼此相互配合的一种联合行动或方式的范式。我国要在考量一些基本原则的基础上，设计出自己农业巨灾风险分散国际合作模式。

一　我国农业巨灾风险分散国际合作模式设计原则

我国农业巨灾风险分散国际合作模式在设计的时候，应该遵循以下基本原则。

（一）合作四个维度

农业巨灾风险分散国际合作模式是进行农业巨灾风险分散国际合作的具体体现。李梦学（2008）通过对该农业巨灾风险分散国际合作特点的研究与探讨，认为该农业巨灾风险分散国际合作活动具有四维结构，即合作的广度、深度、持续度和效果度（见图7－5）。

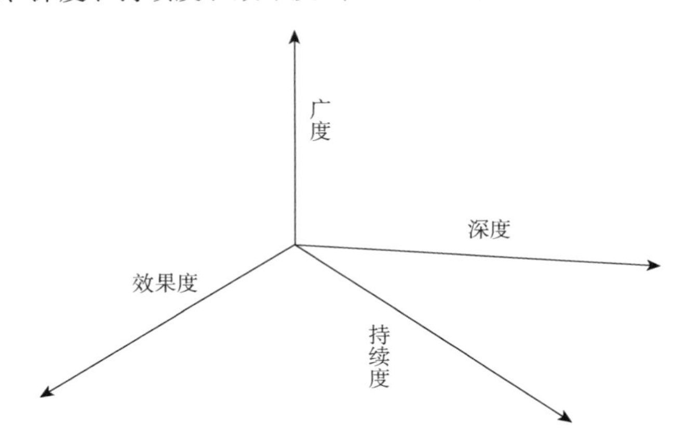

图7－5　农业巨灾风险分散国际合作四个维度

农业巨灾风险分散国际合作的深度是农业巨灾风险分散领域开展国际合作所涉及的广义和狭义合作领域相互交流程度；广度是指合作所涉及的领域和范围，目前农业巨灾风险分散国际合作领域和范围涉及广义和狭义两个方面（如前文所述）；农业巨灾风险分散国际合作的持续度强调国际合作的长期性和连续性，从其发展历史进程来看，正在从事务性合作走向务实性合作；农业巨灾风险分散国际合作的效果度是指农业巨灾风险分散的效果，损失是否得到有效缓解。

全球化的今天，灾难已无国界。进入21世纪，在全球气候变化背景下，农业巨灾事件明显增加，全球农业巨灾风险日益加剧。频发的农业巨灾风险给人类社会造成了巨大的生命和财产损失，农业巨灾风险成为各国共同面临的重要挑战，防灾减灾成为全球的共同行动。全球范围内的防灾减灾国际交流与合作越来越受到世界各国政府和国际机构的高度重视。农业巨灾造成的巨大损失，已经不是一个国家或地区靠自身力量能应对的，加强国际合作交流对解决巨灾问题至关重要。通过认识农业巨灾风险分散国际合作四维结构有助于我们进一步了解农业巨灾风险分散国际合作的运行机制，提高我们对影响农业巨灾风险分散国际合作活动因素的认识。从农业巨灾风险分散国际合作的四维结构模式出发，通过设定各个维度的相关因素指标来分析、判断合作的程度。如广度指标可以包括合作参与国（或地区）数目、合作项目数等指标；持续度指标可以包括早期已经完成项目的合作时间、未来合作时长等指标；效果度指标可以包括已取得成果的数量和水平、风险分散区域数量等指标。具体落实时，也应该结合实际情况，考虑各种因素，如地域、社会、经济等的限制，选取合适的指标、维度来设计具体的农业巨灾风险分散国际合作模式。

（二）合作四大因素

合作是指参加合作的各成员资源、经济等的相互融合、相互利用以达到最大效益的过程。农业巨灾风险分散国际合作受多种因素的影响，其中巨灾影响程度、资源禀赋、利益驱动、政府作用是决定不同的国家或地区之间进行农业巨灾风险分散国际合作方式的四大主要因素，这四种因素决定了参与合作的不同国家或地区最终的利益。根据这些因素的影响程度、组织形式以及紧密程度，对各个参与者的资金、技术、人才和管理经验等资源进行再分配，形成有效的农业巨灾风险分散国际合作模式，这些合作模式在农业巨灾风险分散国际合作中发挥着重要的作用。以资源禀赋、利益驱动和参与国家和地区的数目为前提，基于本国国情的理性选择，世界各国农业巨灾风险分散国际合作的模式存在明显差异，但每种模式都存在各自的优缺点。

世界各国受农业巨灾的影响存在差异，我国是农业巨灾的重灾区，迫切需要开展农业巨灾风险分散活动，以减少农业巨灾对我国经济社会的影响，但基于我国资源禀赋的约束，实践证明，单纯依靠我们自己的资源很难有效实现农业巨灾风险的分散，因此需要积极寻求农业巨灾风险分散的国际合作，充分利用国际资源，在我国政府的主导下，设计我国农业巨灾风险分散模式，推动全球农业巨灾风险治理。

（三）合作模式最优组合

前文论述了合作模式的不同类型，每一种合作模式都有其特殊的历史背景和合理性，也都存在优点和不足。按照不同的标准来判断，不同类型的合作模式都可能是最佳的。如果从合作的密切程度、规范性和约束性来看，股权合作模式最好；如果从合作投资小、风险小、收效快来看，松散合作模式最合适；如果从合作互相尊重、平等协商、利益互补等来衡量，协调合作模式最好；如果从合作效率和合作协调性来看，领导—伙伴合作模式最佳；如果从合作约束性、规范性和效率性来看，领导—代理合作模式最好。

当然，我们在进行农业巨灾风险分散模式设计的时候，还可以考虑不同合作模式的不同组合，不同模式的不同组合往往效果会更好。本书选取股权模式和领导—代理合作模式来设计我国农业巨灾风险分散模式，称之为领导—股权—代理模式。这种模式能够集合股权模式和领导—代理合作模式的优点，克服其他合作模式的不足，是目前我国农业巨灾风险分散模式的理想选择。

（四）两个层面国际合作

根据农业巨灾风险分散的内容和作用，本书把农业巨灾风险分散国际合作划分为事务性国际合作和务实性国际合作，事务性国际合作是指就农业巨灾风险分散政策、技术和学术交流、人员培训、合作研发、国际援助、人员搜救和医疗卫生救治等事务性工作开展的国际合作，这是目前我国农业巨灾风险分散国际合作的主流；务实性国际合作是指利用现代金融手段（如保险、再保险、相互保险、基金、债券和巨灾金融衍生产品）开展农业巨灾分散的国际合作，这类国际合作模式在我国开展的案例非常有限，是今后我国农业巨灾风险分散国际合作的重点，也是本书研究的重点。

二　我国农业巨灾风险分散国际合作模式设计

根据我国农业巨灾风险分散国际合作模式的设计原则，结合现有国际合作模式各自的优缺点，对我国农业巨灾风险分散国际合作模式进行分类设计。

（一）事务性国际合作模式设计

事务性国际合作模式的设计基本思路是基于现有我国农业巨灾风险分散国际合作基础，依托现有的国际合作组织和平台，根据现有的国际合作政策和机制，有序开展事务性农业巨灾风险分散国际合作（见图7-6）。

我国农业巨灾风险分散事务性国际合作主要包括两个层面的主体合作，一是我国与国外层面的国际合作，主要是我国政府、组织、企业和公民与国外的政府、组织、企业和公民之间的国际合作，当然也包括他们之间的双重交叉或多重交叉国际合作；二是通过中介（包括联合国及其下属机构、区域组织、跨国企业、国际NGO和"一带一路"倡议等）开展的国际合作，这也是目前被广泛运用的合作方式。

我国农业巨灾风险分散事务性国际合作主要包括政策国际合作、捐助国际合作、技术国际合作和应急管理国际合作四大类。政策国际合作包括政策协调国际合作和共同行动国际合作，捐助国际合作包括捐赠国际合作和援助国际合作，技术国际合作包括学术交流、技术培训和推广、合作研发、信息交流等国际合作，应急管理国际合作包括人员搜救、医疗救治和卫生防疫、紧急贷款等国际合作。相对于务实性国际合作而言，事务性国际合作目前更为普遍和广泛，但对农业巨灾风险分散作用有限，效果不佳，因此我国农业巨灾风险分散国际合作势必由以事务性国际合作为主转向以务实性国际合作为主，事务性国际合作不是本书研究的范畴，本书主要开展务实性国际合作的研究和探讨。

（二）务实性国际合作模式设计

本书设计的我国农业巨灾风险分散领导—股权—代理国际合作模式（见图7-7）主要体现了三个特点。

1. 股权合作

具体的设计是由我国的政府、组织、企业和公民以及国外的政府、组织、企业和公民共同出资，注册成立一家农业巨灾风险分散管理公司，该公司注册地最好在金融市场高度发达的国家（或地区），比如中国香港、新加坡、纽约或伦敦，主要原因是可以较为充分地利用该地区发达的金融市场开展后续的农业巨灾风险分散活动，在国内由于受制于金融市场的约束，不利用开展农业巨灾风险分散国际合作事务。

由于该模式是以股权为纽带，将农业巨灾风险分散的各个主体有机地联系起来，合作各方可以形成较为紧密的合作关系，合作主体可以依据现代公司治理的规则享受相应的权利和义务，还可以明确合作各方的风险和收益。

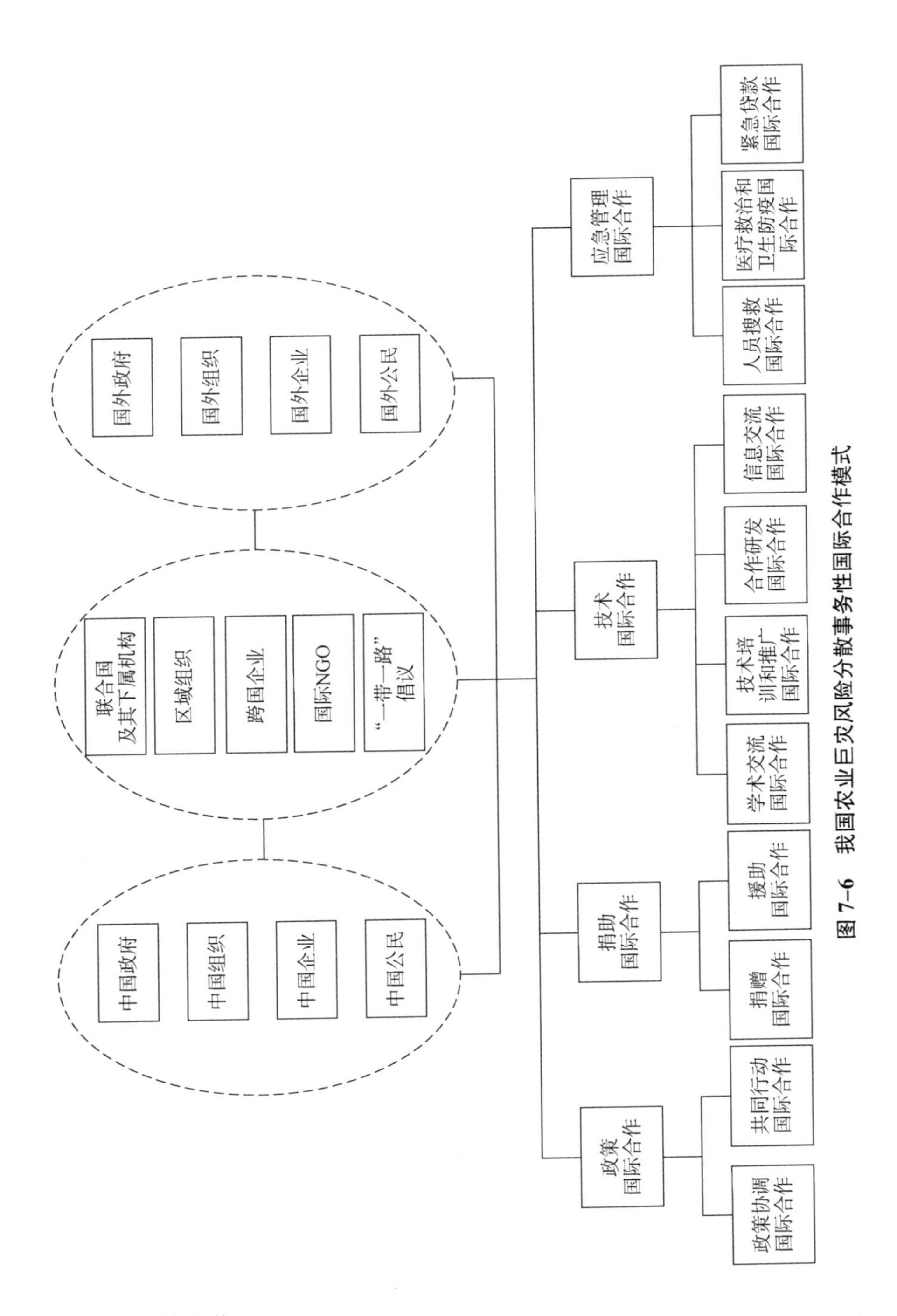

图 7-6　我国农业巨灾风险分散事务性国际合作模式

2. 领导地位

在设计的我国农业巨灾风险分散领导—股权—代理国际合作模式中，

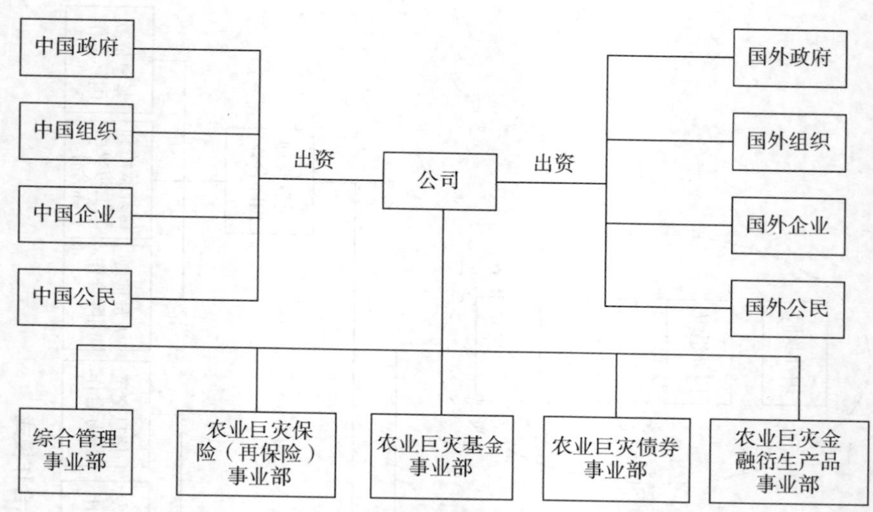

图7－7　我国农业巨灾风险分散务实性国际合作模式

要体现我国在农业巨灾风险分散国际合作中的领导地位，拥有决策权，主要表现在以下几个方面：一是成为牵头发起国家。主要是利用我国现有的国际合作组织或平台（如"一带一路"、上合峰会、东盟地区论坛、东亚峰会等）牵头发起成立专业合作公司，具体开展农业巨灾风险分散国际合作工作。二是拥有领导权。主要是通过我国政府、组织、企业或公民的出资额来实现，我国要在注册成立的国际合作公司中占有控股地位，也就是按照公司治理规则，拥有绝对控股权，或者在公司存在众多中小股东的情况下，拥有相对可以控制的股权。三是国际合作要体现中国意志。该模式是以我国为中心设计开展系列农业巨灾风险分散活动，这就要围绕我国的主要农业巨灾类型（洪灾、地震、台风和干旱等），根据全球或区域共同面临的灾害、承灾体、致灾因子和孕灾环境，借助现有国际合作平台，分阶段、分步骤开展洪灾、地震、台风和干旱等农业巨灾风险分散工作。

3. 代理人制度

注册成立的农业巨灾风险分散管理公司实行委托代理人制度。委托代理是指被代理人委托代理人来行使部分权利，也就是国内外出资方都不直接参与公司的日常经营，聘请职业经理人进行公司的日常管理，所有权和经营权严格分离，投资人负责决策、监督和考核，经营人负责日常管理和经营，对公司经营目标负责。实行代理人制度应该是一种比较理想的选择，其主要原因：一是符合市场规则。市场经济发展到一定程度，所有权、经营权分离是总体趋势，可以避免所有权和经营权一致产生法人治理结构不完善等问题。二是符合国际惯例。我国现有的国际合作，要么是政府直接出面，要么是其委托代理组织开展合作，在合作的进程中，更多地体现政府意志，不利于国际合作的长期开展。如果实行代理人制度，就可以更多地按照国际惯例开展国际合作，避免不必要的政治麻烦。三是规避资源短缺。农业巨灾风险分散管理公司运行需要专业人才、技术和管理经验，而这些资源我国至少短期内是缺乏的。实行委托代理制度，聘请国际专业人才及团队，利用国内外先进的技术和管理经验，可以保证农业巨灾风险分散管理公司高效运营。此外，委托代理制度还体现在后续的农业巨灾保险（再保险）、基金、债券和巨灾金融衍生产品的运作方面，后文将进行详细介绍。

第八章　我国农业巨灾风险分散国际合作共生机制

在分析和总结国内外农业巨灾风险分散国际合作模式的基础上，本章以社会建构主义和共生理论为基础，对我国农业巨灾风险分散国际合作共生模式及其演进机理进行深入分析，在我国农业巨灾风险分散共生机制的基础上，对该领域国际合作共生机制进行探讨，设计我国农业巨灾风险分散国际合作路径，以期能够推动我国农业巨灾风险管理的发展。

第一节　我国农业巨灾风险分散国际合作共生基础理论

我国农业巨灾风险分散国际合作共生机制设计是基于建构主义理论、共生合作理论两个方面。

一　社会建构主义的共有观念合作理论

新现实主义、新自由制度主义和社会建构主义是国际合作三个代表性的理论。20 世纪 70 年代以来，随着国际政治与经济格局的转变，国际合作获得了强大的生命力，发展势头强劲。西方学术界纷纷从不同理论视角阐释国际合作的动因、模式与过程，形成了较有代表性的霸权合作论、国际机制合作论与共有观念合作论。

20 世纪 70 年代，国际合作理论开始发生改变，国际机制合作和霸权合作两大理论成为主流。后来随着亚历山大 · 温特的《国际政治的社会理论》一书的流行，国际政治社会建构主义（Const Ructivism）开始成为主流思想，给国际合作理论带来了新的研究思路。温特提出，合作不仅是基于物质基础，还存在精神层面的影响因素，在合作中，除了自身利益，成员之间的相互尊重、合作共赢的思想也极其重要。国际政治社会建构主义强调借助一些相似性变量来揭示各地区间冲突与合作的形成原因，如文化结构、共同观念、集体身份等。

温特认为国际社会的无政府状态是由国家建构的而不是天然既定的。社会建构主义颠覆了传统两新（新现实主义与新自由制度主义）的思想，认为世界上的一些观念（如行为习惯、规章制度、意识形态、文化传统等）都是由“共有观念”建构的，而不是本身存在的，也不是基于物质基础上的。国家之间都是独立的，对外来说，国家之间的合作也大多基于一些相似点，即“共有观念”；对内而言，各个国家公民的身份特征和利益追求也多取决于共有观念。国际社会的无政府状态是长期不断演化而来，是祖先们靠自己的实践劳动不断传承进而建构成的一种特殊文化。温特对这种特殊文化给予了进一步的解释，将其划分为霍布斯文化、洛克文化与康德文化三种国际无政府文化。霍布斯文化认为，国际社会几乎没有合作只有冲突，每个人都视对方为自己的敌方；洛克文化强调每个人都互为竞争对象，但各合作方也会因为一些共同利益而合作；康德文化和上面两种文化不同，提倡的是一种合作观念，认为合作才是长久之计，合作参与者应该秉持着“合作共赢”的观点。

但是，对于合作中的各个国家（或组织）来说，如何促进这样的合作，又如何维持这种关系呢？社会建构主义给出了答案：首先，整体观念体系建构内化个体观念。在这种制度结构中，国家试图将集体角色内化于自身的身份和利益之中，面对困难和问题时，不是孤注一掷，而是从集体角度出发，将合作的观念融入每个人的骨髓。其次，个体之间通过互动实践构建共有观念。随着社会的不断发展，国际文化结构也在不断改变。根据社会建构主义理论，国际体系结构经历了从霍布斯文化向洛克文化转变，再由洛克文化向康德文化转变的过程。国际社会文化结构的转变是由无数个体互动实践形成的，在转变中需要个体之间的互动交流，从而不断加强彼此之间的信任与合作。

共有观念合作理论改变了国际政治理论界长期忽视文化研究的局面，认为文化因素是建构国际合作的主要部分。然而这种说法显然站不住脚，社会建构主义合作论试图通过“共有观念”来解释国家（或组织）之间的合作现象过于牵强。首先，忽视了历史这一影响因素。“共有观念”探讨的是国家的身份与文化认同，而这些观念的形成势必与每个国家的历史发展分不开，不同历史文化背景的国家在认知和看待身份与利益上会存在很大差异，因此忽视国家历史文化背景会降低可信度。其次，对合作形成机制的解释过于片面化。共有观念合作理论认为只有在彼此互为朋友的康德文化下，才会建立真正、持久的合作。然而事实证明，许多合作都是在拥有不同价值观念的个体之间建立的，这种片面解释也会过于忽视其他因素。综上可知，共有观念合作理论是一种值得研究的新概念，但是在某些方面也存在不足之处，需要进一步完善和丰富。

二　共生合作理论

共生理论是关于不同物种的有机体之间的自然联系的理论。共生（Symbiosis）是生物学中的概念，由德国生物学家德贝里于1879年提出，指在一定共生环境中共生单元按某种共生模式形成的关系。共生合作现象存在于世界的方方面面，比如，国家、组织等都是合作共生的结果。袁纯清是我国最先将共生理论运用到社会科学领域的学者。共生理论是指人们在日常生活中通过共生介质建立起的相互依赖、和谐共生的关系，类比到农业巨灾风险分散机制上，就是指受灾农户、企业组织、国家、金融机构等共生单元彼此协作，互相帮助，共同应对农业巨灾风险的结果。

第二节　我国农业巨灾风险分散国际合作共生运行系统

目前我国农业巨灾风险分散主要依靠受灾农户自身负担、政府财政支出、农业巨灾保险、社会救助等途径，容易造成受灾农户无法承担巨额的农业巨灾损失，政府财政压力巨大，能支出的款项无法弥补巨灾损失，保险行业发展缓慢，巨大的损失也会让保险公司陷入困境，而社会救灾资金不足等问题随之而来。目前我国借助国际资源帮助解决农业巨灾的风险分散还十分有限，因此，参与国际合作，借助国际力量共同分散巨灾风险是我国农业巨灾风险分散的发展趋势。

一　农业巨灾风险分散国际合作共生单元、共生环境和共生模式

农业巨灾风险分散国际合作共生运行系统是由共生单元［国际组织、各国（地方）政府、NGO、专业机构、金融机构、中介组织等］、共生关系（包括共生组织模式和共生行为模式）和共生环境（包括国际巨灾环

境、国际关系环境、国际政治环境、国际经济环境、国际技术环境、国际社会环境等）三要素构成，共生单元是系统中的能量生产和交换单位，是系统得以正常运行的基本物质条件。共生单元根据规模和体制的不同可以分为供给者和需求者，供给者如国际组织、各国（地方）政府、NGO、专业机构［为分散巨灾风险专门成立的跨国（地区）机构、金融机构（包括保险、再保险、银行、证券公司、期货公司等）］；需求者如受灾国家（或地区）、受灾企业、个体受害者、中介机构等。随着我国对外开放逐渐深入，未来共生单元会朝着多元化的趋势发展。

农业巨灾风险分散国际合作共生环境是指农业巨灾风险分散共生单元所处的地理位置、风俗习惯、时间空间、受灾情况等因素构成的共生环境，农业巨灾风险分散国际合作共生环境包括国际巨灾环境、人文历史环境、法律政策环境、基础设施等。

共生单元相互作用的方式即农业巨灾风险分散国际共生模式，通过共生模式，各农业巨灾风险分散国际合作共生单元之间相互协作、资源互补，以达到目标，产生共生效益。根据不同的划分方式，共生模式有不同的分类，最为典型的是根据行为方式和组织模式进行分类，就行为方式而言可分为寄生共生、偏利共生和互惠共生；就组织模式而言可分为点共生、间歇共生、连续共生和一体化共生。如果对互惠共生进行细化，又可分为非对称性互惠共生和对称性互惠共生，互惠共生是共生的主要形态。农业巨灾风险分散国际合作共生模式不会一直保持不变，会随着共生单元性质和共生环境的变化而发生变化。

二　农业巨灾风险分散国际合作共生系统

农业巨灾风险分散国际合作共生系统是指在一定的灾害背景下，合作共生的国家或组织以一定的模式共生，彼此之间相互协调，相互作用，共同努力分散巨灾风险而形成的复杂系统。共生系统的三个组成要素之间存在以下关系：共生单元是基础，共生环境是外部条件，共生模式是关键。共生单元是农业巨灾风险分散国际合作共生系统中的构成要素，是系统的基础；共生环境是在共生关系建立过程中不可忽视的外部条件，无论是何种共生模式，都应该充分考虑环境因素；共生模式反映了系统中各要素之间的关系，包括各单元之间的交流方式、系统中物质信息的交换关系、各单元主体的义务和利益分配方式等，是系统得以正常运转的关键要素。任何一种共生系统都包含这三要素，缺一不可，三者之间的具体关系见图 8－1。

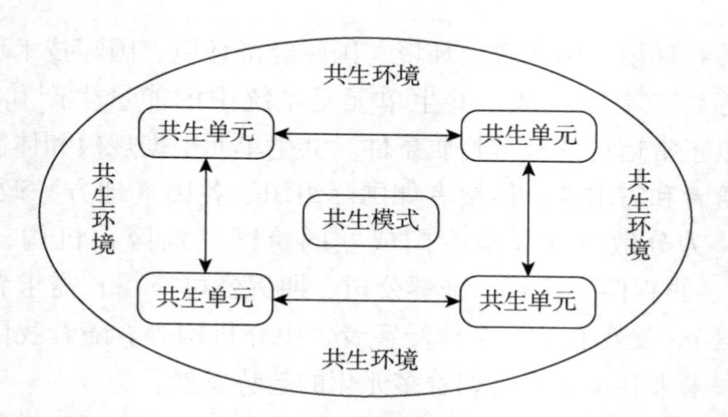

图8-1 农业巨灾风险分散国际共生合作系统模式

三 农业巨灾风险分散国际合作共生运行体系

在发生农业巨灾时，农业巨灾风险分散国际合作共生单元在共生环境的影响作用下，通过共生界面进行国际合作，进而来分散农业巨灾带来的损失风险。

作为共生单元之间各种信息的渠道，共生介质在共生单元之间起着物质或精神媒介的作用，也是影响共生系统效率和稳定性的关键因素。农业巨灾风险分散国际合作界面不是一成不变的，会随着时间和社会环境而改变，面对不同的自然灾害、不同的地域环境，共生介质都存在差异。现阶段我国农业巨灾风险分散国际合作共生介质主要是财政拨付资金、救灾物资、管理技术等资源，随着金融市场和资本市场的不断发展和科技的不断进步，共生界面会变得更加多元化（见图8-2）。

第三节 我国农业巨灾风险分散国际合作共生模式演进

由于农业巨灾风险正在日益增加，造成的损失也越来越巨大，加快国际合作应该早日提上日程，随着我国经济的不断进步和“一带一路”建设的推进，农业巨灾风险分散国际合作共生系统也会随着外部环境而不断演化、推进。

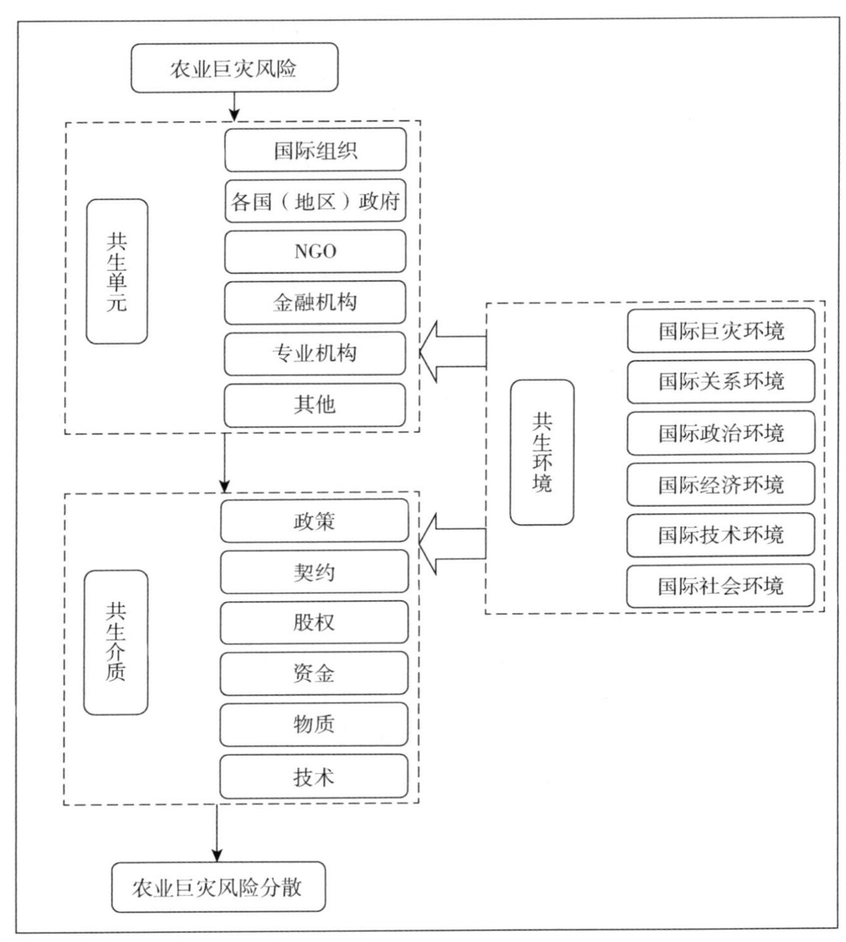

图 8-2　农业巨灾风险分散国际共生合作运行体系

一　共生行为模式演进

共生行为按级别可以分为非对称性互惠共生行为、对称性互惠共生行为、寄生共生行为、偏利共生行为四种类型。按合作性质划分，我国农业巨灾风险分散国际合作的共生行为主要有事务性共生行为（政策国际合作、捐助国际合作、技术国际合作和应急管理国际合作）和务实性共生行为（契约和股权国际合作）。

寄主与寄生者双边、单向交流的寄生共生行为，有利于寄生者的演化，但有可能无益于寄主，这类行为最为典型的就是社会捐助。偏利共生行为中最为常见的是政策国际合作、技术国际合作和应急管理合作，这种行为对一方有利，可使其加快进化创新，而对另一方无害，非获利方无补偿机制。非对称性互惠共生行为如农业保险共生行为，存在广谱进化式作用，从其公共产品属性的角度来说，对行为双方都是有利的，它已经超越了双边双向交流，还存在多边多向交流的可能。

现阶段我国农业巨灾风险分散国际合作共生行为多属于低级的共生行为模式，但是随着我国保险体制改革的深化，以国际巨灾保险（再保险）为代表的非对称性互惠共生行为得到了很好的发展，相比之前有了很大的进步。

未来我国农业巨灾风险分散国际合作共生行为模式在完善现有的建立在国际关系基础之上的政策国际合作、捐助国际合作、技术国际合作和应急管理国际合作等行为之外，还应该建立通过契约和股权形成的农业巨灾风险分散国际合作互惠共生行为模式（见表 8－1），互惠共生行为模式特别是对称性互惠共生是四种共生关系中最有效率、最有凝聚力且最稳定的共生形态，在形态、功能上是四种共生行为模式中最理想的类型。互惠共生行为模式可以通过建立在跨国（地区）契约和股权基础上的包括农业保险（含再保险）、农业巨灾证券化、行业损失担保、巨灾风险信用融资、或有资本票据和巨灾权益卖权等巨灾风险分散国际合作行为来实现。在互惠共生模式下，共生单元的交流机制是双向或多边的，它们通过合同、相互持有股权甚至合资的形式实现协同效应和乘数效应，实现信息、资金、技术、文化共享，还可以促进共生成员间的相互学习和支撑，减少市场风险，更有效地实现共生联盟的目标。

表 8－1　　共生行为模式演进

行为共生模式	成员信任			成员学习			成员激励		共生模式
	伙伴适合度	信息对称度	文化融合度	合作竞争能力	成员学习能力	学习环境氛围	激励效率	激励效果	
对称性互惠共生	高	高	高	高	高	高	高	高	国际股权共生 国际契约共生 国际技术共生 国际信息共生 国际资金共生 国际物资共生 国际政策共生
非对称性互惠共生	↑	↑	↑	↑	↑	↑	↑	↑	
偏利共生									
寄生共生	低	低	低	低	低	低	低	低	

二　共生组织模式演进

结合我国目前实际情况来看，我国当前的农业巨灾风险分散国际合作共生组织模式是属于点共生模式或者是间歇共生模式，其中政策国际合作、捐助国际合作、技术国际合作和应急管理国际合作共生行为单元的国际组织、各国（地方）政府、NGO、专业机构、金融机构、中介组织间的关系更多的是点共生和间歇性共生模式，这种模式具有随机性，没有特定的共生目标，相关共生单元在巨灾发生时就会以风险分散为纽带，以资源转移为原则，形成临时性的共生合作关系，一旦任务完成，这种关系就会自动解除，不复存在。

国际组织、各国（地方）政府、NGO、专业机构、金融机构、中介组织等共生单元在形成点共生模式之后，在合作期间彼此之间会加深了解，在信息共享、资金共享、物质共享、知识共享、技术共享等方面加强交流，进而随着日益频繁的接触，它们之间的合作会逐渐变得紧密，从而建立周期性的联系，固化已经形成的合作关系，但在时间上可能不具有持续性，以至一种不同于点共生积累的新的共生关系的最后形成，这就是间歇共生模式。间歇共生模式具有不确定性和不稳定性，故在这种模式下共生单元之间缺乏连续性交流，间歇共生模式缺乏统一管理，风险分散关系和利益分配关系不明确，无法反映出共生单元之间联系的必然性。

从长期看，我国的经济、技术都在不断发展，对外开放力度也在不断加强，“走出去”会是未来发展的一大趋势，农业巨灾风险分散国际合作模式也会逐渐从点共生、间歇共生模式逐步发展为连续共生组织模式与一体化共生组织模式，逐渐实现共生组织由“事务性共生组织”转变为“务实性共生组织”（见表 8 -2）。

实际上，间歇共生模式和点共生模式都属于“事务性共生组织”，“事务性共生组织”中国际合作共生单元主体仅仅以分散农业巨灾风险为主要目标，不用承担相应的责任和义务，而且目标完成即解散，是个临时性组织。一体化共生模式和连续共生模式多属于“务实性共生组织”。“务实性共生组织”是以股权契约等为条件形成的组织，该组织具有法人资格，组织成员需要承担一定的责任义务，共同面对困难，共同分享利益。这种模式在级别上更高，具有正常组织形式和权利，处于该模式下的共生单元地位平等，利益分配一致，具有连续性、形式多样的特点。

表 8－2　　共生组织模式演进

组织共生模式	组织协调			风险分散			组织管理		共生模式
	组织控制权协调度	组织结构合理度	组织效率	协议公信度	分散比例合理度	利益分配公平度	职能管理水平	关系资本管理水平	
一体化共生 连续共生 间歇共生 点共生	高 ↑ 低	高 ↑ 低	高 ↑ 低	高 ↑ 低	高 ↑ 低	高 ↑ 低	高 ↑ 低	高 ↑ 低	国际股权共生 国际契约共生 国际技术共生 国际信息共生 国际资金共生 国际物资共生 国际政策共生

第四节　我国农业巨灾风险分散国际共生合作机制

机制设计理论研究的是在一个相对自由、相对松散但彼此间相互制约、相互依赖的环境下制定规则来约束共生单元，使其最终的行为表现与设计的行为相契合。

农业巨灾风险分散国际合作共生机制是农业巨灾风险分散跨国（地区）单元之间通过资源、项目等的相互合作，彼此之间互利共生、相互协作，共同分散农业巨灾风险的一种结构关系和运行方式。共生机制的本质是主体间的内在联系。农业巨灾风险分散国际合作机制主要由共生政策机制、共生行为机制、共生组织机制和共生其他机制四个部门组成（见图 8－3）。

一　农业巨灾风险分散国际合作共生政策机制

由于农业巨灾损失的不可避免和损失巨大的特征，如果完全按照市场规则运行，必然会产生农业巨灾风险分散国际合作单元缺失的问题。另外，农业巨灾风险分散具有显著的正外部效应，可以参照国际通行准则，充分发挥农业巨灾风险分散国际合作政府政策机制的引导和激励作用。农业巨灾风险分散国际合作共生政策机制主要包括以下三个方面。

（一）财政政策机制

政府财政支持已经成为跨国（地区）农业巨灾风险分散的主要单元

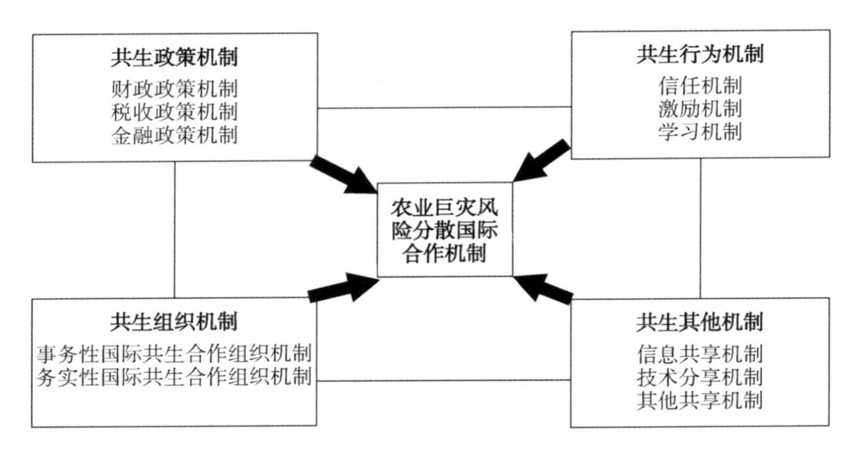

图8－3　农业巨灾风险分散国际合作共生机制

之一，主要有两种形式，一是财政救助，用于农业巨灾的灾中救助和灾后恢复重建；二是财政投入，用于巨灾风险预防和风险分散。今后，我国除了要形成财政农业巨灾风险救灾资金的稳定增长机制之外，还要优化政府财政救灾资金的使用结构，灾前预防的财政投入增加必不可少，还要逐步扩大我国的财政巨灾基金总量。同时，要考虑财政资金转化为股权进行运作，也就是说，用政府财政资金作为投入，采用全资、控股或参股等多种形式，开展跨国（地区）保险、再保险、债券、证券化等运作，参与我国农业巨灾风险分散活动。政府财政资金还应该对参与跨国（地区）农业巨灾风险分散的共生单元提供一定的财政补贴，包括对参保农户的保险补贴、保险和再保险公司的财政补贴、国际捐赠组织的财政补贴和农业巨灾产品经营金融机构的财政补贴等。

（二）税收政策机制

税收政策机制主要是指通过对跨国（地区）农业巨灾风险分散共生单元实行税收减免或税收优惠政策，来激励它们参与到农业巨灾风险分散共生行为中去，实现农业巨灾风险分散的目标。农业巨灾风险分散国际合作税收政策机制主要面临三个问题：一是跨国（地区）农业巨灾风险分散共生单元纳税问题，为实现跨国（地区）农业巨灾风险分散目的而设立的特殊机构转让巨灾风险时，其收益和损失的分散行为是否符合税收相关法律法规规定；二是具有跨国（地区）农业巨灾风险分散特殊目的的机构纳税行为是否符合税收相关法律法规规定的纳税义务；三是跨国（地区）农业巨灾风险分散投资者纳税问题，跨国（地区）投资者持有农业巨灾产品的利息收入以及资本所得是否应当缴纳所得税。

跨国（地区）农业巨灾风险分散税收机制可作以下设计：第一，国家（地区）税收方面给予帮助，对跨国的共生单元给予税收优惠或税收减免政策，让它们可以与外界特定机构进行交易。跨国（地区）农业巨灾风险分散投资者持有农业巨灾风险分散产品的利息收入以及资本利得可减免所得税，当然不同农业巨灾风险分散产品的利息收入和资本利得税收减免应当有所差异。第二，适当调整税率，根据外界环境的实际情况，对跨国（地区）农业巨灾风险分散共生环境进行调查，结合当地的经济发展状况和市场竞争情况相应调整优化营业税税基税率。对跨国（地区）农业巨灾风险分散产品实施分类差异化税收政策和差别税率，也可以设置不同的可扣除科目，对跨国（地区）农业巨灾分散产品分类实行税收减免。第三，调整准备金计提标准和优化所得税扣除项目。需要明确规定，在对各种准备金制定合理提取标准的前提下，允许跨国（地区）农业巨灾风险分散产品的机构或组织在应纳税年度合同项下的赔款支出项目予以扣除，特别要对跨国（地区）农业巨灾风险准备金的提取进行限定。除此之外，可以考虑在没有所得税或向发行人提供税务延期缴纳待遇的国家设立农业巨灾风险分散特殊目的的机构。

（三）金融政策机制

加勒比海地区、墨西哥、美国、日本等巨灾多发国家（地区）和我国台湾地区在金融支持灾后重建方面积累了较丰富的经验，形成了比较完备的保障体系，尤其是在跨国（地区）农业巨灾风险证券化方面值得我们学习和借鉴。跨国（地区）农业巨灾风险分散金融政策机制主要解决以下几个方面的问题。

（1）农业巨灾金融应急机制。建立跨国（地区）农业巨灾金融应急管理机制的目的是抢救受灾农户的生命和财产、保障受灾农户的基本生活和生产、恢复金融秩序和功能。突发农业巨灾下的跨国（地区）金融应急机制主要包括快速恢复金融功能、保障客户合法权益、缓解灾区群众还款压力等。

（2）农业巨灾灾后重建金融扶持政策。农业巨灾灾后重建是一个艰巨复杂的工程，资金的有效筹措和合理运作更是重中之重，因为农业巨灾灾后亟须大量的资金。目前我国政府在灾后恢复重建方面与国际还存在较大差距，主要是建立在政府主导的基础上，结合市场金融信贷、社会救助等多元化资金筹措机制。跨国（地区）农业巨灾灾后重建金融扶持政策主要包括灾后重建资金筹集与运作、金融扶持政策、资本市场融资政策、农业巨灾基金和农业巨灾保险等支持灾后重建政策。

（3）农业巨灾金融产品及衍生产品的开发。除了继续发展跨国（地区）农业巨灾保险、再保险、农业巨灾基金外，还需要根据我国金融市场的发展程度，适时开发包括跨国（地区）农业巨灾证券化、资本票据、巨灾风险信用融资等金融衍生产品，充分发挥金融市场的作用，有效分散我国农业巨灾风险。

二　农业巨灾风险分散国际合作共生行为机制

农业巨灾风险分散国际合作共生行为机制是实现跨国（地区）农业巨灾风险分散共生行为模式演变的关键因素，主要包括以下三个方面内容。

（一）信任机制

农业巨灾风险分散国际合作共生行为信任机制是指跨国（地区）农业巨灾风险分散共生单元之间基于风险分散愿意的基础上在合作方式、发展目标之间的信赖与依靠。依据基础不同，信任机制可分为制度信任和非制度信任，制度信任是建立在法理规则基础上的，强调的是制度性的约束；而非制度信任是以人际关系为依托，强调的是自觉遵守。国际农业巨灾风险分散合作共生单元因为受逆向选择、道德风险和信息不对称的影响，各国之间互相指责、产生误解的现象经常发生，共生单元之间的信任受到挑战，因此，建立良好的信任机制非常重要。建立有效的信任机制可以从下两个方面着手。

（1）制度信任机制

制度信任机制是一种行动机制，主要应用在人们相互交往过程中，也是一种功能化的社会机制，它嵌入制度和社会结构之中，使人与人之间产生合理的相互预期与认同，其关键是依赖于跨国（地区）组织成员对制度和规则的内化程度与认同程度。房莉杰（2009）在科尔曼理性分析范式的基础上提出新的信任形成模式，将制度信任的形成过程总结如图 8－4 所示。

制度信任有助于建立和谐社会，可以有效地降低跨国（地区）农业巨灾风险分散合作组织的经济运行成本。建立制度信任机制，需要做好以下几点。

第一，建立合同和产权形式的契约关系。

首先，跨国（地区）农业巨灾风险分散的国际组织、各国（地方）政府、NGO、专业机构、金融机构、中介组织等共生合作单元以契约为基础，通过签订合作合同，固化共生合作关系，明确共生合作的权利和义

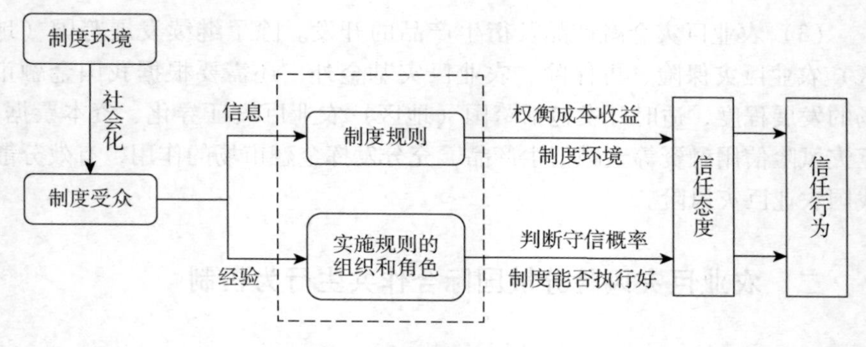

图 8-4 制度信任的形成过程

资料来源：房莉杰：《制度信任的形成过程——以新型农村合作医疗制度为例》，《社会学研究》2009 年第 3 期。

务。其次，以资金、资产、技术或专利等为纽带，共同发起成立公司，形成跨国（地区）各共生合作单元的产权紧密合作关系，共同承担风险和分享收益。

第二，建立和完善规则和制度。

跨国（地区）农业巨灾风险分散共生合作涉及单元较多，共生合作的环境较为复杂，道德风险、逆向选择和信息不对称等是共生合作经常出现的问题，因此，建立和完善跨国（地区）农业巨灾风险分散共生合作的规则和制度就很有必要。当前主要应解决的问题包括相关的法律、法规、体制、管理制度、运行流程等。

（2）建立非制度信任机制

非制度信任机制是人们在长期交易中无意识形成的，包括意识形态、风俗习惯、价值观念等精神层面的东西，具有持久生命力，并构成代代相传文化的一部分。建立农业巨灾风险分散国际合作共生非制度信任机制，首先要培养跨国（地区）人际之间的信任。人际信任可以起到提供精神激励和约束、降低制度制定成本与运行成本和交易成本、简化工作环节、提高工作效率、维持组织效能等作用，将复杂过程简化处理。农业巨灾风险分散国际合作共生合作单元除了建立血缘、亲缘等人际信任外，良好的声誉和企业的实力等是培育人际信任的基础，还要建立畅通的沟通渠道，保障信息的对称性是必不可少的，避免机会主义倾向，降低农业巨灾风险分散国际合作共生合作单元的交易成本，加强共生单元间的相互合作。

其次，培育道德信任。基于农业巨灾风险分散国际合作共生合作单元存在的道德风险，培育道德信任对农业巨灾风险分散国际合作共生非制度信任机制建设具有重要的意义。为此，一是要强化道德宣传和教育，加强道德约束和道德自律，避免由于机会主义行为带来更大风险。二是要监管农业巨灾风险分散国际合作共生合作单元转嫁自身风险的行为。而要监管风险转嫁行为，必须强化对农业巨灾风险分散国际合作共生合作单元的制度约束。三是在农业巨灾风险分散国际合作三类委托代理关系中，重点做好具体经办人员与共生单元下级机构和上级管理部门之间道德风险的监管。四是监管当局要严防共生单元第四类道德风险的产生，即在监管和被监管过程中，巨灾金融机构为了逃避监管当局的监管而采取的不合作或隐瞒重要事实、虚报相关数据等行为的发生。

最后，培育文化信任。农业巨灾风险分散国际合作共生合作单元基于背景差异，其文化业必然存在一定的不同，共生合作行为模式内的文化差异对共生合作单元价值观和行为会产生影响，不利于共生合作单元的相互信任。为此，各共生合作单元要本着国家和社会利益优先的原则，设计被各个共生合作单元认同的共同理念，打造得到共生合作单元认可的文化，消除彼此不信任的气氛，建立共生合作单元的信任文化，推动农业巨灾风险分散国际合作共生合作朝着互惠互利的共生模式演进。

（二）激励机制

激励机制一直都是被各行各业广泛运用的一种手段，在农业巨灾风险分散国际合作共生系统中是指共生中的主导者采用激励手段来管理共生单元之间的行为，使其相互制约、相互监督，以便系统持续稳定运行，完成最终目标的一种机制。激励机制会通过内在作用影响农业巨灾风险分散国际合作共生系统，使农业巨灾风险分散国际合作共生系统机能保持在一个相对稳定的状态。激励机制对农业巨灾风险分散国际合作共生系统的作用具有两种性质，即助长性和致弱性，也就是说，激励机制对农业巨灾风险分散国际合作共生系统具有助长作用和致弱作用。健全农业巨灾风险分散国际合作共生激励机制应从以下两个方面着手。

（1）激励手段设计。鉴于跨国（地区）农业巨灾风险分散承担风险的特殊性，不同的共生单元的利益诉求不尽相同，受灾国家通过农业巨灾风险分散国际合作来减少经济损失，国际组织、各国政府和 NGO 是通过农业巨灾风险分散来获得社会效益，没有直接的经济利益，保险等金融企业是通过农业巨灾风险分散国际合作来获得利润。激励手段的设计要以农业巨灾风险分散国际合作共生单元需要为中心，设计政策、利润、股权、精神等各类激励手段，从而产生一个以诱导因素为组合体，能够满足各个共生成员的不同需求的激励机制，实现农业巨灾风险分散国际合作共生的整个战略目标，保持参与共生单元利益和整个联盟的利益达到一致。

（2）行为归化设计。行为归化是指当农业巨灾风险分散国际合作共生成员存在违纪行为或者行为达不到标准时所采取的处罚行为。农业巨灾风险分散国际合作共生成员行为归化设计主要目的是约束共生成员行为，使共生成员符合国际合作共生组织的规则制度。行为归化设计主要涉及行为规范管理制度、激励和约束机制、共生组织文化等问题，实现农业巨灾风险分散国际合作共生成员组织同化的目的。

（三）学习机制

农业巨灾风险分散国际合作共生的学习机制是指为了提高共生成员的农业巨灾风险分散能力，对其进行学习培训、互相交流的过程。其主要内容包括以下四个方面。

（1）优化共生环境。共生环境是农业巨灾风险分散国际合作共生单元学习的外部推力之一，因此建设学习机制必须考虑环境因素，环境影响因素是外生变量，一般是不可控的，所以农业巨灾风险分散国际合作共生单元需要研究所处的共生环境存在什么样的机会和威胁。假设共生环境中存在较大的机会，但是仅仅凭借共生单元自身实力难以把握这样的机会；或者农业巨灾风险分散国际合作共生单元内的成员受到外部竞争者很大的威胁，只能借助于农业巨灾风险分散国际合作共生单元才能消除这种威胁，那么农业巨灾风险分散国际合作共生单元的成员就有积极构建学习机制的需求和热情。所以作为农业巨灾风险分散国际合作共生单元的管理者，应该合理利用共生环境影响因素来推动成员的学习积极性。

（2）成员的学习能力。这是学习机制的内部推动力。农业巨灾风险分散国际合作共生单元的学习能力包括：对待学习的态度和农业巨灾风险分散国际合作共生单元的资源。提高成员的学习能力不仅要重视基础设施等硬件，更要重视的是对人的影响，进而增强整个联盟的总体学习能力。农业巨灾风险分散国际合作共生单元应该重视投资信息系统和信息技术，在农业巨灾风险分散国际合作共生单元内建立技术信息交流中心，增强共生单元的信息素养能力，提高信息传递的完整性和效率性。农业巨灾风险分散国际合作共生单元的学习能力不仅可以减少知识缺乏或模糊性对农业巨灾风险分散国际合作共生的影响，也有助于增强整体共生组织的学习能力，从而向农业巨灾风险分散国际合作共生单元外部获取知识。

（3）成员的合作竞争能力。由于农业巨灾风险分散国际合作共生成员的历史文化背景存在差异，其文化差异会导致农业巨灾风险分散国际合作共生单元的学习能力下降，所以农业巨灾风险分散国际合作共生单元必须加强合作竞争能力。农业巨灾风险分散国际合作共生单元内部的学习机制通过合作竞争关系这一纽带联系在一起，从而使农业巨灾风险分散国际合作共生单元之间由原来单纯的竞争关系转变为合作共生竞争关系，通过共生组织成员的核心技术创新、优势互补和相互学习，共同提升共生组织成员的竞争能力。反过来，合作共生竞争能力提升又会推动农业巨灾风险分散国际合作共生成员形成更加密切的联系，这样就能够减少知识缺乏或模糊性带来的负面影响，从而使农业巨灾风险分散国际合作共生单元以整体利益为主体，摆脱本位主义的影响。

（4）共同目标。共同一致的共生目标可以有效促进农业巨灾风险分散国际合作共生单元学习机制的实行。明确有效的共生组织共同目标对农业巨灾风险分散国际合作共生成员学习机制的建设具有至关重要的作用，可以使共生组织成员通过协商，实现共生组织成员的目标与共生组织目标达成一致，有助于实现共生组织成员间建立长期、稳定、可靠、持续的学习预期目标。共同目标如果能够明确，农业巨灾风险分散国际合作共生组织内部成员应该尽量使其企业向共同目标努力，防止偏离目标。

总之，建立学习机制可以使农业巨灾风险分散国际合作共生组织成员不断创新，实现共生组织成员相互学习、优势互补、与时俱进，推动组织共生模式的演进与升级。

三　农业巨灾风险分散国际合作共生组织机制

按照救灾内容和作用不同划分，农业巨灾风险分散国际合作可以分为事务性国际合作和务实性国际合作，相应地，农业巨灾风险分散国际合作共生组织形式可以划分为事务性共生组织和务实性共生组织，它们为农业巨灾风险分散国际合作提供组织保障，以下结合两种组织形式探讨其机制问题。

（一）事务性共生组织机制

事务性共生组织是以分散农业巨灾风险为目标，以政策、物质、技术、信息等为介质形成战略联盟，组织中的联盟单元都是独立的个体或法人，在该组织形式下，组织成员没有约束，不用履行相应的责任和义务，这类组织具有边界界定不清、组织关系松散和灵活性好等特征，没有明确的层级和边界，随机性较强，组建过程也简单，一旦使命完成，该组织即迅速解散（见图8－5）

由于现阶段我国农业巨灾风险分散国际合作的事务性共生组织更多的

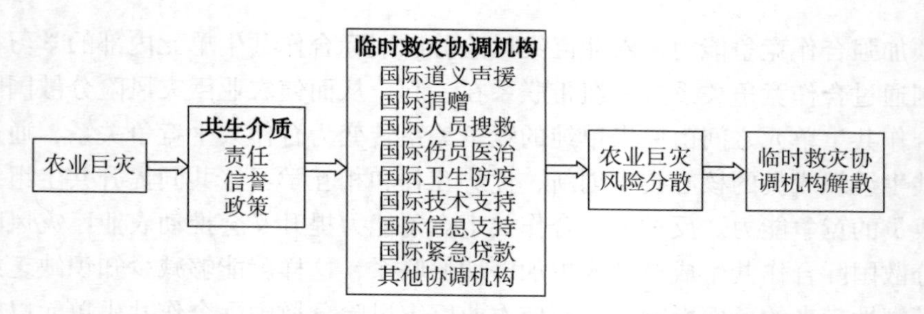

图8－5 事务性国际合作共生组织农业巨灾风险分散演化

是政府主导，所以其行政管理色彩比较浓厚，当农业巨灾风险发生时，共生单元在共生介质的作用下，成立临时农业巨灾救助机构，统一指挥领导共生单元的行为，努力分散农业巨灾风险，一旦使命完成，临时灾害救助机构这个事务性共生组织就会立即宣告解散。

由于事务性共生组织组织成员没有约束，不用履行相应的责任和义务，这类组织具有边界界定不清、组织关系松散和灵活性好等特征，没有明确的层级和边界，随机性较强，组建过程也简单，一旦使命完成，该组织即迅速解散，因此农业巨灾风险分散国际合作的事务性共生组织的管理机制建设刻不容缓。这里介绍两种建设途径：

一是组织领导。由于农业巨灾风险分散国际合作共生单元都是独立的法人或个体，所以在事务性共生组织中，各个共生单元地位没有高低之分，也不存在隶属关系，缺乏权威领导的牵头，但农业巨灾风险管理具有实施难度大的特点，需要有权威的领导者来指挥协调组织事务。我国农业巨灾风险管理事务性共生组织应该由国家减灾委员会牵头，作为农业巨灾风险分散的领导机构，管理减灾救灾相关事宜，根据各地区农业巨灾受灾程度和受灾范围，由国务院总理、副总理或省（自治区）的省长（自治区主席）担任第一把手，负责该地区的农业救灾工作，统一指挥，统一领导，建立专门机构负责不同事物，如财务管理部、救灾管理部、灾后重建部、减灾防御部等，共同分散农业巨灾风险。

二是组织协调。由于农业巨灾风险分散国际合作的事务性共生组织共生单元数量多且相互独立，其共生的形式多样，而且各个主体的受灾程度不同，诉求存在差异，这些就使事务性共生组织的协调难度加大。同时，根据各共生单元承担风险能力的状况，合理分散农业巨灾风险，还要考虑各共生单元分散农业巨灾风险的合理政治意愿和承受能力等问题。

通过组织内部建立和完善协商机制的方法来解决可能产生的冲突，最终顺利实现组织目标的机制即为协商机制。协商是组织协调的最重要方式。事务性共生组织通过协商，建立和完善内部沟通机制，统筹共生单元行为，避免共生单元冲突，实现事务性共生组织利益诉求。

协商机制的完善有两点途径：（1）建立良好的信息交换机制。在具体实施过程中，信息交换可能涉及灾情信息、物资信息、人员信息、灾害评估等各个环节，建立顺畅的信息沟通渠道，有效地进行相互交换和交流，是农业巨灾风险分散国际合作的关键。（2）建立完善的制度和程序，完善的制度有利于规范协商的过程，通过建立各级协商领导小组，层层监管，有序地解决巨灾带来的复杂和突变的问题。

（二）务实性共生组织机制

农业巨灾风险分散国际合作的务实性共生组织，是以分散农业巨灾风险为目标、以契约股权等共生介质形成的具有法人效力的组织。其边界清晰、层级清晰、共生单元之间关系密切、管理规范，该组织中国际合作共生单元独立承担责任，共担风险，共享利益（见图 8－6）。

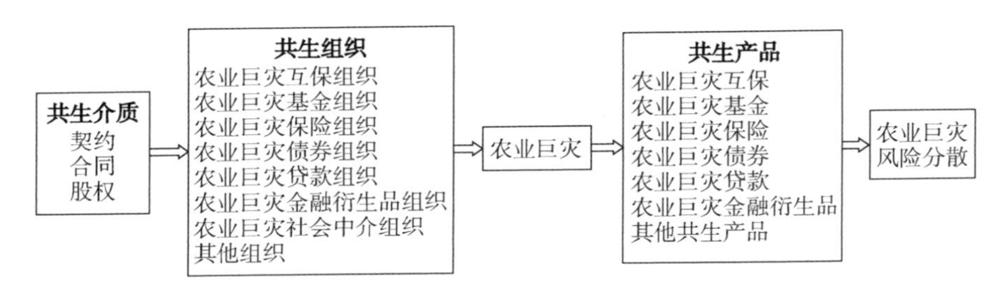

图 8－6　务实性国际合作共生组织农业巨灾风险分散演化

我国农业巨灾风险分散国际合作的务实性共生组织也兼具市场机制与行政管理的特点，但是相比事务性共生组织，务实性共生组织在市场机制方面比较突出，说明我国农业巨灾风险分散国际合作的务实性共生组织正在向市场机制转变。共生单元在契约、股权等共生介质的作用下，成立务实性共生组织，一旦农业巨灾发生，通过农业巨灾产品来分散农业巨灾风险，务实性共生组织具有持续性，一旦成立便不会解散。

四　农业巨灾风险分散国际合作其他共生机制构成

农业巨灾风险分散国际合作共生机制是一个系统工程，不仅包括政策机制、行为机制、组织机制，还包括信息共享机制、技术共享机制和服务共享机制等。

（一）农业巨灾风险分散信息国际合作共享机制

农业巨灾风险分散信息国际合作共享机制是指跨国（地区）农业巨灾风险分散信息在各共生单元间的集成、传播的过程。农业巨灾风险分散信息国际合作包括环境、地理、经济、社会、救灾物资储备、灾害监测预警、灾情信息、救灾信息（含人员、物资、财务等）、评估信息、重建信息等信息共享。

由于国际合作共生系统存在共生单元数量众多、信息传递缓慢、管理混乱等问题，严重影响办事效率，还会造成信息冗余、资源分配不合理、社会混乱等问题，从而给救灾带来许多不便。为了解决这些问题，建立信息共享平台就显得非常有必要。

信息共享平台主要由两部分构成（见图 8－7），一部分是常规信息，主要包括环境、地理、经济、社会等信息，救灾物资储备和灾害监测预警等信息，这些信息在灾害没有发生的情况下也会存在，常规的信息分别由跨国（地区）环境、地质、气象和地震部门负责。另一部分是非常规信息，主要包括灾情信息、救灾信息（含人员、物资、财务等）、评估信息、重建信息等，这些信息只有在灾害发生的情况下才会产生。非常规信息由临时救灾协调机构负责，临时救灾协调机构下设专门的信息管理部门，具体负责灾情信息、救灾信息、评估信息、重建信息和其他信息的收集、整理、集成、交流和对外发布等工作。以上两个部分共同构成了农业巨灾风险分散信息国际合作共享平台，采用 GIS 地理信息 Web 服务标准，实现了跨国（地区）的灾害数据共享和农业巨灾风险分散国际合作信息共享，为农业巨灾风险分散国际合作决策和资源合理、有效配置提供支撑。

农业巨灾风险分散信息国际合作共享平台是建立在计算机网络基础上，融入信息、数据、图像等介质，提高农业巨灾风险分散效率的一种信息系统，该系统主要包括：信息收集平台、通信平台、多媒体人机交互指挥平台、农业巨灾预警系统、应急救援信息系统、信息综合查询系统、地理信息系统等。

为了保障农业巨灾风险分散信息国际合作共享平台的正常运作，一旦发生了农业巨灾，临时救灾协调机构除了要对非常规信息进行收集、整理和集成外，还需要整合常规信息，通常的做法是开设一个专门的网站，设计常规信息和非常规信息两大模块，常规信息模块只需要与相关跨国（地区）环境、地质、气象和地震部门的专业网站做链接，非常规信息模块需要临时救灾协调机构下属信息管理部门进行专门的收集、整理、集成和

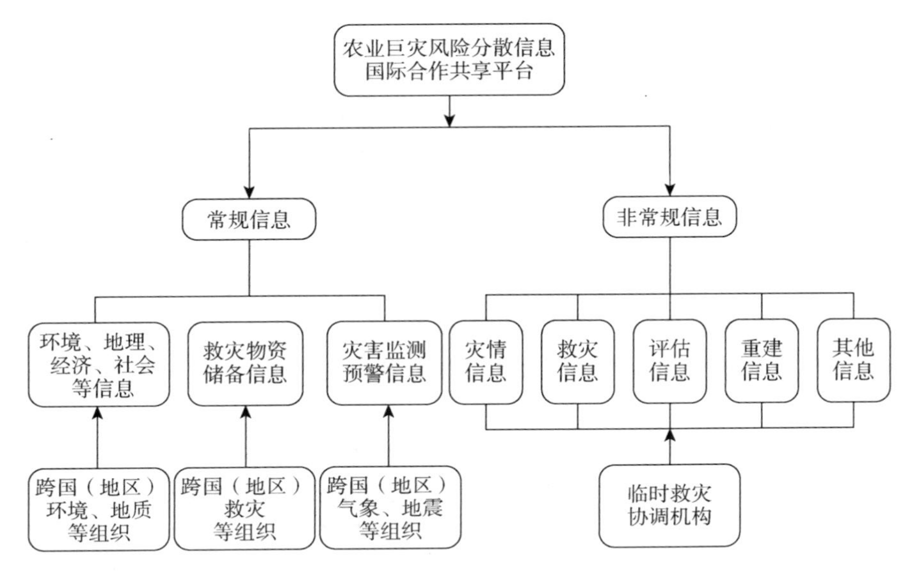

图 8－7　农业巨灾风险分散信息国际合作共享平台

发布，实现农业巨灾风险分散信息国际合作单元内部和外部共享。

（二）农业巨灾风险分散技术国际合作共享机制

1. 农业巨灾风险分散技术国际合作

随着科技的进步，农业巨灾风险分散技术能够全面有效地提升农业巨灾风险的分散能力。农业巨灾风险分散技术国际合作是指在农业巨灾风险分散过程中，为跨国（地区）农业巨灾风险分散提供工具、工艺和方法等的总称，包括防灾减灾技术、救灾技术、信息技术、金融技术等。在现代技术日益发展的今天，农业巨灾风险分散对技术依赖越来越强，作用也越来越明显。国家防灾减灾科技发展“十二五”专项规划指出，依据《国家中长期科学和技术发展规划纲要（2006—2020 年）》规划的科技发展任务，根据《国家综合防灾减灾规划（2011—2015 年）》提出的农业巨灾风险分散科技需求，做好稳定支持基础研究，加强农业巨灾风险分散应用技术开发、装备研制和集成示范，重点开展打造农业巨灾风险分散科技平台、建设农业巨灾风险分散研究基地、培养专业人才队伍等工作。

农业巨灾风险分散信息技术国际合作是指有关跨国（地区）农业巨灾风险分散数据与信息的应用技术，农业巨灾风险分散信息技术国际合作主要包括农业巨灾风险分散信息发布交互平台、监控与记录、安全子系统、电源子系统、遥测、遥控子系统、无线指挥通信系统等。

农业巨灾风险分散金融技术国际合作是指随着现代技术的发展，技术对农业巨灾风险分散的金融国际合作支撑作用增强，技术与农业巨灾风险分散金融国际合作结合紧密，农业巨灾风险分散国际合作技术创新与金融创新相互依存、相互促进、共同发展的客观现象与动态过程。从功能视角来看，农业巨灾风险分散金融技术国际合作主要表现为：扩大农业巨灾风险分散金融国际合作运作空间、改变农业巨灾风险分散国际合作金融形态和手段、提高农业巨灾风险分散国际合作金融配置效率和降低金融运行成本。从目前农业巨灾风险分散国际合作的金融技术来看，主要涉及农业巨灾基金、保险和再保险产品及其相关技术，随着资本市场的不断发展，我国未来的发展将会朝着农业巨灾债券和金融衍生产品及其相关技术的方向前进。

2. 农业巨灾风险分散技术国际合作共享机制

农业巨灾风险分散技术国际合作共享是指根据一定的规则，跨国（地区）技术开发者和使用者使农业巨灾风险分散技术最大化的创新和扩散，使农业巨灾风险分散技术创新成本更低，传播速度更快，影响范围更广。

农业巨灾风险分散技术国际合作需要在农业巨灾风险分散共生单元内部实现共享，包括国际组织、各国（地方）政府、NGO 等。只有充分了解和掌握这项技术，才能够有效地加以利用，做好农业巨灾预防工作，在农业巨灾发生的时候尽量减少灾害损失，加速灾后恢复和重建。

建立农业巨灾风险分散技术国际合作共享机制，要做好以下四点。

一是由于农业巨灾风险分散技术具有公共属性，所以，政府的投入和牵头是必不可少的，政府除了要拿出专项开发资金进行技术研发外，还应该组织和协调相关企业、科研院所、社会组织和个人进行技术研发。

二是创新信息共享组织模式。创新是未来发展的必由之路，积极创新信息共享组织模式能更加有利于农业巨灾风险分散，比如技术项目合作模式、技术基金合作研发模式、技术联合体合作模式等多种创新模式。

三是激励技术研发机制。激励可以给农业巨灾风险分散技术国际合作共享者提供必要的动力源泉，避免农业巨灾风险分散技术国际合作共享者动力不足的问题。农业巨灾风险分散技术国际合作共享机制需要重点解决好技术创新者的合理回报的问题，合理的回报既包括经济效益的回报，也包括社会效益的回报，通过给予农业巨灾风险分散技术国际合作共享者合理回报，实现农业巨灾风险分散技术国际合作的持续共享和创新。

四是农业巨灾风险分散技术评估机制。农业巨灾风险分散技术国际合作共享的评估机制是提升共性技术共享程度的重要途径之一，农业巨灾风险分散技术国际合作共享评估机制需要公正、公平、公开。农业巨灾风险分散技术国际合作共享评估机制包括风险评估、过程评估、绩效评估三部分。

第五节 我国农业巨灾风险分散国际合作共生合作实现路径

由于农业巨灾风险分散国际合作共生系统十分复杂，在实现过程中会不断演化，具有动态性、目的性、复杂性等特点，因此必须通过一定的路径依赖才能够实现建立农业巨灾风险分散国际合作共生机制。路径依赖最早是由 Paul A. David 提出的，此后多位学者在此基础上开展了深入的研究，渐渐地在多个领域形成了路径依赖理论体系。综合国内外对路径依赖的不同解释，本书认为路径依赖是指某些特定系统因为惯性的作用，一旦进入某个路径，就会在该路径上不断地自我强化，并锁定在这一路径上。

本书在共生理论和路径依赖理论的基础上，从事务性和务实性两种国际合作模式类型出发，结合我国目前农业巨灾风险分散国际合作现状，探讨我国农业巨灾风险分散国际合作的实现路径。

一 事务性农业巨灾风险分散国际合作实现路径

农业巨灾风险分散事务性国际合作是指就跨国（地区）农业巨灾风险分散政策、捐赠、学术和技术交流、人员培训、合作研发、国际援助、人员搜救和医疗卫生救治等事务性工作开展的国际合作，这是目前我国农业巨灾风险分散国际合作的主流。

事务性农业巨灾风险分散国际合作路径是基于我国现有的农业巨灾风险分散国际合作基础，依托现有的国际合作组织和平台，按照规定的机制和流程进行农业巨灾风险分散国际合作（见图 8－8）。

在发生农业巨灾的情况下，农业巨灾风险分散的社会公民、国际组织、各国（地方）政府、NGO、金融机构和中介组织等共生单元在一系列共生机制（如共生政策机制、共生行为机制、共生组织机制等）的作用下，借助共生介质（如责任、资金、信息等），运用国际道义声援、国际捐赠、国际人员搜救、国际伤员医治、国际卫生防疫、国际技术支持、国际信息支持、国际紧急贷款等共生产品开展农业巨灾风险国际分散。

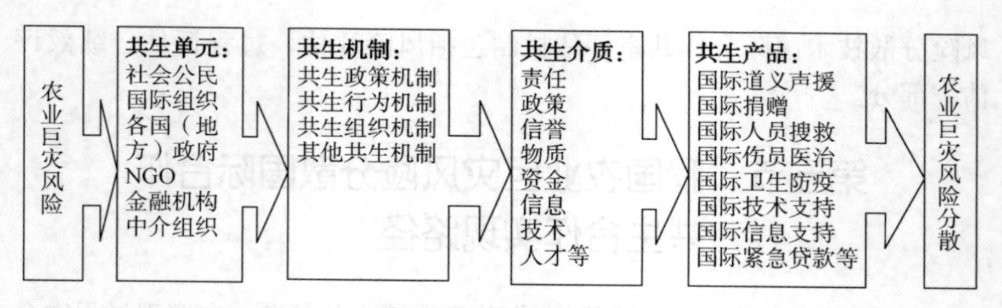

图 8-8 事务性农业巨灾风险分散国际合作实现路径

二 务实性农业巨灾风险分散国际合作实现路径

务实性农业巨灾风险分散国际合作是指利用现代金融手段（如农业巨灾保险、再保险、农业巨灾基金、巨灾债券和其他金融衍生产品）来分散农业巨灾风险的国际合作，这类国际合作模式在我国开展的案例非常有限，是今后我国农业巨灾风险分散国际合作的重点，也是本书研究的重点。

务实性农业巨灾风险分散国际合作路径是以股权为纽带，将农业巨灾风险分散的各个主体有机联系起来，合作各方可以形成较为紧密的合作关系，合作主体可以依据现代公司治理的规则享受相应的权利和义务，还可以明确合作各方的风险和收益（见图 8-9）。

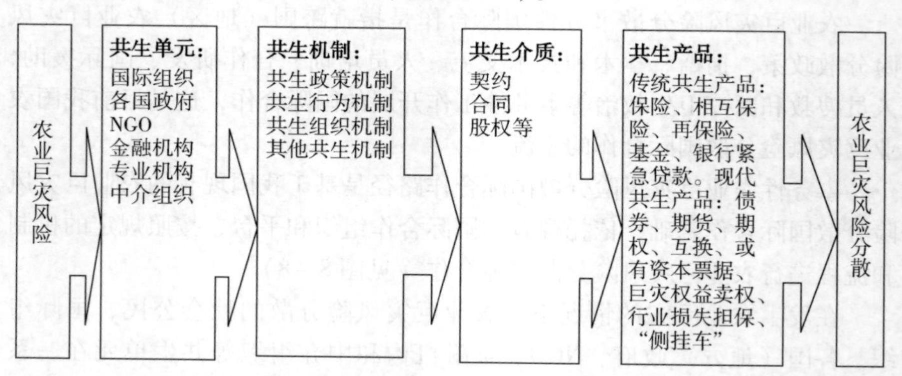

图 8-9 务实性农业巨灾风险分散国际合作实现路径

在发生农业巨灾的情况下，农业巨灾风险分散国际合作的共生单元在一系列共生机制（如共生政策机制、共生行为机制、共生组织机制等）的作用下，通过共生介质（股权、契约等）的作用，运用传统共生产品

（保险、相互保险、再保险、基金、银行紧急贷款等）和现代共生产品（债券、期货、期权、互换，或有资本票据、巨灾权益卖权、行业损失担保、“侧挂车”）开展农业巨灾风险国际分散。

总之，尽管事务性农业巨灾风险分散国际合作路径是目前我国农业巨灾风险分散的主流活动，但不可否认的是，事务性农业巨灾风险分散国际合作具有不稳定性，一次性规模和影响有限，而且更多地以事后救助为主，所以其局限性较大。务实性农业巨灾风险分散国际合作主要通过现代金融手段实现农业巨灾风险的跨国（地区）分散，该国际合作路径可以通过事先设计、筹划和运作，一次性规模和影响较大，稳定性较强，一旦农业巨灾条件触发，就会启动自动设计程序，实现规范运作，而且受政治、意识形态的影响较小。所以，实现事务性农业巨灾风险分散国际合作路径向务实性农业巨灾风险分散国际合作路径的转移是必然的趋势，这取决于我国社会、政治、经济在国际社会的影响，金融市场和资本市场的发育程度和农业巨灾风险分散的需求和政策等，从目前的情况来看，以上条件已经初步具备，可以预言，务实性农业巨灾风险分散国际合作时代已经到来。

第九章　我国地震农业巨灾风险分散国际合作债券设计

实质性的农业巨灾风险分散国际合作体现在合作项目上，而农业巨灾风险分散国际合作项目最终体现在产品的设计和开发上，这也是目前国际合作最为缺乏的。首先要做好产品选择，主要围绕地震、台风、干旱、水灾等农业巨灾，开发保险、再保险、基金、债券、证券化等巨灾国际合作产品。由于时间和篇幅有限，本著作基于“一带一路”倡议，选取我国地震农业巨灾风险分散国际合作债券和台风农业巨灾风险分散国际合作基金两类产品进行设计。

本章在文献述评的基础上，基于“一带一路”倡议对地震农业巨灾国际合作债券的运行机制、触发机制和债券定价机制三个部分进行研究。

第一节　文献述评

20 世纪 90 年代以后，巨灾风险发生频率逐渐增高、损失程度不断上升，由于巨灾损失分布具有高度相关性和厚尾性，满足不了保险经营所需的大数法则，通过传统保险市场进行巨灾风险分散并不奏效。即便是借助于再保险市场容量，也难以支持巨灾损失赔付。实务领域逐渐出现了一些新型的风险转移工具，试图通过资本市场进行巨灾风险分散（D’Arcy & France，1992）。1994 年，汉诺威再保险公司发行了全球第一只总额 8500 万美元的巨灾风险债券（Swiss Re，2001），巨灾风险债券开始受到资本市场投资机构的青睐，也成为巨灾保险和再保险的重要补充形式。

20 世纪 90 年代，国内外学者对巨灾保险衍生品定价进行了一些探讨，这个时期的研究主要是基于巨灾保险损失分布进行巨灾保险衍生品和债券定价，在定价时有的是在无套利框架下进行（Cummins & Geman，1995），有的是假定利率确定的情况下，以对数正态分布作为巨灾保险损失分布，计算债券价格（Litzenberger，1996）。

在已发行巨灾债券的基础上，学者们利用巨灾债券市场价格构建巨灾债券定价模型，在对巨灾债券市场多年观察的基础上，构建了巨灾风险债券收益模型（LFC 模型），即巨灾债券收益等于期望损失与风险负载之和。但经过市场观测，该模型风险负载部分条件期望损失得到的统计估计结果并不理想，Lane & Beckwith（2008）建立了保费、期望损失和周期指数之间的线性关系，从而作为巨灾债券定价的线性模型。

Wang（1995）和 Christofides（2004）均通过概率变换进行实证定价，不同的是 Christofides 将资本市场与保险市场中的风险划分为系统性风险和非系统性风险，其定价模型比 LFC 模型的精度要高。Wang（2004）通过双因子 Wang 变换将损失超越曲线转换为价格曲线，并用 t 分布替代标准正态分布以描述巨灾的厚尾特征，并利用市场数据得到模型参数，从相关学者的实证研究中得以证实，该模型精度高于 Christofides 模型。谢世清（2011）基于保险精算定价的视角，从巨灾的厚尾性、模型性质、度量指标、风险层次等方面比较了 LFC 模型、Wang 转换模型、Christofides 模型和 Wang 两因素模型。

Cox 和 Pedersen（2000）在非完全市场环境下构建了巨灾风险债券均衡估值体系。Jin-Ping Lee 和 Min-The Yu（2002）基于随机利率基础上，运用未定权益模型进行巨灾债券定价，并在模型中考虑了道德风险、基差风险和违约风险因素。施建祥和邬云玲（2006）利用非寿险精算估计台风巨灾风险，运用资本资产定价模型和债券定价原理进行了台风灾害债券定价研究。Reshetar（2008）通过估计巨灾损失联合分布参数，利用蒙特卡洛模拟进行多事件息票巨灾风险债券定价。

在巨灾债券定价过程中，学者们对利率变动过程和巨灾损失分布进行了一些假设，如李永等（2012）假定利率遵循 Vasicek 模型，并基于 Copula 函数进行了多事件触发机制的巨灾风险债券定价模型。Nowak 和 Romaniuk（2013）分别利用 Vasicek、Hull-White 和 CIR 三种利率模型，并借助蒙特卡洛模拟进行了巨灾风险债券定价。

在构建巨灾风险债券定价过程中，学者们对巨灾风险损失的分布形式也有不同的假定。如 Litzenberger 等（1996）在确定利率情况下，假设巨灾损失服从对数正态分布，Zajdenweber（1998）假定巨灾损失分布服从 Levy 分布从而进行巨灾债券定价。Jin-Ping Lee 和 Min-The Yu（2002）假设随机利率和累计损失服从复合齐次泊松过程，从而进行巨灾风险债券定价。Ma 和 Ma（2013）在随机利率假设下，利用复合非齐次泊松损失过程计算巨灾风险债券价格。马超群和马宗刚（2013）在 Vasicek 和 CIR 利率模型条件下，拟合巨灾损失分布和索赔抵达强度，并利用 Panjer 离散递归算法进行了巨灾债券定价。黄建创（2011）运用极值理论中的广义 Pareto 分布拟合我国地震损失分布，利用未定权益模型进行地震巨灾债券定价。展凯等（2016）利用农作物受灾、成灾和绝收面积估计农业灾害损失，拟合农业灾害损失分布，并利用极值理论中的 POT 模型进行巨灾风险债券定价。梁来存和皮友静（2018）运用极值理论拟合农作物灾害损失尾部分布，并进行巨灾界定的定量分析。近年来，有不少国内学者将极值理论运用到各种巨灾风险尾部分布的拟合过程中（卓志，2013；耿贵珍、朱钰，2016；肖海清、孟生旺，2013；巢文、邹辉文，2017；周延、屠海平，2017）。

第二节 地震农业巨灾债券运行机制

巨灾债券（Catastrophe Bond，CAT）是指保险公司、再保险公司、政府部门等借助相关金融机构，将巨灾风险转移到具有较大风险容纳能力的资本市场时以巨灾损失为标的发行的一种中长期债券，是保险、再保险、政府部门进行风险转移和损失补偿的高效渠道之一。

巨灾债券以巨灾风险损失为基础而运行，其与资本市场上其他分散或对冲金融风险的工具不相关，这也使巨灾债券为众多投资者所青睐。对于巨灾债券，在巨灾债券的期限内，如果没有达到约定的触发条件，投资者可以拿回本金并能获得一定的收益作为回报；如果达到了约定的触发条件，投资者将会损失部分乃至全部本金，损失的本金部分可以作为巨灾债券发行者进行巨灾风险损失补偿的资金来源。巨灾债券为巨灾风险发生后的损失补偿提供了灾前融资渠道，能够将巨灾风险损失在资本市场众多投资者之间进行分散。

一 农业巨灾风险管理公司

为增加我国在该农业巨灾风险管理公司中的话语权和保障我国在国际合作模式中的领导地位，我国可以作为发起国家，利用现有的国际合作组织和平台（如“一带一路”、上合峰会、东盟地区论坛、东亚峰会等）积极进行宣传和招募农业巨灾风险管理公司出资者，可以适当提高我国的出资比例和股权份额，以保持我国在该国际合作公司中的控股地位。

基于“一带一路”区域合作平台，中国可以与相关国家借助多边机制，在巨灾风险防控与管理领域探索合作渠道与方式。如相关巨灾风险严重的国家政府、组织、企业和公民可以共同出资，在境外金融市场和资本市场高度发达的国家或地区注册成立农业巨灾风险管理公司，为保障合作成员间的利益共享与风险分散，赋予合作成员一定的责任与话语权，新成立的农业巨灾风险管理公司可以采取股份制，各成员国或者地区以股份多少作为风险与利益分担的基础。

"一带一路"区域中，1986—2015 年地震次数发生在 14 次以上的国家，主要有印度、印度尼西亚、中国、伊朗、巴基斯坦、土耳其、日本、阿富汗、俄罗斯和马来西亚 10 个国家。

汇聚上述 10 个国家、企业、组织等参与者的资金，组建农业巨灾风险管理公司，采取委托代理模式，下设综合管理事业部、农业巨灾再保险事业部、农业巨灾基金事业部、农业巨灾债券事业部和其他农业巨灾金融衍生产品事业部，通过职业经理人进行管理。各部门之间可以加强信息沟通和交流，对于特定巨灾风险种类通过各事业部的相关经验技术，在进行风险建模时，可以借助或委托国际上著名的风险管理公司，如全球风险研究公司（AIR Worldwide）、EQE 巨灾风险管理公司（EQECAT）、风险管理公司（RMS）等进行巨灾风险建模、风险评估和巨灾风险工具定价。

二　地震农业巨灾债券运行机制

地震农业巨灾债券发行的 SPV（Special Purpose Vehicle）机构可以由农业巨灾债券事业部替代，直接进行地震农业巨灾债券的发行工作。农业巨灾再保险事业部收取成员国、成员保险公司、成员再保险公司的巨灾再保险费。农业巨灾债券事业部对发行债券募集的资金提留一定风险准备金，在保障资金安全性和流动性的前提下，通过信托机构进行短期投资并获得一定的收益。

地震农业巨灾债券运行机制具体如图 9－1 所示。

如果约定的地震巨灾事件（触发条件）发生，则由农业巨灾债券事业部对发生地震巨灾风险的国家或地区、保险公司、再保险公司等进行再保险赔款，以降低国家或地区、保险公司、再保险公司的风险脆弱性。如果约定事件未发生，农业巨灾债券事业部需要对债券投资者支付约定的投资回报，以作为投资者事先缴纳投资款项的收益。通过地震农业巨灾债券的运行，为保险业、再保险业管理农业巨灾风险提供了新的融资渠道，扩充了保险、再保险公司的风险承担能力，通过事前融资和事后的及时赔偿为地震农业巨灾风险提供了专业而充分的准备。

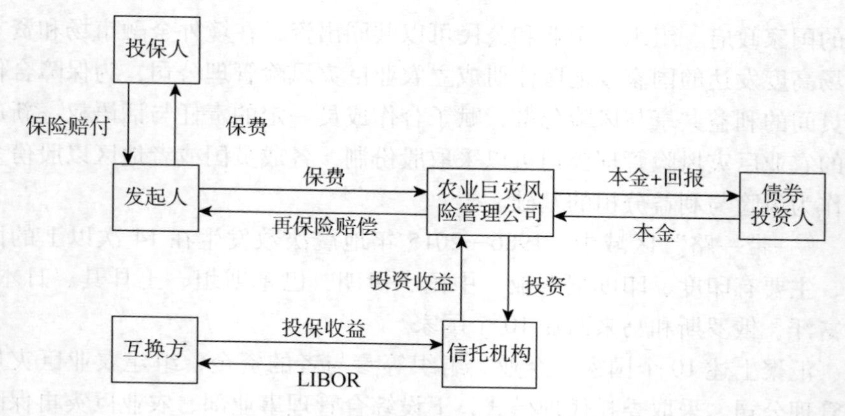

图 9－1 地震农业巨灾债券运行机制

第三节 地震农业巨灾债券触发机制

巨灾债券在设计中需要对触发条件进行事先规定与设置，以此判断到期时对巨灾债券投资者的利息或本金的支付与否以及支付多少。

关于巨灾债券的触发机制一般有损失触发、指数触发和纯参数触发三大类，而损失触发可以分为实际损失和模型化损失两种，指数触发有行业指数和参数指数两种，故巨灾债券主要有五种触发形式。不同的触发条件会导致基差风险和道德风险的大小不同。损失触发有效降低了基差风险，指数触发和纯参数触发则可以降低道德风险，却以产生较高的基差风险为代价。

一 损失触发

约定巨灾时间的某一实际损失额作为赔付条件，当损失达到或超过该触发值时，对实际损失进行一定程度的赔偿，基差风险不存在，但是道德风险存在，且在巨灾事件发生后计算实际损失需要耗费较长时间，赔付不能及时进行。模型化损失利用已有的巨灾损失模型，将巨灾事件的相关参数代入模型计算得到模型化巨灾损失，并以此判断是否达到触发条件。这种情况下，基差风险的高低依赖所选择的损失模型。

二　指数触发

需要借助专业的行业损失指数如 PCS 指数，以整个保险业的损失替代单个保险公司的实际损失，作为触发巨灾债券本息支付的标准。参数指数是指利用巨灾的相关物理参数，如风速、震级、规模等进行综合计算后得到综合参数值作为触发条件。指数触发不易产生道德风险，但参数与实际损失之间会存在一定的不一致，导致基差风险的产生。

三　纯参数触发

以与巨灾事件相关的物理条件或者参数作为触发条件，这种触发条件以客观存在的参数作为触发条件，不会导致道德风险的发生，但可能会导致较大的基差风险。

综合分析上述触发条件之后，为使地震农业巨灾债券的赔付避免基差风险，本章在进行地震农业巨灾债券设计时选择实际损失作为触发条件。

第四节　地震农业巨灾债券定价过程

一　理论基础

（一）极值理论

极值理论是概率统计的重要分支之一，可以解决传统的分布函数不能有效拟合具有厚尾性特征的样本数据问题。20 世纪初期，极值问题最初由德国统计学家 L. von Bortkiewicz 提出，他指出正态分布中样本的最大值和最小值是服从新的分布的随机变量。随后 R. A. Fisher 和 L. H. C. Tippet（1928）提出 Frechet、Weibull 和 Gumbel 三种分布是极值分布的标准分布形式。截至 1955 年，A. F. Jenkinson 将极值理论用于风险研究领域，提出了广义极值分布（GEV），用统一的参数形式表示以上三种标准分布。最初的极值理论针对样本数据的最大值和最小值进行研究，会浪费大量样本数据，随后学者们提出了阈值，并以超越阈值以后的数据作为极值分布研究的对象，在一定程度上降低了数据的浪费情况。

极值理论主要有 EVT 模型和 POT（Peaks over Threshold）模型，区别在于 EVT 模型需要对样本数据分组，从每组中选取最大值作为新的样本数据，也称为区组最大方法（BMM），这样的处理方法会造成大量样本数据的浪费，分布拟合的优劣依赖组数的多少，对于具有周期性或季节性特征的数据需要采用这种方法。POT 模型是采用一定的方法确定一个阈值，将阈值和大于阈值的样本数据即数据的尾部进行分布拟合，能够最有效地利用样本数据。本书主要运用 POT 模型进行分布拟合。

广义帕累托分布（GPD，Generalized Pareto Distribution），是针对超过阈值的样本观测值进行拟合的渐进分布。假设随机观测值的分布函数为 $F(x)$，u 为设定的阈值，将超过阈值之后的变量构成新的样本 $\{X_t\}$，$(t=1, 2\cdots, n)$，随机变量在超过阈值 u 之后条件分布函数为 $F_u(y)$。

$F_u(y)=p(x-u\leqslant y \mid x>u)$，$x\geqslant 0$，超出损失 $y=x-u$，则经过变换之后可以得到 $F(y)=F_u(y)(1-F(u))+F(u)$

其中随机变量 x 的平均超出量函数 $e(u)=E(x-u \mid x>u)$。接下来需要对条件超量分布函数 F_u 进行估计。Balkema 和 Haan（1974），Pickands（1975）提出用来估计条件超量分布函数 F_u 的一类渐进分布，即广义帕累托分布（GPD）。

Pickands-Balkema-Haan 定理：给定足够大的阈值 u，对于一大类分布 F 的条件超量分布函数 F_u，存在非退化分布函数 $H_{\xi,\sigma}$，使：

$$F_u(y)=H_{\xi,\sigma}(y),\ u\to\infty \tag{9-1}$$

其中：

$$H_{\xi,\sigma}=\begin{cases}1-\left(1+\dfrac{\xi}{\sigma}y\right)^{-\frac{1}{\xi}}, & \xi\neq 0\\ 1-\exp\left(-\dfrac{y}{\sigma}\right), & \xi=0\end{cases} \tag{9-2}$$

$H_{\xi,\sigma}$ 为广义帕累托分布，u 为位置参数，σ 为尺度参数，ξ 为形状参数，$\xi\geqslant 0$ 时，$y\in[0, \infty]$；当 $\xi<0$ 时，$y\in\left[0, -\dfrac{\xi}{\sigma}\right]$。$\xi$ 决定了 GPD 分布的尾部形状，ξ 越大则尾部越厚，ξ 越小则尾部越薄。

令 $x=y+u$，可以得到广义帕累托分布的概率密度函数：

$$H_{\xi,\sigma}(x)=\begin{cases}\dfrac{1}{\sigma}\left(1+\dfrac{\xi}{\sigma}x\right)^{-1-\frac{1}{\xi}}, & \xi\neq 0\\ \dfrac{1}{\sigma}\exp\left(-\dfrac{x}{\sigma}\right), & \xi=0\end{cases} \tag{9-3}$$

则对数似然函数 $L(\xi, \sigma \mid x)$ 可以表示为：

$$L(\xi,\sigma\mid x)=\begin{cases}-n\ln\sigma-\left(1+\frac{1}{\xi}\right)\sum_{i=1}^{n}\ln\left(1+\frac{\xi}{\sigma}x_i\right),\ \xi\neq0\\ -n\ln\sigma-\frac{1}{\sigma}\sum_{i=1}^{n}x_i,\ \xi=0\end{cases}\tag{9-4}$$

用 N_u 表示观测值中大于阈值 u 的个数，则 $F(x)$ 在 $x>u$ 时可以表示为：

$$\begin{aligned}F(x)&=F_u(y)(1-F(u))+F(u)\\&=\begin{cases}\frac{N_u}{N}\left(1-\left(1+\frac{\xi}{\sigma}(x-u)\right)^{-1/\xi}\right)+\left(1-\frac{N_u}{N}\right)\\ \frac{N_u}{N}(1-e^{-(x-u)/\sigma})+\left(1-\frac{N_u}{N}\right)\end{cases}\end{aligned}\tag{9-5}$$

$$=\begin{cases}1-\frac{N_u}{N}\left(1+\frac{\xi}{\sigma}(x-u)\right)^{-1/\xi},\ \xi\neq0\\ 1-\frac{N_u}{N}e^{-(x-u)/\sigma},\ \xi=0\end{cases}\tag{9-6}$$

（1）阈值 u 的选取

POT 模型中阈值 u 的选取决定了拟合 GPD 分布的样本量的大小，会直接影响到 GPD 参数的估计，其实是模型的准确性与方差之间的选取。u 值过大，得到的有效数据较少，会导致方差较高，参数估计值对数据敏感性过高；u 值过小，模型的渐进性得不到保障，会导致估计得到的参数有偏差（Coles，2001）。常见的 u 值估计方法有四种，即 Hill 图法（Hill，1975）、样本平均超出量函数图法（Reiss & Thomas，2007）、变点理论确定阈值法（Zhou et al.，2007）和峰度法（Pieere Patie，2000）。

（2）Hill 图法

假设 $X_{(1)}>X_{(2)}>\cdots>X_{(n)}$ 表示独立同分布的正的顺序统计量，n 是样本容量，厚尾样本数据尾部分布的形状参数 ξ 的倒数为尾部指数，Hill 图展示的是尾部分布的形状参数 ξ 与阈值的位置 k（阈值为第 k 个最大值）之间关系的图形。尾部指数即尾部分布的形状参数的 Hill 估计量为：

$$H_{k,n}=\frac{1}{k-1}\sum_{i=1}^{k-1}\ln X_{i,n}-\ln X_{k,n}=\hat{\xi}\quad 此处\ k\geq2\tag{9-7}$$

式子经过变形可以得到：

$$H_{k,n}=\frac{1}{k}\sum_{i=1}^{k}(\ln X_{i,n}-\ln X_{k+1,n})\tag{9-8}$$

由点 $(k,H_{k,n}^{-1})$ 构成的曲线即 Hill 图，依据图形的变化，可以选择在图中选取第一个尾部指数的平稳区域，以该平稳区域的起始点对应的样本数据值 $X(k)$ 作为阈值 u。

（3）样本平均超出量函数图法

样本平均超出量函数（MEF）为：

$$e(u) = \frac{\sum_{i=1}^{n}(X(i) - u)}{\sum_{i=1}^{n} 1_{\{X_i > u\}}} \tag{9-9}$$

点 $(u, e(u))$ 构成的散点图即为样本平均超出量函数图。假定 u_0 为临界阈值，则 $u \geqslant u_0$ 时，散点图呈线性逼近，则此时的 u_0 可以作为阈值。通过样本平均超出量函数图可以判断样本数据的尾部特征。如果样本平均超出量函数图趋向无穷大，即样本平均超出量函数图斜率为正（意味着样本数据的尾部分布的形状参数 ξ 为正），则样本数据尾部分布呈现厚尾性特征；如果斜率为负，意味着样本数据的尾部分布的形状参数 ξ 为负，则样本数据呈短尾性；如果散点图呈水平状，即尾部分布的形状参数 ξ 为0，则样本数据服从指数分布。

（4）变点理论确定阈值法

鉴于 Hill 图和样本平均超出量函数法确定阈值存在一定的主观随意性，Zhou 等（2007）引入变点理论对 Hill 图确定的阈值进行改进。拐点即模型中某个或某些量起突然变化的点。对于独立的随机变量序列，在拐点之前序列服从某一分布，拐点之后序列服从另一分布。

Dalarong 等证明了几乎所有的厚尾分布都可以用分布族近似表示：

$$F(x) = 1 - ax^{-\alpha}(1 + bx^{-\beta}) \tag{9-10}$$

其中 a，b 为尺度参数，α，β 为尾部指数。根据分布族函数形式和 Hill 估计量（$\gamma(k)$）的均值和方差，可以得到 Hill 估计量的回归模型为：

$$\gamma(k) = \beta_0 + \beta_1 k + \varepsilon_k \tag{9-11}$$

对模型进行修正，两边同乘$\sqrt{k}$消除异方差性，并对消除异方差性后的新模型进行最小二乘估计，得到 Hill 估计量的平稳序列模型。拐点（变点）的位置 k 满足 $k_1 < k < k_2$，不会小于 k_1（k_1 为样本容量的5%），也不会超过样本位置的二分之一$\left(k_2 \leqslant \frac{n}{2}\right)$，拐点处的 Hill 估计量较趋于直线处的平稳序列有着较大的方差。

用变点理论法确定阈值主要分三步：

第一步：根据 Hill 估计量回归模型计算残差项 ε_k

第二步：计算 Hill 估计量的标准差：

$$\hat{s}=\sqrt{\frac{1}{k_2-k_1}\sum_{k=k_1}^{k_2}e_k^2}$$

第三步：确定最优阈值点 K

$$K=\max\{k:|\varepsilon_k|\geqslant 3\hat{s}\}$$

（5）峰度法

前两种阈值 u 的选择方法是依据散点图的形状和斜率来确定，精确度较差。Pieere Patie（2000）提出了阈值选取的方法峰度法，相较前述两种方法，峰度法简单、直观且操作性强。

具体计算过程：计算出样本数据的均值 $\overline{X}_n$ 和峰度 K_n，比较样本峰度与 3 的大小关系，如果 $K_n\geqslant 3$，剔除使 $|X_i-\overline{X}_n|$ 最大的 X_i，重复上述步骤，直至新的样本数据峰度小于 3，然后将峰度小于 3 的新样本数据的最大值作为阈值 u 的估计值。

其中峰度：
$$K_n=\frac{\frac{1}{n}\sum_{i=1}^{n}(X_i-\bar{X})^4}{(S_n^2)^2} \tag{9-12}$$

$$S_n^2=\frac{1}{n-1}\sum_{i=1}^{n}(X_i-\bar{X})^2,\ \bar{X}=\frac{1}{n}\sum_{i=1}^{n}X_i \tag{9-13}$$

（二）利率期限结构模型

利率是影响债券价格的重要因素之一，最初在对金融衍生品进行定价时，采用确定利率进行简化计算，这与利率变动的实际情况并不相符。20 世纪七八十年代，学者们设计了一些利率模型来描述利率的变动过程，最有名的是 Vasicek（1977）和 Cox，Ingersoll，Ross（1985）提出的 Vasicek 模型和 CIR 模型。本书运用 CIR 模型进行巨灾债券定价，在此仅介绍 CIR 模型。

Cox，Ingersoll，Ross（1985）提出了 CIR 模型，在一个跨期资产市场均衡模型中描述利率的期限结构模型，解决了 Vasicek 模型可能产生负利率的缺陷。CIR 模型认为利率同样围绕一个平均值进行波动，但是利率的标准差与利率的平方根之间成正比关系，即利率越高，其波动性越大，利率越低，其波动性越小。

$$dr_t=a(b-r_t)dt+\sigma\sqrt{r}dZ_t \tag{9-14}$$

其中 a 为均值回复度量，即短期利率回复长期均值 b 的速度，σ 为利率波动参数，r_t 为 t 时刻的瞬时利率，Z_t 为维纳过程，dZ_t 表示在 Δt 时间间隔内 Z 的变化，$\Delta Z=\sqrt{\Delta t}\,\varepsilon$，其中 ε 服从标准正态分布，ΔZ 服从均值为0，方差为Δt的正态分布。如果引入风险的市场价格概念，则利率的变动过程可以表示为：

$$dr_t = a^*(b^* - r_t)dt + \sigma\sqrt{r}dZ_t^* \tag{9-15}$$

其中，$a^* = a + \lambda_r$，$b^* = \frac{ab}{a + \lambda_r}$，$\lambda_r$表示利率风险市场价格，为一常数，对市场中任何债券均相同。Z^*服从标准布朗运动。

在该利率动态模型下，无风险债券的价格可以表示为：

$$P(t,T) = A(t,T)e^{-B(t,T)r(t)} \tag{9-16}$$

其中

$$A(t,T) = \left[\frac{2we^{\frac{(w+a)(T-t)}{2}}}{(w+a)(e^{w(T-t)}-1)+2w}\right]^{\frac{2ab}{\sigma^2}} \tag{9-17}$$

$$B(t,T) = \frac{2(e^{w(T-t)}-1)}{(w+a)(e^{w(T-t)}-1)+2w} \tag{9-18}$$

$$w = \sqrt{a^2 + 2\sigma^2} \tag{9-19}$$

（三）巨灾损失模型

假定面值为1的零息票巨灾债券，用PF_t表示巨灾债券到期时的赔付，则：

$PF_t = \begin{cases} 1 & L_T < D \\ p & L_T \geqslant D \end{cases}$，其中$L_T$表示巨灾债券到期时的总损失，$p$表示当总损失达到触发条件$D$时，支付给巨灾债券持有者的一定比例的本金$p$。

在对该巨灾债券进行定价时，总损失的过程和模型借鉴Bowers，Gerber，Hickman，Jones和Nesbitt（1986）提出的遵循复合泊松过程的总损失模型。用L_t表示巨灾债券发行人的总损失，可以表示为：

$$L_t = X_1 + X_2 + \cdots + X_{N(t)} = \sum_{i=1}^{N(t)} X_i \tag{9-20}$$

假设t时刻损失发生的次数$\{N(t)\}$服从强度为λ的泊松分布，X_i表示第i次巨灾导致的损失，X_i之间相互独立，且服从同一GPD分布。则巨灾损失小于损失触发值D的概率为：

$$P(L_T \leqslant D) = \sum_{j=0}^{\infty} e^{-\lambda T}\frac{(\lambda T)^j}{j!}F^j(D) \tag{9-21}$$

$F^j(D) = P(X_1 + X_2 + \cdots + X_j \leqslant D)$为巨灾损失分布的$j$次卷积，其中巨灾损失分布服从GPD分布。

二　定价过程

（一）数据描述性统计

本书数据主要来源于紧急灾难数据库（EM - DAT），该数据库搜集了全球的自然灾难和人为灾难数据。其中自然灾难数据分为五个子类，涵盖了15种自然灾害类型。EM - DAT数据库收集的灾难数据至少需要满足以下四个条件之一：（1）报道的因灾死亡人员大于等于10人；（2）报道的灾难影响到的人员大于等于100人；（3）灾难发生国家或者地区宣布处于紧急状态；（4）灾难发生国家或者地区请求国际救助。

笔者收集到1986—2015年10个国家（印度、阿富汗、中国、日本、俄罗斯、印度尼西亚、伊朗、巴基斯坦、土耳其和马来西亚）地震灾害事件，对每次地震灾害事件发生的年、月、日及地点、震级、地震经济损失、死亡人数、严重影响人数等数据进行整理，得到1981—2018年10个国家共计193条地震灾害数据。

由于地震巨灾损失是用美元表示的，且年份跨度较大，需要将地震巨灾损失进行价格指数调整。从EPS数据库中收集历年美国CPI指数，以2016年为基数，将历年CPI调整至2016年，计算得到CPI调整指数，并将地震经济损失进行CPI调整。以调整后的地震经济损失作为地震农业巨灾风险的度量指标。

首先对10个国家地震风险进行简单的统计分析，对1981—2018年38年的数据进行简单描述分析，从发生次数上看，38年间，共记录了上述10个国家193次地震灾害事件，地震震级分布在里氏3.2—9.1级；从经济损失额度看，最小值为2000美元，最大值为2100亿美元；从因灾死亡人数看，最小值为0，最大值为165708人；从受灾影响人数看，最小值为329人，最大值为45976596人。38年间，上述10个国家因地震造成经济损失累计5440.01573亿美元，因灾死亡累计528855人，受地震灾害影响累计123270065人。从发生次数上看，记录的中国38年间的地震灾害次数为66次，在10个国家中最多，地震灾害发生最为频繁，其次为印度尼西亚和日本。以中国作为地震灾害风险管理发起成员具有较大的现实意义和迫切性。

在进行地震巨灾债券定价时，选取上述10个国家1986—2015年的数据作为分析对象。经过筛选后，获得1986—2015年10个国家的地震灾害数据。从EPS数据库得到1980—2016年的美国所有项目消费者价格指数

(2010 = 100)，并将此消费者价格指数调整至 2016 年，得到 CPI 调整指数，对 1986—2015 年 10 个国家的地震经济损失进行 CPI 调整。利用调整后的损失数据进行巨灾债券定价分析。

本书旨在研究地震农业巨灾损失，如果直接运用上述 10 个国家 1986—2015 年的 159 个样本数据进行概率分布拟合，会导致较大的偏差，因此需要对数据进行初步处理，剔除地震农业经济损失金额在千万美元以下的样本数据，得到 1986—2015 年共 129 个样本数据，以此作为损失分布拟合的样本数据。对 129 个样本数据进行描述性分析，得到 1986—2015 年千万美元以上地震农业损失频数统计表（见表 9 - 1）。

表 9 - 1　1986—2015 年 10 个国家地震农业损失发生频数

发生次数	0	1	2	3	4	5	6	7	8	9	10	11	12
样本频数（以年为期间）	0	3	6	5	3	5	3	2	0	2	0	0	1

假设地震发生次数服从泊松分布，强度参数为 λ，概率分布函数为：

$$P\ (x=n)\ =\frac{\lambda^n}{n!}e^{-\lambda}，其中\ n=1，2，3\cdots$$

根据泊松分布的特征，地震发生次数的期望等于泊松分布的强度参数 λ，即

$$\lambda=\frac{\sum 地震发生次数\times 频数}{\sum 频数}$$

依据 1986—2015 年地震发生次数和频数表可以计算得到 λ 的值为 129/30 = 4.3。

为便于数据分析，接下来对地震农业经济损失在千万美元以上的 129 个样本数据进行描述性统计分析（见表 9 - 2）：

表 9 - 2　地震农业巨灾损失数据描述性统计

均值	标准差	最小值	最大值	极差	中位数	偏度	峰度	变异系数
493.6540	2555.2	1.0068	22407	22406	17.6132	6.9719	53.8186	5.1761

从样本数据描述性统计表中可以看出，样本数据偏度大于 0，峰度大于 3，为右偏厚尾数据。结合图形进行说明，从样本数据与正态概率图的

比照中可以看出，对样本数据进行正态分布估计，生成以估计参数的正态分布的随机数据，如图9－2，可以看出样本数据尾部位于正态分布之上，即表示样本数据呈右偏。

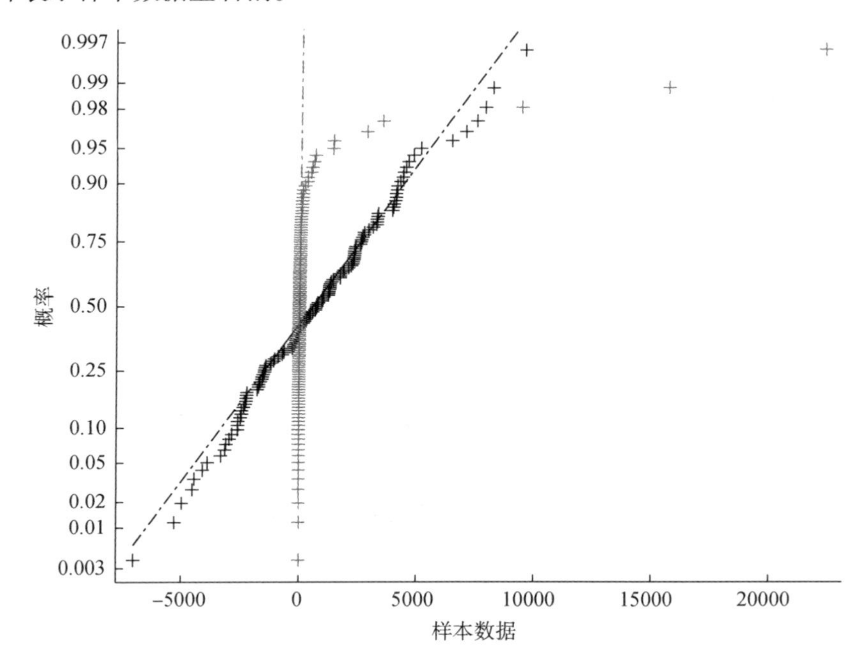

图9－2　样本数据正态概率

对地震巨灾农业损失数据进行作图处理，得到频率直方图和经验分布函数图，见图9－3、图9－4。

从地震农业巨灾损失数据的频率直方图和经验分布函数图可以看出，该样本数据的偏度为6.9719，远远大于0的特征，样本数据严重右偏，具有明显的厚尾性。峰度为53.8186，远大于3，可见样本数据尖峰厚尾特征明显，符合巨灾风险分布特征。为进一步检验样本数据的厚尾性特征，有必要绘制QQ图和样本平均超出量函数图。

QQ图是通过比较经验分布与理论分布的一致性的一种作图分析方法。如果指定的参数化的理论分布对样本数据的拟合效果较好，则QQ图呈线性化趋势。通过QQ图可以直观地判断参数化的理论分布拟合样本尾部分布情况的好坏。选择正态分布为理论分布时，如果样本数据是厚尾的，则在样本数据右端点的顶部或者左端点的底部QQ图显示为一条曲线。假定理论分布为指数分布，若样本数据来源于指数分布，则QQ图为近似线性；若样本

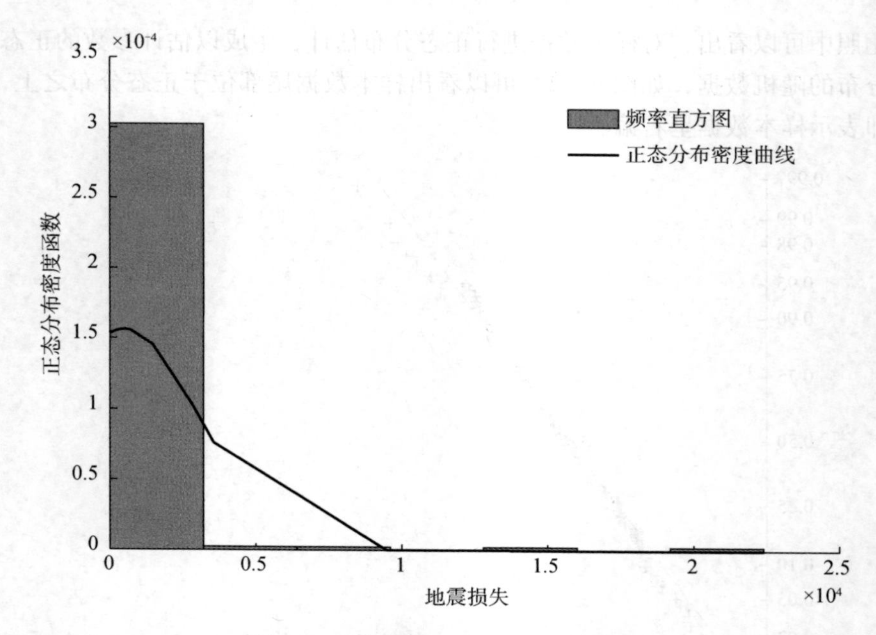

图9-3 地震农业巨灾损失频率直方

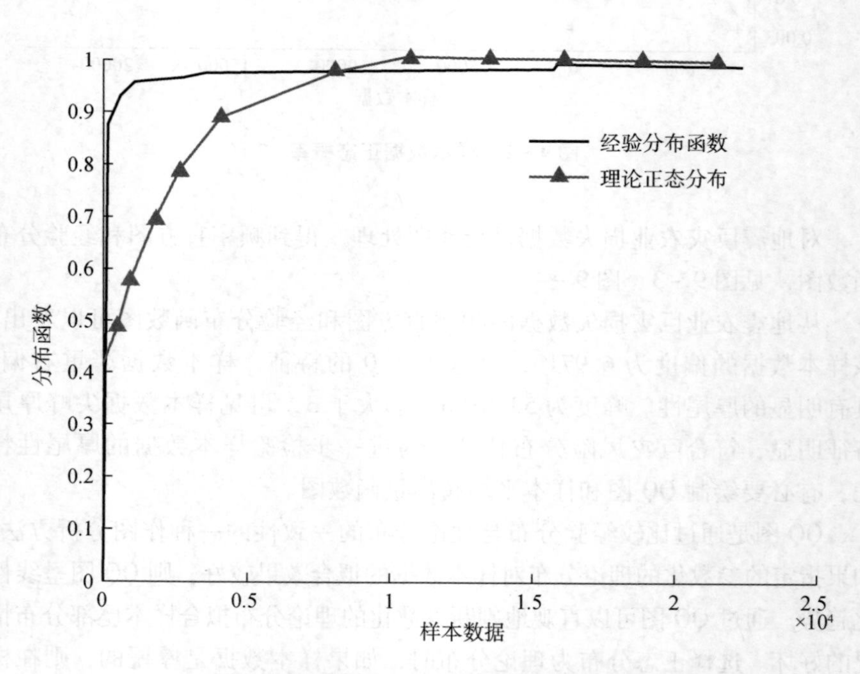

图9-4 地震农业巨灾损失经验分布函数

数据为厚尾性，则 QQ 图表现为上凸；若样本数据为薄尾性，则 QQ 图表现为下凸。相应理论分布假设下样本数据的 QQ 图见图 9－5 与图 9－6。

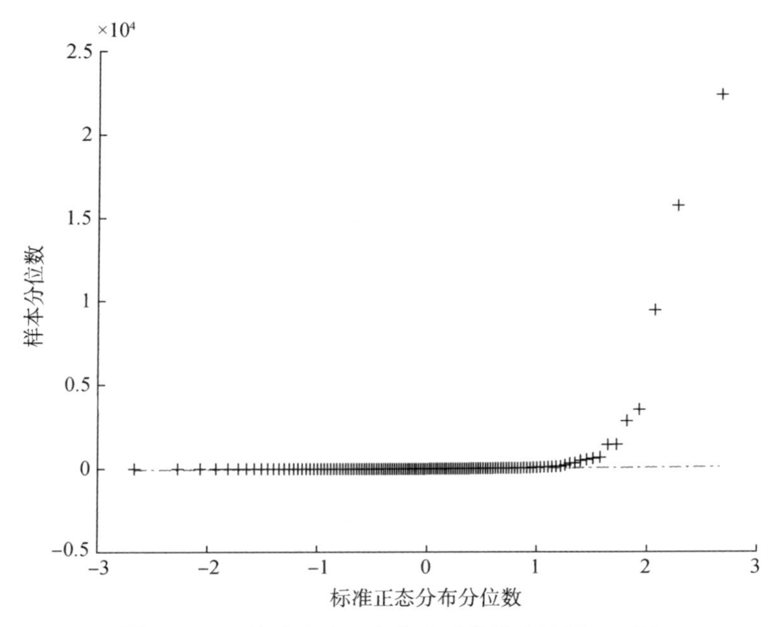

图 9－5　理论分布为正态分布时的样本数据 QQ 图

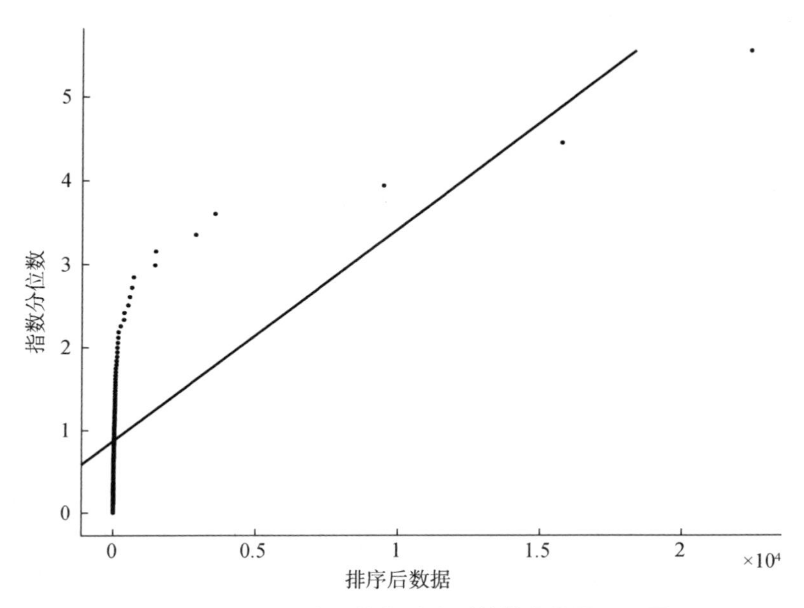

图 9－6　理论分布为指数分布时的样本数据 QQ 图

由图9－5可知，与标准正态分布函数相对照，样本数据的QQ图的右端点底部显示为一条曲线，即样本数据为厚尾的。样本平均超出量函数图可以观察样本数据的尾部特点，同时也可以作为阈值选取的依据。

由图9－6可知，与指数分布相对照，样本数据的QQ图表现为上凸，即样本数据为厚尾。图9－7的样本平均超出量函数图是忽略了25个样本数据最大值之后得到的图形，从图中可以清晰地看出，样本平均超出量函数图趋向无穷大，呈现出正斜率的线性图。当忽略的最大值个数接近阈值时，该正斜率的线性特征会更加明显，这一特征在后文确定阈值的部分会有所体现。

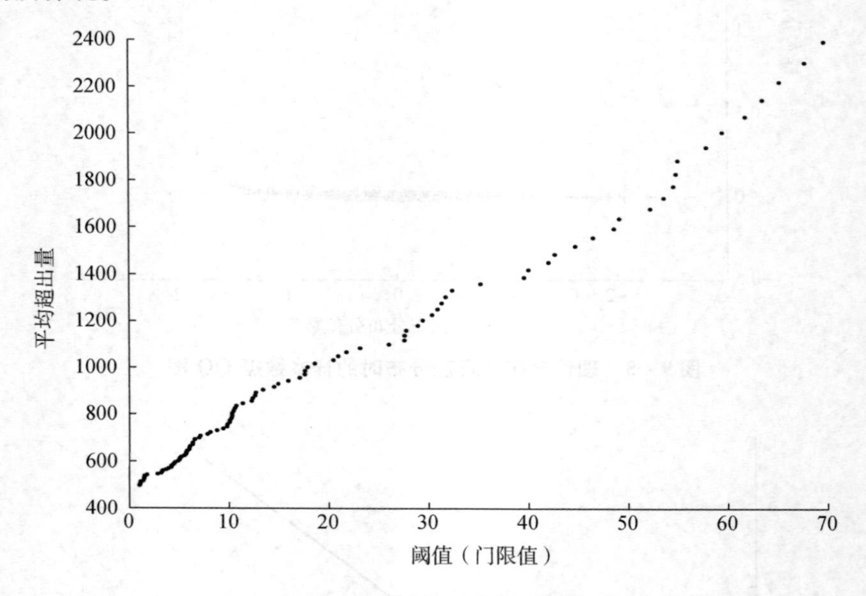

图9－7 样本平均超出量函数

综合表9－2、图9－2、图9－4、图9－5、图9－6和图9－7，可知样本数据为右偏厚尾数据，满足极值理论分析所要求的数据特点。

为进一步拟合地震农业损失的概率分布，本书选取了文献中拟合巨灾损失分布常用的几种分布函数，并对每种拟合分布进行K－S和AD检验，以确定最优分布函数形式。选取拟合地震农业巨灾的分布函数主要有Burr分布、Gamma分布、Normal分布、Weibull分布、Loglogstic分布、Logistic分布、Lognormal分布、Log-gamma分布、Log-weibull分布和Generalized Pareto等10种分布形式，对10种分布的K－S检验和AD检验的H值、P值、统计量值和统计量排序值见表9－3。

表 9－3　　拟合分布的 K－S、AD 检验结果

拟合分布	K－S 检验				AD 检验			
	H 值	概率 P	K－S 统计量	统计量排序	H 值	概率 P	AD 统计量	统计量排序
Burr	0	0.8611	0.0518	1	0	0.8962	0.35	1
Gamma	1	3.5657e－12	0.3206	—	1	4.6512e－06	19.5438	—
Normal	1	8.4020e－23	0.4425	—	1	4.6512e－06	INF	—
Weibull	1	0.0011	0.1691	—	1	1.7030e－04	7.6451	—
Loglogstic	0	0.7784	0.0568	2	0	0.3568	1.006	3
Logistic	1	7.0173e－23	0.4432	—	1	4.6512e－06	Inf	—
Lognormal	0	0.2032	0.0928	5	0	0.0871	2.0424	5
Log-gamma	0	0.0731	0.1119	6	1	0.0461	2.5617	—
Log-weibull	0	0.2728	0.0865	4	0	0.1825	1.4754	4
Generalized Pareto	0	0.7652	0.0575	3	0	0.4516	0.8418	2

上述两种检验方法得到的 H 值为 0 或者 1，H 为 0 则表示不否定原假设，H 为 1 则表示否定原假设，P 为相应的概率值。根据 H 值，先剔除 H 值为 1 的分布，然后对剩余分布的两种检验统计量进行综合排序，统计量值越小则表明其拟合损失数据的效果越好，可见 Burr 分布拟合效果最好，则本书选取 Burr 分布作为地震农业巨灾损失的分布函数。

（二）债券价格计算

在进行样本数据尾部分布 GPD 参数估计时需要首先确定阈值。阈值的选取会影响到参数估计的渐进一致性和参数对样本数据的敏感性。此处结合峰度法、Hill 图法和样本平均超出量函数图法确定阈值 u。

Hill 图的原理和具体绘制方法前文已有涉及，此处不再赘述。从样本数据的 Hill 图（见图 9－8）中可以看出，其第一个平稳区域大致位于样本数据的第 36—48 个最大值之间，但是具体哪个值作为阈值需要主观确定，单一依据 Hill 图得出的阈值显然并不精确。

样本平均超出量函数图（见图 9－9）从左至右、从上至下忽略的最大值个数分别为 10、20、40 和 50 个，从图中可以看出，随着选取的忽略最大值个数的不同，样本平均超出量函数图的线性趋势的显著程度也不一样。忽略最大值个数为 10 和 20 时，样本平均超出量函数图的线性趋势不大明显，在 40—50 之间时样本平均超出量函数图的线性趋势明显。因此 Hill 图和样本平均超出量函数图可以作为阈值选取的初选和检验方法。

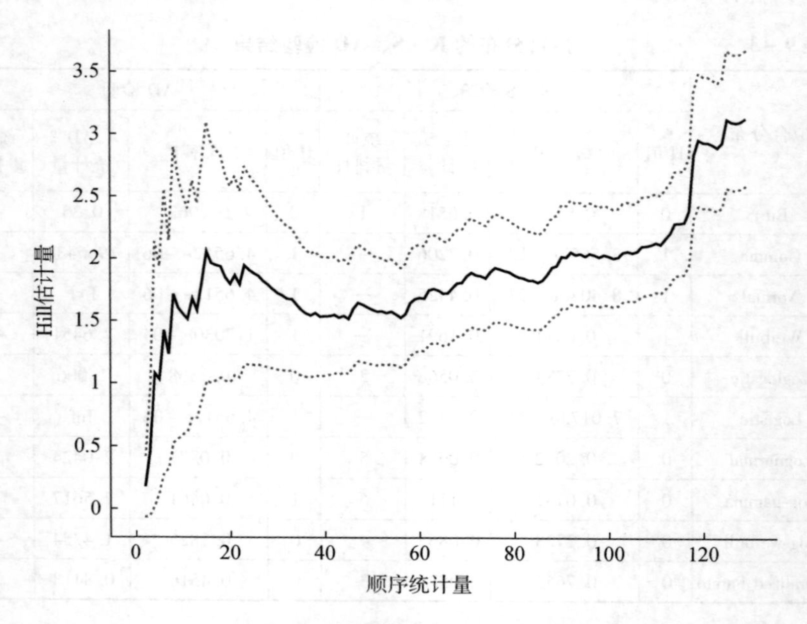

图 9－8　样本数据的 Hill 图

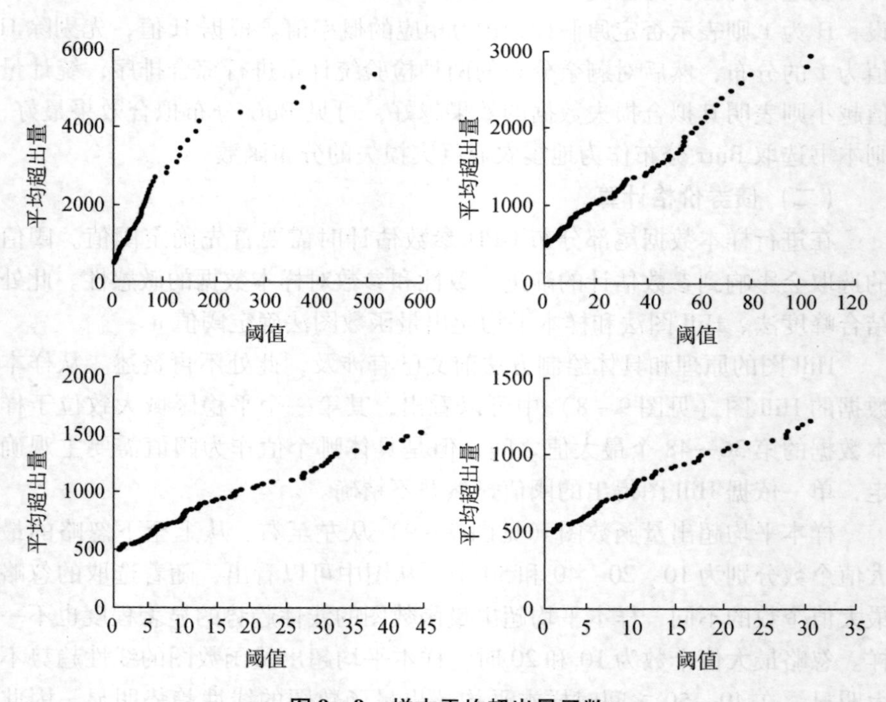

图 9－9　样本平均超出量函数

接下来，本书采用峰度法计算阈值，得到的数值是 35.2397，将阈值选取为距离 35.2397 最接近的 35.24 作为阈值，最终从样本数据中剔除了 84 个数据，得到超越阈值的数据个数为 45 个，并以该 45 个样本数据作为尾部分布 GPD 参数估计的数据。

GPD 参数估计：选取阈值 u 为 35.24，对 GPD 参数进行极大似然估计，可以得到形状参数 $\xi=1.2271$，尺度参数 $\sigma=129.5284$，位置参数 $theta=\sigma/\xi=129.5284/1.2271=105.5565$；广义极值分布的形状参数 ξ 的大小决定了标准的渐进似然结果的适用性。如果 $\xi>-0.5$ 表明该极值分布的极大似然估计是正则的，具有一致性、渐进有效性和渐进正态性的标准渐进性质，可以采用标准的渐进似然结论来求得参数估计值。

如果 $-1\leqslant\xi\leqslant-0.5$，则表明广义极值分布的极大似然估计不满足渐近性。

如果 $\xi\leqslant-1$，则表明一般难以得到广义极值分布的极大似然量。

本书参数估计得到的形状参数为正，则表明该极大似然估计是正则的，具有渐进一致性。

将得到的阈值 u，利用极大似然估计得到形状参数 ξ 和尺度参数 σ，代入式（9-6）中，得到广义帕累托分布函数为下式：

$$F_u(x)=1-\left(1-\frac{1.2271}{129.5284}x\right)^{\frac{1}{1.2271}}$$

地震农业巨灾损失概率分布函数为下式：

$$F(x)=1-\frac{45}{129}\left(1+\frac{1.2271}{129.5284}(x-35.24)\right)^{\frac{-1}{1.2271}}$$

债券价格计算：

利用 Mtlab 进行编程，需要对随机利率的 CIR 模型、无风险债券价格、总损失过程模型、蒙特卡洛模拟计算债券价格四个过程进行编程计算。在进行编程时，借鉴已有文献中使用的参数，对用到的参数进行事先假设。

假设如下，模拟次数为 n=30000 次，CIR 利率期限结构模型中利率初始值 r_0 为 0.05，利率的均值回复度量（即利率回复均值的速度）a 为 0.1，利率的长期均值 b 为 0.04，地震农业巨灾债券的期限 T 为 1，表示 1 年，利率的波动参数 σ 为 0.1，利率风险的市场价格 λ_r 为 0。地震巨灾损失概率分布中的位置参数为 105.5565，形状参数 ξ 为 1.2271，尺度参数 σ 为 129.5284。触发值 D 为 35（这里触发值 D 的设置以阈值作为基准进行，单位为千万美元）。未达到触发条件 D 时，返回的本金为 1，否则，达到触发条件 D 时，返回的本金 p 为 0.5。则此时利用 Matlab 计算得到的面值为 1 的零息票的地震农业巨灾债券的发行价格为 0.7429。

（1）保持其他参数不变的情况下，将地震农业巨灾债券的期限改为 3 年，则计算得到的面值为 1 的零息票的地震农业巨灾债券的发行价格为 0.6313，即债券价格的期限越长，债券投资者所承担的风险越大，期望的投资收益越高，故债券的发行价格越低。

（2）在地震农业巨灾债券期限 T 为 1 时，保持其他参数不变，将利率的波动参数 σ 改为 0.09，则利率的波动降低，此时得到的一年期面值为 1 的零息票地震农业巨灾债券的发行价格为 0.8556。可见利率波动越小，债券的发行价格越高，且利率波动对巨灾债券的发行价格影响较大。

（3）地震农业巨灾债券期限 T 为 1 不变，利率的波动参数 0.1，利率风险的市场价格 λ_r 由中的 0 变为 -0.01，则债券发行价格为 0.7729，即债券的发行价格会升高。

（4）保持最初参数中的其他条件不变，仅改变达到触发条件时本金的返还比例 p，将 p 由前面的 0.5 改为 0.3，触发值保持前面的设置方式，则此时地震农业巨灾债券的发行价格为 0.4594，可见本金返还比例对巨灾债券发行价格的影响比较大。地震巨灾风险发生时本金偿还比例设置的越低，投资者承担的风险越大，因此要求债券价格越低。

（5）保持最初参数中的其他条件不变，改变触发值 D 的大小，降低触发值，将触发值设置为 40，则债券价格为 0.7494，即地震巨灾风险达到较低触发值的频率会降低，故债券价格应升高。

第十章　我国台风农业巨灾风险分散国际合作基金设计

我国地域辽阔，东临西北太平洋（含南海），台风作为我国常见的自然灾害之一，对我国造成的损失非常严重，使中国成为世界上受台风影响最为严重的国家之一。

据统计，1998—2016 年平均每年登陆我国的热带气旋达到台风级别的为 4—5 个，平均经济损失高达 425. 8 亿元，每年有 200 多人因此死亡。2015 年台风造成我国农作物受灾面积 1721. 1 千公顷，绝收 181. 5 千公顷。2016 年台风造成我国 1721. 2 万人次受灾，因灾伤亡 198 人，农作物受灾面积 2023. 5 千公顷，直接经济损失 766. 4 亿元。就 2016 年前三季度登陆我国大陆的 6 个台风来说，第一号台风“尼伯特”作为我国超强台风之一，造成我国伤亡人口达近百人；第 14 号超强台风“莫兰蒂”更是作为 2016 年全球海域的最强风暴，造成浙、闽两省直接经济损失高达 210. 73 亿元，其中福建省直接经济损失 169 亿元，因灾伤亡 29 人，浙江省因灾伤亡 14 人，直接经济损失 41. 73 亿元。2017 年台风造成我国受灾人次达 587. 9 万，因灾伤亡 44 人，近 109. 1 万人次需要进行紧急安置，直接经济损失 346. 2 亿元。目前，我国台风巨灾风险分散方式还比较单一，分散台风巨灾风险能力有限。

同时，台风巨灾作为全球巨灾风险之一，也给其他国家和地区造成很大的影响，2002—2016 年年均伤亡人数达到 12000 多人。台风的高致灾性也给各国带来了巨大影响，如 2005 年美国“卡特里娜”飓风造成 1800 人遇难，许多家庭住宅被飓风破坏，直接经济损失达 1000 亿美元左右；2013 年 11 月登陆菲律宾的台风“海燕”更是引起了全球的广泛关注和担忧，这是全世界范围内对台风有记载以来的最强台风，造成约 7500 人死亡，并导致 400 多万人住宅被破坏。2017 年生成于菲律宾东南洋面的“天秤”台风造成 335 人死亡或失踪，近 7 万人被迫逃离家园。面对造成损失惨重、影响较大的台风巨灾，如何有效应对成为全球共同的话题和责任。

2017 年 10 月 18 日，习近平总书记在中国共产党第十九次全国代表大会上提出，我们应推动构建人类命运共同体。开展台风巨灾分散国际合作既符合我国倡导的人类命运共同体理念，也将对全球台风巨灾风险分散做出自己的贡献。

在我国大力推进“一带一路”建设的过程中，充分展现了国际合作的思想。于 2016 年成立的“一带一路”投资基金更是以市场化的方式推动“一带一路”国际合作理念及倡议在国内外落地与实施，作为“一带一路”的必要力量，培育人类命运共同体文化，为世界许诺了一个美好的未来。

本章根据当前“一带一路”大趋势，选择我国台风巨灾风险分散国际合作模式——“21 世纪海上丝绸之路”区域合作模式，阐述在该模式下选择基金建设的优势，设计“21 世纪海上丝绸之路”台风巨灾国际合作基金。

第一节 台风农业巨灾风险现状分析

一 台风巨灾风险

台风属于热带气旋中风速最大的一种。热带气旋的种类通常以气旋中心最大平均风速来区分，分为热带低压、（强）热带风暴和台风。我国对台风的定义在时间上有所不同，截至目前而言，共经过了三次变更。

1989 年以前，我国将热带气旋近中心地面最大风力达 8—11 级的界定为台风级别，12 级及以上风力称为强台风。而到了 1989 年 1 月，我国开始向世界气象组织对台风界定标准看齐，认为中心风力达 12 级及以上的才能称为台风。我国在 2006 年 6 月则对热带气旋进行了第三次划分，把热带气旋分为六个等级，包括台风、强台风和超强台风及其他。三次变更时间以及划分标准见表 10 - 1 所示：

表 10 - 1 我国热带气旋等级划分标准

低层中心附近最大平均风速（m/s）	低层中心附近最大风力（级）	1989 年之前	1989 年 1 月—2006 年 5 月	2006 年 6 月至今
10.8—17.1	6—7	热带低压（TD）	热带低压（TD）	热带低压（TD）

续表

低层中心附近最大平均风速（m/s）	低层中心附近最大风力（级）	1989 年之前	1989 年 1 月—2006 年 5 月	2006 年 6 月至今
17.2—24.4	8—9	台风（TY）	热带风暴（TS）	热带风暴（TS）
24.5—32.6	10—11		强热带风暴（STS）	强热带风暴（STS）
32.7—41.4	12—13	强台风（STY）	台风（TY）	台风（TY）
41.5—50.9	14—15			强台风（STY）
≥51.0	16 级以上			超强台风（Super TY）

资料来源：中国气象数据网，http：//data.cma.cn/site/article/id/298.html。

1989 年以后，我国台风的划分标准有了实质性的改变，热带风暴和强热带风暴已经不能归类到台风类别，但是我国为了便于应用和对外服务，现有的关于台风的编号、命名、预警、年鉴或者台风路径以及台风形成等均延续 1989 年前的规定，即把风速达到热带风暴及以上的热带气旋统称为“台风”。为了使我国台风研究对象和国际台风研究对象相统一，本书严格按照世界气象组织的划分，即把中心风力达到 12 级以上的称为台风。因此对于我国台风巨灾分布的相关数据收集，均是在剔除现有台风编号为热带风暴和强热带风暴后的数据。

关于台风巨灾的一个界定标准，国内外研究学者尚未有一个统一的界定标准。美国 USAA 保险公司从保险的角度认为发生在美国且造成本公司超过 1000 万美元以上保险损失的飓风达到了巨灾级别。我国气象局为了更好地评估台风造成的损失，建立了台风灾情模型，选取五种统计指标作为评判标准，并依据各单项统计指标将台风分为 5 个等级：巨灾、大灾、中灾、小灾、微灾，具体见表 10－2。

表 10－2　　　　台风灾情单项指标等级标准

指标类型＼灾害等级	巨灾	大灾	中灾	小灾	微灾
农作物受灾面积（单位：公顷）	$(10^6, +\infty)$	$(10^5, 10^6)$	$(10^4, 10^5)$	$(10^3, 10^4)$	$(10^2, 10^3)$
死亡人数（单位：人）	$(10^2, +\infty)$	(30，100)	(10，30)	(3，10)	(1，3)
倒损房屋（单位：间）	$(2\times10^5, +\infty)$	$(10^5, 2\times10^5)$	$(3\times10^4, 10^5)$	$(3\times10^3, 3\times10^4)$	$(1, 3\times10^3)$

续表

灾害等级 指标类型	巨灾	大灾	中灾	小灾	微灾
直接经济损失（单位：元）	$(10^9, +\infty)$	$(10^8, 10^9)$	$(10^7, 10^8)$	$(10^6, 10^7)$	$(10^5, 10^6)$

资料来源：《中华人民共和国气象行业标准　台风灾害综合等级划分》。

二　台风巨灾风险特征

台风作为巨灾的一种，其强大的破坏力和造成的利益损失对人们的生活产生较大的影响，巨灾风险作为风险的一种，不但拥有自身的特性，还存在一些风险的共同特性。根据以往台风发布情况，可以得出台风风险特征如下：

（一）难以预测

风险具有不确定性，这给预测工作带来了极大的困难，巨灾总是在很短的时间内发生，远远超出了人类的预测能力和监控能力。虽然现今科学技术发展迅速，台风的生成、发生可以进行预报，但是其破坏力较大，其可能造成的破坏还是具有很大的不确定性和难以预测性。

（二）属小概率风险事件

巨灾风险与一般性的风险相比具有发生概率小、持续时间短的特点，且一旦发生，人员损失和经济损失几乎同时形成。台风的发生过程非常短暂，人们常常没有时间采取相关的救助措施，一旦发生，将造成巨大的损失。

（三）区域性强

台风巨灾区域性特别明显，特别是我国东部环海地带，如广东、福建、江苏、浙江等地区，发生台风的频率比较高，特别是广东地区，基本每年至少一次台风侵袭。西北太平洋台风路径大体可以分为西进型、登陆型和抛物线型，其中，西进型对我国海南岛和广西等地方有影响；登陆型对我国广东、福建、浙江沿海等有影响，登陆型台风对我国影响最大；抛物线型台风主要影响我国东部沿海地区，在所有受影响地区中，以广东、台湾、海南、福建发生频率最大，据中国天气网 2017 年发布的《数据告诉你台风最爱登陆我国哪里》数据整理可得，1949 年到 2017 年，登陆广东台风次数占总登陆次数的 30%，其次是台湾 20%、福建 17%、海南 16%，因此台风具有明显的区域性。

另外抗风险能力也有很强的区域性，对于区域经济比较落后的地方，其抗灾能力一般较弱，直接经济损失一般比较大，而对于经济比较发达的地方，其抗灾能力强，直接经济损失率为中等或较小。

三　我国台风巨灾风险时间分布特征与现状

台风的形成需要有孕灾环境，只有在海温高于 26℃—27℃ 的海洋面上，而且其下面 60 米深度内海水温度也要高于 26℃—27℃ 才能形成。因此，台风是热带洋面上的“特产”，对沿海地区影响较大。

影响我国境域的台风主要来源于西北太平洋、南海、孟加拉湾等区域（韩鑫，2018）。因为孟加拉湾和中太平洋的台风对我国产生影响的次数较少，为了统计方便，这里只对西北太平洋（含南海）的台风数据进行分析。

（一）我国台风巨灾风险年际分布特征

据统计，1947—2016 年，西北太平洋和南海共有 1890 个热带气旋生成，有 966 个达到台风级别，平均每年约有 14 个台风生成。从 1957 年到 1966 年这十年间，西北太平洋和南海生成台风的数量最多，平均每年生成 20 个台风，远远超过历年来总平均数 14。随着全球气候变暖，西北太平洋和南海生成台风的数量有逐渐下降的趋势，但可以看出，每年登陆我国台风的个数并没有发生太大的变化，平均每年登陆我国台风的个数为 4—6 个。

根据香港天文网历年来的月份统计数据，得出自 1961—2015 年我国台风出现次数的每月分布，其中以台风在该月初次出现为准，譬如一个台风在 9 月形成并在 10 月首次增强为台风或以上级别，分别计算在 9 月及 10 月份内，可得出其发生频率，如图 10 - 1 所示。

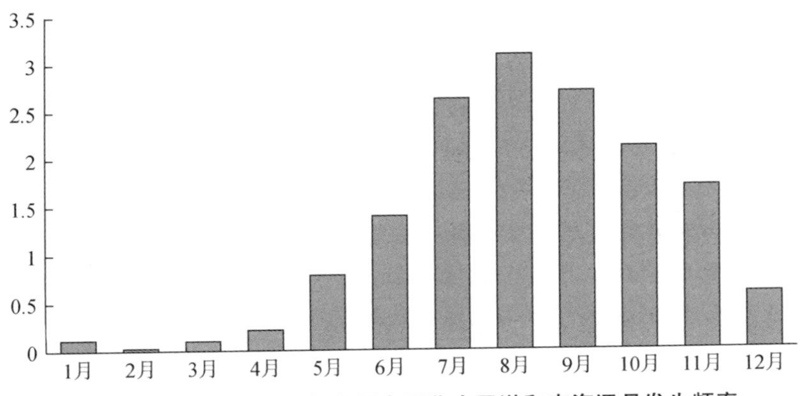

图 10 - 1　1961—2015 年台风在西北太平洋和南海逐月发生频率

资料来源：《香港天文台热带气旋年鉴 2016》，www. nianjian. xiaze. com。

（二）我国台风巨灾风险损失状况

根据国家减灾委员会办公室发布的《“十二五”时期中国的减灾行动》得出，与2001—2010年均值相比，2011—2015年平均直接经济损失占国内生产总值比重整体减少。但台风多发生在经济比较发达的地区，每年高达百亿元的经济损失还是增加了救灾工作的严峻形势，给我国经济社会发展带来严重影响。

根据国家减灾委的统计标准，台风巨灾造成的灾害损失可以从直接经济损失、因灾死亡人口、紧急转移安置人口、农作物绝收面积、房屋损失等几个方面来描述。由于历年来数据的查找难度以及数据的完整度问题，本书选取1998年到2016年台风巨灾造成的受灾面积、死亡人口、倒塌房屋、直接经济损失（2000年价格）等灾害损失数据来进行分析（见表10-3）。

表10-3　中国台风巨灾损失（1998—2016年）

年份	受灾面积（千公顷）	死亡人口（人）	倒塌房屋（万间）	直接经济损失（亿元）
1998	296.33	6	0.61	21.95
1999	1265.33	259	20.15	196.96
2000	1918.48	131	23.44	176.48
2001	2572.98	254	23.13	343.27
2002	1701.64	212	16.89	196.78
2003	1809.30	71	4.28	57.41
2004	1019.22	196	8.94	231.04
2005	4663.40	429	34.27	762.02
2006	2643.79	1522	66.46	709.62
2007	2085.71	84	8.42	297.71
2008	2810.24	124	14.95	289.79
2009	1114.23	43	2.54	190.93
2010	683.93	280	9.84	325.78
2011	1528.03	27	2.52	237.13
2012	3491.12	74	13.11	1048.30
2013	2893.12	173	2.83	876.35
2014	2483.13	111	5.21	678.32
2015	2563.67	58	2.24	684.15
2016	2023.50	174	3.73	766.46

注：直接经济损失为2000年价格。

资料来源：根据国家减灾网历年全年自然灾害基本情况整理。

为了更清晰地了解其变化规律，把上述数据转换成图 10－2。

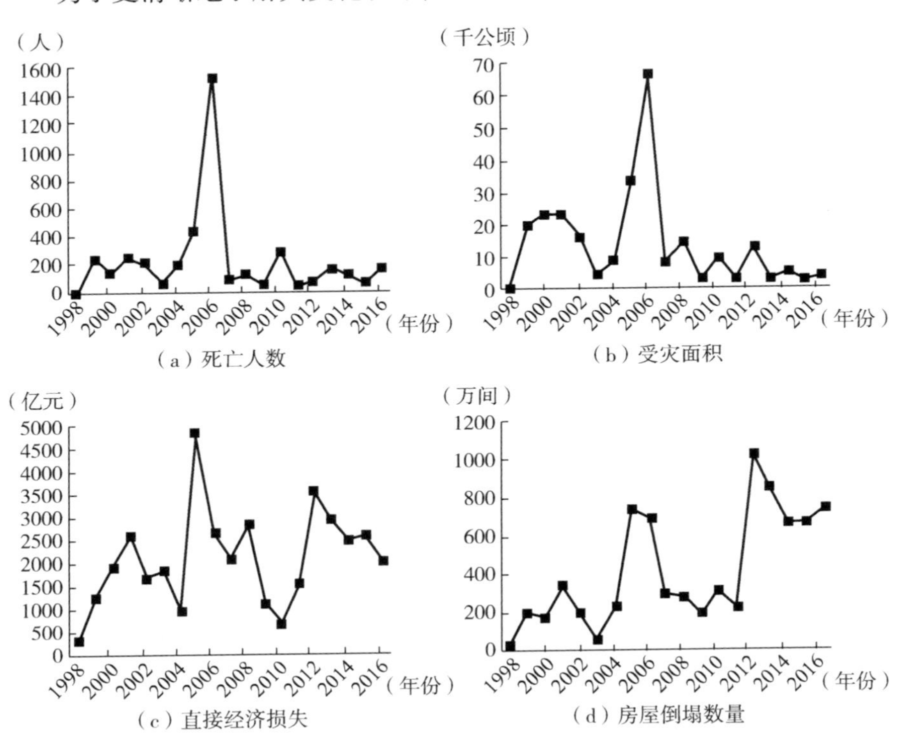

图 10－2　1998—2016 年我国台风巨灾致灾情况

由图 10－2 可以看出台风巨灾造成的死亡人数、房屋倒塌数量近几年有明显下降，这和近些年来我国台风预报技术水平的提高以及国家减灾防灾工作的有效开展有着很大的关系。台风导致的受灾面积无明显变化，造成的直接经济损失由图中可以看出呈现波动上升趋势。如前文所述，我国对于台风巨灾的分散能力远远达不到要求，巨灾补偿整体水平还很低，因此，对于台风巨灾造成的逐渐上升的直接经济损失，我们迫切需要合适的方法对其进行分散。

四　全球台风巨灾风险分布特征与现状

台风作为全球自然灾害中的一种，其强大的高频性和致灾性使许多国家深受其害，特别是台风频发的国家。本书收集了瑞士再保险公司 2002—

2016 年公布的台风巨灾发生频次、伤亡人数和保险损失情况，得到这期间全球台风致灾情况（见图 10－3）。

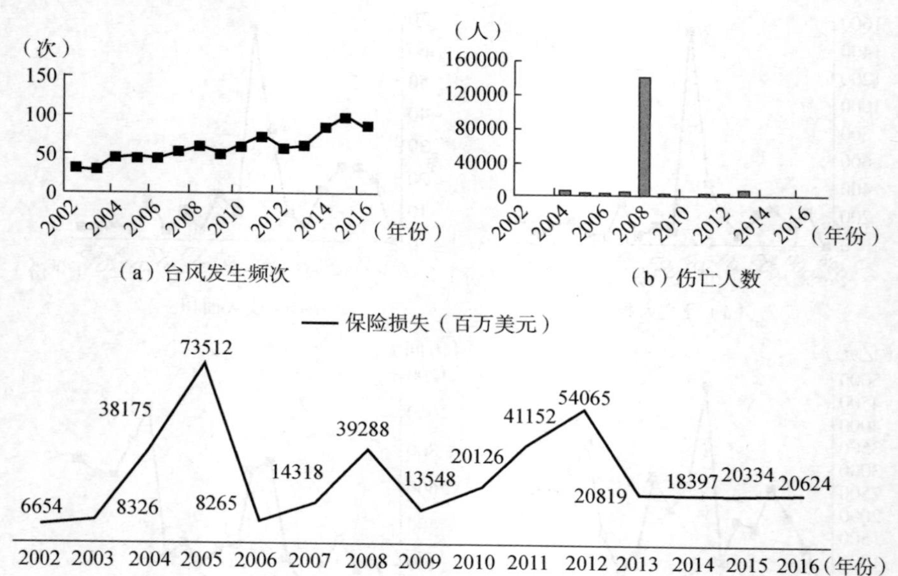

图 10－3　2002—2016 年全球台风致灾情况

资料来源：瑞士再保险公司，http：//www. swissre. com。

从图 10－3 我们可以看到，全球台风巨灾发生频次越来越多，呈现波动上升的趋势。伤亡人数在 2008 年尤为明显，远远超过其他年份，除此以外，整体有越来越少的趋势。保险损失除了个别年份比较高之外，近几年有稳定趋势。

比利时鲁汶大学灾害流行病学研究中心（CRED）相关数据表明，1980—2015 年，全球影响最大的灾害分别为台风、地震、洪水等。2005 年，飓风给美国造成经济损失高达 2190 亿美元。据了解，该年全球灾害经济损失为 2500 亿美元，飓风给美国造成的经济损失占当年全球灾害经济损失的约 88%。同样地，2012 年单个飓风造成美国灾害经济损失达 520 亿美元，占当年全球灾害经济损失的约 25%。

在收集台风资料、分析台风路径时，我们不难发现，一个台风的生成到结束，往往会同时对多个国家造成损失。例如，2005 年飓风“威尔玛”对加勒比海西部包括古巴、中美洲造成严重威胁，墨西哥的尤卡坦半岛以及美国的佛罗里达也遭受影响，台风的高致灾性不言而喻。

第二节　我国台风巨灾风险分散国际合作现状

一　台风巨灾风险分散工具

台风巨灾以频发、受灾面广、灾害损失严重作为其特点，长期以来，我国一直以国家财政为后盾对其进行灾后救济，可以说，政府承担了台风巨灾的大部分风险。按照分散途径划分，台风巨灾风险分散可以分为非市场分散途径和市场分散途径。

非市场分散途径包括政府补偿、社会救助、风险自留。我国政府自1949年以来一直积极对自然灾害造成的损失进行补偿，对台风巨灾亦是如此，每年大笔资金被用来进行台风巨灾过后人民的生活保障救助和受损设施的修复重建工作。社会救助主要指社会捐赠，社会救助（包括国际援助）以“一方有难，八方支援”的行为树立了和谐互助的典范，给灾民以很大的支持和帮助，能够有效解决受灾地区的困难。风险自留是指为了能够应对未来台风巨灾的发生，专门留存的救灾资金。

市场分散途径可以分为保险、再保险市场、资本市场（风险证券化）、台风巨灾保险基金。台风巨灾一旦发生，将造成巨大的损失，任何人想要通过自身的资金来分散其风险都不可能单独实现，运用保险和再保险市场分散台风巨灾风险变得尤为重要。

保险作为市场分散的基本手段，一直是人们关注的重点。再保险能使区域内的灾害风险向区域外进行转移，进一步分散风险，提高台风巨灾风险分散能力。保险和再保险作为我国的传统分散工具在巨灾风险分散中起到了很重要的作用。

台风巨灾风险证券化是指运用各种风险分散工具或其组合工具对保险市场和资本市场进行有效结合，从而将保险人承担的巨灾风险向资本市场进行转移。巨灾风险证券化主要产品包括巨灾债券、巨灾期货、期权、巨灾互换等。

台风巨灾保险基金是指由政府或商业保险公司为了开展针对台风巨灾保险或者再保险业务，而单独或共同提供资金设立的关于台风的单项巨灾保险准备基金。其类型可根据出资人的不同及管理主导者分为政府主导型、合作型或者纯商业型。政府主导型是指该保险基金的主要发起人和出资方为政府，并在政府的引导下对其进行建设、管理，典型的有佛罗里达飓风灾害基金等。合作型的台风巨灾保险基金则是由政府和商业保险公司共同筹划建设，共同负责基金的运作管理，典型的有加勒比巨灾风险保险基金，对台风巨灾风险进行了有效分散。纯商业型保险基金是指出资方为商业保险公司，在资金筹集和运营管理中完全运用商业化的运作模式，典型的有英国洪水保险基金，政府只负责洪水防御措施的建设。

二　台风巨灾风险分散国际合作现状

台风巨灾发生在全球多个区域，在全球自然灾害中属于高致灾的一种。随着经济发展及全球气候变化，中国和其他国家及地区将面临越来越大的台风巨灾风险，相互之间进行合作显得尤为重要。因此，我国一直努力地进行探索，除了参与联合国框架下的防灾减灾合作，以及区域间的国际防灾减灾合作，加入国际防灾机制，更多的是积极参与相关国际减灾会议，更深入地和国际接轨，共同学习和分享经验、技术，努力构建防灾减灾平台，等等。

通过加入减灾机制，大幅度提高了我国空间技术减灾领域的国际影响力和地位，增强和提升了我国台风巨灾管理科技水平。参与国际减灾会议，通过国际经验技术交流，进一步搭建了防灾减灾平台。参与国际援助，参与救援展现了大国风范，促进了国家之间的交流；接受救援进一步分散了巨灾风险。开发台风保险，填补了我国全面针对台风保险领域的空白，进一步推动了关于台风保险的发展。

现阶段我国开展的台风巨灾风险分散国际合作从机制上大致可以分为五个层次：一是联合国救灾合作机制（加入空间和重大灾害国际宪章 Charter）；二是区域救灾机制，该区域为亚洲（举办亚洲减灾大会）；三是次区域救灾合作机制，即东南亚国家联盟（ASEAN）主导机制与上合（SCO）救灾合作机制；四是双边机制，包括中国与国际援助国、中国与受灾国；五是三边机制，包括中国、日本、韩国三国救灾合作机制与中国、俄罗斯、印度三国救灾合作机制。中国在上述五个合作机制上的不断探索与推进，一定程度上减少了国际救灾合作的前进障碍、进一步巩固了各国之间开展救灾合作的信任基础，为世界防灾减灾活动做出了自己应有的贡献。

目前，我国台风巨灾风险分散国际合作还存在以下几个问题。

第一，分散方式单一，国际合作不深入。我国现有的国际合作以参与国际减灾防灾会议以及国际援助为主，处于浅层次的合作。当台风巨灾发生时，国际社会对我国的帮助作用并不强，分散风险能力还远远达不到需要。另外，专门针对台风巨灾风险分散的国际合作项目较少，且多处在研究阶段。

第二，机制不完善，缺少有效合作平台。我们不难发现，虽然我国已加入联合国框架下的部分国际合作平台，但是这些平台包含灾种较多，并不单单针对台风设计，针对性不强。而我国在探索合作机制过程中虽已与其他国家建立积极的沟通、分享经验，但到目前为止，仍没有一个国际合作平台或者合作机构能有效分散我国台风带来的风险，目前的探索都还在初级阶段。同时，从国际角度看，我国参与的防灾减灾还存在机制不完善、防灾减灾信息不完全、参与国际合作国家主导权博弈激烈等问题，现有的合作机制和平台对于灾害风险中的信息共享、技术转移并不能给予保障。

第三，国际金融产品较少。目前，当台风巨灾发生时，中国和周边国家的救灾手段主要包括各自政府的紧急财政拨款救助和国际社会援助等被动的巨灾灾后分散机制，但是对于台风巨灾带来的巨大损失来说，国际援助资金有限，相应的政府财政压力较大。到目前为止，中国虽开发了台风保险，但还没有发行过台风巨灾债券，再保险业务也是少之又少，需要进一步开发国际金融产品。

第三节　我国台风巨灾风险分散国际合作基金设计

一　国际合作模式选择

中国与“一带一路”沿线国家正在形成经济共同体、信息共同体，构成命运共同体，“一带一路”的构想覆盖了亚、非、欧三大洲 65 个国家，这些国家面临着不同的灾害类型并且多为灾害频发、易发、多发的区域，并且“一带一路”沿线各国多为发展中国家，经济水平相对发达国家来说还有很大差距，当巨灾发生时，其风险分散能力有限，且分散手段较单一，就连国际上最常用的金融工具——巨灾保险，也没能在受灾地区得到有效普及，这些国家无法在本国有效利用国内资源分散巨灾带来的风险，开展国家间的风险分散工作显得尤为重要。

“一带一路”作为我国古代丝绸之路的延续，从提出至今一直是我国重点发展项目，国家对其给予了大量人力、物力支持。我国从大局出发，深入贯彻命运共同体理念，推动周边国家共同发展，为全球进步做出了自己的努力。“一带一路”的实施，给了沿线国家更多的交流、合作机会，并且随着项目的有序进行，基础设施也在不断地完善，对于推进沿线国家防灾减灾国际合作提供了很好的条件，特别是在“一带一路”沿线大多为受灾严重、风险分散能力不足、参与国际合作项目较少的国家情况下，开展区域国际合作，能够更加吸引各国的关注和参与。同时，推动“一带一路”沿线各国防灾减灾合作也将改善合作国家人民生活，提高防灾减灾能力，一定程度上也将稳固“一带一路”项目的进一步实施。

“一带一路”是两条对外贸易通道，一条是沿着古丝绸之路从陆路展开的经济带，简称为“一带”，基本不受台风巨灾的影响；另一条是沿着古代我国海上贸易的水路展开的新的21世纪贸易之路，简称“一路”，该区域受台风巨灾影响较大。综上所述，我国在积极开展政府—政府、政府—国际组织和政府—非政府组织合作的同时，基于我国现有台风巨灾风险分散国际合作基础以及“一带一路”大环境，本书认为可以重点开发国际合作区域模式，即“21世纪海上丝绸之路”国际合作模式。

就台风巨灾风险的承保能力来说，设计“21世纪海上丝绸之路”台风巨灾国际合作基金也是该区域台风巨灾风险分散的一个很好选择。设立基金可以有效集合各参与国和捐赠国的资金，当台风巨灾发生时，有充足的资金快速对其赔付，赔付能力高，方便灾后重建。同时，受灾国巨灾风险大部分转移给各参与国，从而减轻受灾国家的承担压力。国际合作巨灾保险基金有良好的信资，可通过多层次的融资方式来筹集资金，也可对所筹集资金进行多层次的投资，从而最大程度地提高资金的投资受益和使用效率，更好地分散巨灾风险。譬如加勒比巨灾风险保险基金购买的再保险和风险互换，均一定程度上有效分散了巨灾风险。

二　台风巨灾国际合作基金组织机构设计

我国农业巨灾风险分散国际合作模式可选择领导—股权—代理模式，具体组织结构应如下：成立一个保险公司，设定保险基金管理委员会，委员会成员由参与国和捐赠国各国保险公司共同参与组成。最高权力机构为由参与国和捐赠国任命的基金管理委员会，董事会由基金管理委员会推选出。董事会的董事应由“21世纪海上丝绸之路”各国代表、亚洲开发银行代表、财务专家、保险专家等组成。基金管理委员会运营部门的负责人主要由基金监管人、内部经理人、资产经理人和再保险经纪人等构成（谢世清，2010；周延、屠海平，2017）。为了基金的长久运行和资金使用效率的提高，可以设置相关职能部门，具体如图10－4所示：

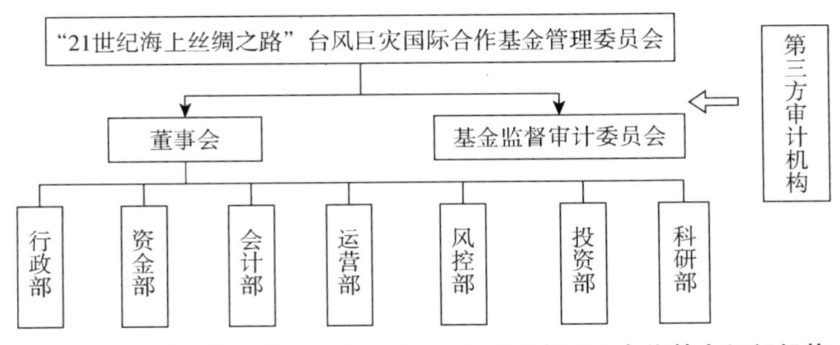

图 10-4　“21 世纪海上丝绸之路”台风巨灾国际合作基金组织机构

行政部负责协调各职能部门的工作，以及相关文件的发布和制度规范的制定，对公司具体事务进行安排。资金部主要负责资金的流通。会计部则是对基金的使用情况进行核算和监督。运营部负责基金的具体运营工作。风控部主要对该基金可能出现的风险进行有效监控，提前做好防患工作。投资部将资金进行多元化投资以提高资金效率，同时获得高额的投资收益。科研部则是针对台风巨灾进行研究，分析台风巨灾风险分散金融产品，开发出更合适的台风巨灾风险分散产品。

“21 世纪海上丝绸之路”台风巨灾保险基金建立的目的在于减少沿线国家台风巨灾所带来的风险压力。当巨灾发生时，基金资金可及时对台风巨灾进行赔付，不需要受灾国过多地使用救灾准备金或者额外增加救灾资金。因此，对基金进行设计时应充分考虑到台风巨灾赔付的及时性和可赔付性，确保赔付资金充足且流动性高。我们可以在国际合作保险基金运作过程中提供充分的再保险、风险互换契约等以提高社会承保能力，为台风巨灾风险分散提供稳定的资金保障，通过市场化的运作机制将台风巨灾风险转至资本市场（见图 10-5）。

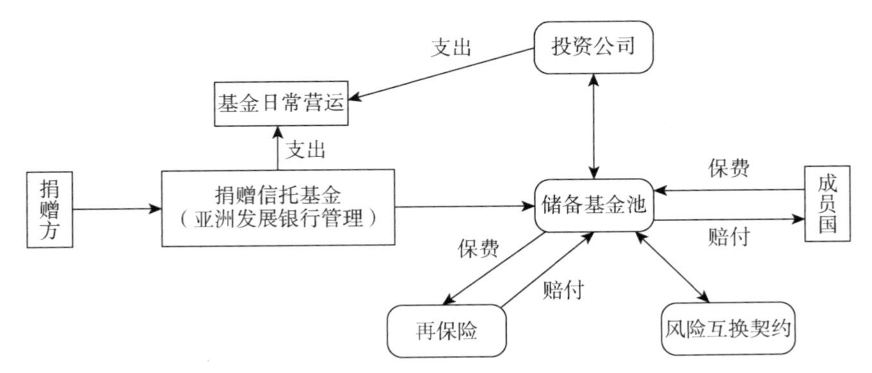

图 10-5　“21 世纪海上丝绸之路”台风巨灾国际合作基金运行机制

三 台风巨灾国际合作基金运行机制

（一）资金来源

“21世纪海上丝绸之路”台风巨灾国际合作基金的资金筹集可由以下几个部分构成：

（1）成员国缴纳的基金参与费和保费。在建立该国际合作基金时，各参与国应该通过缴纳参与费共同出资。同时，为了确保在台风巨灾发生后可以有资金进行赔付，各参与国应每年缴纳一定金额的保费作为准备金。

（2）捐助方的捐赠。捐助是国际上救灾通行的一种方法，可分为灾前、灾后捐赠，捐赠方可以是政府、国际组织、社会团体。譬如加勒比巨灾风险保险基金在初建立时收到来自日本等其他国家捐赠。

（3）基金资产带来的投资收益。资本运作的首要目标是确保资金能够及时对台风巨灾进行赔付，并且尽可能地提高赔付能力，促进基金长久运行。针对台风巨灾的投资受益可享有免税待遇，投资收益可用作基金日常管理支出。

（4）紧急情况下发行债券所募集的资金。当基金不足以赔付时，可以通过发行债券融资。债券相对于其他金融工具，因为其有固定的利率，受益相对稳定且高，安全性较高，比较受投资人喜爱和关注，更容易发行进而筹集资金。

（5）国际再保险市场保费及风险互换资金。为了进一步分散巨灾风险，提高自身赔付能力，基金可利用其他渠道分散风险，譬如购买国际再保险，当巨灾发生时，国际再保险公司将会提供给基金相应资金。同时，基金可进行另类风险转移即风险互换，当台风巨灾发生时，可以迅速获得资金，有效规避风险。

（二）运营支出

（1）赔付支出

当台风巨灾发生时，台风巨灾基金需要向受灾参与国进行资金赔付。如果台风巨灾满足赔付触发条件，基金必须按照台风巨灾赔付机制及时提供赔付金，因此该赔付额是其主要支出方向。

（2）资本市场投资金额

国际合作基金作为各参与国为了应对台风巨灾风险所设立的机构，基金能够长期运行是至关重要的，向资本市场投资是为了使基金资金得到有效运用，因此，必须要确保资金安全以及资金使用自由。因此，台风巨灾保险基金所融资金应该主要投向银行、国债、基金等受益要求不高、风险也低的产品。

（3）再保险保费

台风巨灾国际合作基金通过再保险市场可有效分散风险，因此，基金为了更好分散巨灾风险需要支出相应保费。

（4）审计公司等中介机构的服务费用

因为参与国众多，为了保证基金使用情况的公平、公正，需要审计公司等中介机构等进行参与监督。

（5）基金日常运营管理支出

除了需要对基金运营工作人员发放薪水和福利，还需支出会议经费、研究费、人员差旅费等杂项费用。

四　台风巨灾国际合作保险基金规模测算

“21世纪海上丝绸之路”包含的国家分别为东盟十国（泰国、印度尼西亚、缅甸、越南、柬埔寨、老挝、马来西亚、文莱、菲律宾、新加坡）、南亚次大陆（印度、巴基斯坦、孟加拉国、斯里兰卡）以及索马里、肯尼亚、埃及、土耳其，等等，在这里我们将“21世纪海上丝绸之路”沿线国家按照区域划分为印度洋、北太平洋、北大西洋三个区域。

需要说明的是隶属于北大西洋的加勒比海也是常年遭受台风巨灾侵袭的区域，这一区域不包含“21世纪海上丝绸之路”各国，且对区域统计数据影响较大，需要对其剔除。因此在分析“21世纪海上丝绸之路”台风巨灾损失数据时均为减去加勒比海区域损失后的数据。同时为了方便后续数据分析以及统计资料的统一划分标准，按照台风（近中心风速33.0m/s—50.9m/s）和强台风（近中心风速>51.0m/s）来划分整理。

对收集的台风巨灾损失数据进行分析，发现其不符合正态分布特征，通过对其进行对数转换则比较符合。因此，对通过对数转换后数据进行关于自变量（台风和强台风）的多元线性回归分析，并利用灰色预测方法对自变量发生次数进行预测，从而对基金未来几年内台风巨灾损失进行初步预测，为未来“21世纪海上丝绸之路”巨灾风险分散基金建立做好准备。

（一）描述性统计

首先，汇总三个区域台风巨灾损失数据，发现每年台风巨灾的平均损失额度为298.25亿美金（样本数据统计单位为十亿美金），但是其偏度值为3.063，峰度值为9.695，该台风巨灾损失数据具有明显的尖峰厚尾现象，不符合正态分布特征。区域历年损失不符合正态分布，为了对损失数据进行拟合，我们进一步尝试将损失数据进行以10为底的对数转换，取对数后呈近似正态分布，满足进行回归分析的必要条件。

使用单样本K－S检验对区域台风巨灾损失数据（转换后的对数数据）再次做正态分布检验，单样本K－S的Z统计量为0.673，对应的相伴概率P值为0.756，大于0.05，说明符合原假设，即符合正态分布。

（二）灰色预测模型

灰色系统是信息并不完全已知的系统，系统内既有已知信息又有未知信息。因此，灰色预测也就是对虽看似随机但却含有潜在规律的数据进行的与时间序列有关的预测。本书灰色预测方法通过建立GM（1，1）这一数学模型来对系统目标进行研究。在建模时，将系统模拟为一个随时间的变化而改变的函数，只需要少量的数据，甚至数据不服从典型的概率分布同样能够获得较好的预测结果。灰色系统对于随时间累加不断增长的数据处理效果更好，一方面，随着科技进步，人类对台风的观测记录更加详细；另一方面，随着人类活动导致的温室效应和全球气候变暖也间接导致现代台风发生的频率和次数较过去有一定的增长。沈明球等运用该方法对未来几年上海、江苏、浙江沿海区域产生8级以上台风个数进行了随时间变化的预测。

1. 灰色预测模型

灰色系统理论思想的体现是通过建立GM（1，1）这一数学模型来完成的。本书运用灰色时间序列预测方法将每一年台风个数这些离散变量连续化，通过建立微分方程来构建抽象系统的发展模型。

2. GM（1，1）模型构建

设非负原始数据序列$X^{(0)}$为：

$$X^{(0)} = \{x^{(0)}(1), x^{(0)}(2), \cdots, x^{(0)}(n)\} \quad (10-1)$$

上式中：$x^{(0)}(k) \geqslant 0, k=1, 2, \cdots n$

建立$X^{(0)}$的AGO序列$X^{(1)}$：

$$X^{(1)} = \{x^{(1)}(1), x^{(1)}(2), \cdots, x^{(1)}(n)\} \quad (10-2)$$

上式中：$x^{(1)}(k) = \sum_{i=1}^{k} x^{(0)}(k), k=1, 2, \cdots n$

生成$X^{(1)}(k)$的紧邻均值序列$Z^{(1)}$：

其中$Z^{(1)} = \frac{1}{2}[x^{(1)}(k) + x^{(1)}(k+1)]$；$k=1, 2, \cdots n$。则称：

$$x^{(0)}(k)+az^{(1)}k=b \tag{10-3}$$

为灰色预测 GM（1，1）模型的原始形式。

由其离散形式可得如下矩阵：

$$\begin{pmatrix} x^{(0)}(2) \\ x^{(0)}(3) \\ \vdots \\ x^{(0)}(n) \end{pmatrix}=a\begin{pmatrix} -\frac{1}{2}[x^{(1)}(1)+x^{(1)}(2)] \\ -\frac{1}{2}[x^{(1)}(2)+x^{(1)}(3)] \\ \cdots \\ -\frac{1}{2}[x^{(1)}(n-1)+x^{(1)}(n)] \end{pmatrix}+b \tag{10-4}$$

令：

$$Y=[x^{(0)}(2),x^{(0)}(3),\cdots,x^{(0)}(n)]^T \tag{10-5}$$

$$B=\begin{pmatrix} -\frac{1}{2}[x^{(1)}(1)+x^{(1)}(2)] & 1 \\ -\frac{1}{2}[x^{(1)}(2)+x^{(1)}(3)] & 2 \\ \vdots & \vdots \\ -\frac{1}{2}[x^{(1)}(n-1)+x^{(1)}(n)] & n \end{pmatrix};\ \alpha=(a\quad b)^T \tag{10-6}$$

式（10－5）、式（10－6）中，我们称 Y 为数据向量，B 为数据矩阵，α 为参数向量。则式（10－4）可简化为如下线性模型：

$$Y=B\alpha \tag{10-7}$$

用最小二乘估计方法计算可得：

$$\alpha=\begin{pmatrix} a \\ b \end{pmatrix}=(B^TB)^{-1}B^TY \tag{10-8}$$

式（10－8）即为 GM（1，1）参数 a，b 的矩阵辨识算式，式中 $(B^TB)^{-1}B^TY$ 实际上是数据矩阵 B 的广义逆矩阵。

则称：

$$\frac{d(x^{(1)})}{dt}+ax^{(1)}=b \tag{10-9}$$

公式（10－9）为模型 GM（1，1）的白化方程，也可称为影子方程。

可得：

（1）白化方程 $\frac{d(x^{(1)})}{dt}+ax^{(1)}=b$ 的解，即模型 GM（1，1）的时间响应函数为：

$$x^{(1)}(t)=\left(x^{(1)}(1)-\frac{b}{a}\right)e^{-at}+\frac{b}{a} \tag{10-10}$$

（2）将式（10－10）离散化得：

$$x^{(1)}(k+1)=\left(x^{(0)}(1)-\frac{b}{a}\right)e^{-ak}+\frac{b}{a},\ k=1,\ 2,\ \cdots n \tag{10-11}$$

（3）对序列 $x^{(1)}(k+1)$ 再作累减 1－AGO 生成可做最后预测，即：

$$x^{(0)}(k+1)=x^{(1)}(k+1)-x^{(1)}(k)=(1-e^{a})\left(x^{(1)}(1)-\frac{b}{a}\right)e^{-ak} \tag{10-12}$$

式（10－12）中，$k=1,\ 2,\ \cdots n$。a、b 称为 GM（1，1）模型的发展系数，前者的值表征了 $x^{(1)}$ 及 $x^{(0)}$ 的发展态势，后者则称为灰色作用量。

接下来运用 SPSS 软件对上述公式进行函数编辑，从而对收集到的 1981—2017 年的台风和强台风发生次数数据进行预测，预测结果的小数点后数字采用四舍五入方法进行处理。

为检验预测模型的精确性，我们将该模型预测的 2011—2017 年台风和强台风次数与实际台风数据进行对比，如表 10－4 所示：

表 10－4　预测检验表

年份	台风预测次数	强台风预测次数	台风实际次数	强台风实际次数	台风相对误差（%）	强台风相对误差（%）
2011	18.05635	11.1628	17	10	－5.85	－10.41
2012	16.55329	11.6843	16	12	－3.34	2.71
2013	19.04781	12.1374	18	11	－5.50	－9.37
2014	16.56798	12.7962	16	11	－3.42	－14.03
2015	20.11654	11.4631	21	12	4.39	4.68
2016	20.76678	14.1947	21	13	1.12	－8.41
2017	21.44897	14.8624	23	15	7.23	0.92

注：表中预测次数最终结果均按照小数点第一位进行四舍五入取得。

观察表 10－4，台风与强台风次数的预测值与实际值的误差较小，预测精度较理想，下一步将预测台风、强台风次数数据代入所得线性方程得到结果，因为上述回归分析均为取对数后的数据，我们需要再进一步转换回来，最后进行验证如下（见表 10－5）。

表 10－5　　区域损失预测值与实际值

年份	损失预测值（亿/美元）	实际损失值（亿/美元）	相对误差（%）
2011	216.27	245.4	13.46
2012	224.91	240.73	7.03
2013	290.21	306.75	5.69
2014	295.82	299.57	1.26
2015	425.59	498.56	17.14
2016	524.80	560.55	6.81
2017	645.65	2070.68	>100

从表 10－5 中可以发现 2017 年的预测数据与实际数据差别很大，误差远远大于 100%，一方面因为台风的难以预测性，另一方面也因为台风造成的损失大小不单单与台风强度和次数有关，孕灾环境以及受灾民众的预防强度等其他影响因素也不可忽略，除去这些不可控因素，我们可以认为效果已经相对比较理想。因此可代入多元线性回归模型对未来几年台风巨灾损失数据进行预测。根据灰色预测模型推导公式，预测次数计算式如下：

$$x^{(0)}(k+1)=x^{(1)}(k+1)-x^{(1)}(k)=(1-e^{a})\left(x^{(1)}(1)-\frac{b}{a}\right)e^{-ak} \qquad (10-13)$$

式（10－13）中的 a、b 均为灰色预测方法计算得出的结果，其中 $a=3.006758969$，$b=-0.015655688$，$x^{(1)}(1)$ 为第一年即 1981 年发生台风或者强台风次数。将对应年份的 k 值代入即可算出预测次数，这里的 k 值为各年份的序号，1981 年 k 值为 1，1982 年 k 值为 2，依次往下递推。

另外，由于台风巨灾国际合作基金主要提供再保险服务，需要达到赔付条件才会进行赔付，实际基金规模比年度损失期望要小。考虑到商业巨灾保险的滞后性，巨灾基金会承担大部分的赔付。因此初始资金在除去 10% 基金运营成本的基础上，将全部用来进行台风巨灾的赔付，在包括 10% 基金运营成本的基础上得出基金的初始资金，如表 10－6 所示。

表 10-6 "21 世纪海上丝绸之路"台风巨灾国际合作保险基金初始资金

年份	台风次数	强台风次数	经济损失预测值（亿/美元）	初始基金（亿/美元）
2018	22.01751	15.5213	776.24	853.87
2019	22.7234	15.1825	961.51	1057.12
2020	23.4362	16.8018	1096.47	1206.12
2021	24.1879	17.5141	1412.53	1553.79
2022	24.8032	18.2323	1778.27	1956.11
2023	25.6112	18.9221	2216.66	2438.32

第四节　国际合作基金赔偿机制设计

我国台风巨灾风险分散国际合作基金由于参与国家较多，在设计赔付机制时需要考虑的因素较多，运用传统的巨灾偿付金的确定过程较为复杂，且由于传统巨灾偿付金的核定过程烦琐，理赔所需的时间长，核定灾害损失所需的数据需要在灾害发生后到实地进行测量，这些行动都大大增加了灾后所需救援金的赔付时间，给灾后造成更大的二次损失。

而加勒比巨灾风险基金（CCRIF）采取的巨灾偿付机制属于指数保险机制，不同于传统的偿付机制，对于我国巨灾风险分散国际合作基金有很大的借鉴意义。首先，指数保险是近些年出现的新兴风险融资方案，这里的"指数"为灾害强度的物理指标。指数保险相对于传统产品来说可操作性强，当巨灾发生时赔付过程迅速合理，减少了评估巨灾损失的等待时间，受到人们的广泛认可，被广泛应用到多个领域。并且在指数保险中，是否达到理赔条件，一般是由比较公正的第三方机构进行界定，降低了"21 世纪海上丝绸之路"台风巨灾国际合作基金面临的道德风险和逆向选择。

我们借鉴 CCRIF 的灾害损失模型设置"21 世纪海上丝绸之路"台风巨灾国际合作基金的理赔机制（如图 10-6 所示）。

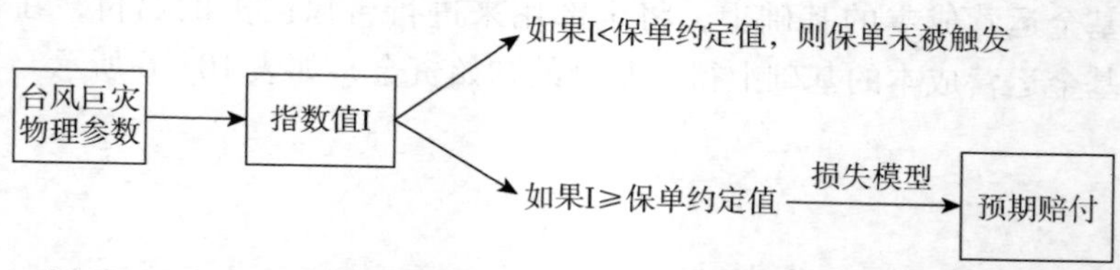

图 10-6 "21 世纪海上丝绸之路"台风巨灾国际合作基金赔付机制

首先，在各国具有影响力的城市设置灾害观测点，并按照各地区的实际风险情况赋予不同的权重，将观测点测量到的物理参数输入参数方程，从而计算出台风巨灾风险指数值。指数值的大小表示该区域受台风巨灾的影响程度高低，且指数值作为保险赔付的依据。

参数方程表示为：$I = [\sum (G_i \times 权重)] \times A_j \times B_k$　　(10－14)

其中，I 为指数值；G_i 为第 i 个观测点观测到的台风物理参数；A_j 是将观测到的物理参数 j 转化为风险指数的系数；B_k 是国家 k 的风险系数，A_j 和 B_k 具体大小随着国家不同，数值也不相同，但对于一个具体国家来说，其 A_j 和 B_k 均为常数。然后，对指数值进行判断。当指数值达不到缴纳保费所签约赔付条款中约定的数值大小时，则认为达不到触发赔付条件，基金不对其进行赔付；当风险指数值达到约定数值时，基金需要根据赔付条约对其赔付。具体赔付金额需要根据保单中约定的损失赔付模型进行判定。

损失模型一般均有触发点和终止点，且每个国家的触发点和终止点不尽相同。触发点越低，该国家需要向基金缴纳的保费就越高。终止点高低主要由一个国家缴纳的保费和其最终得到的赔付金决定。

赔付金额 =（指数值 I – 触发点指数）／（终止值指数 – 触发点指数）× 当年最大赔付金额

如果当年发生多次台风巨灾，最终得到的赔付总额不会超过保单中约定的最大额度。为了提高赔付效率，当台风巨灾发生时，基金应按照观测到的数值迅速对应赔付模型计算出具体赔付金额，对受灾国进行资金赔付，促使受灾国及时进行灾后救助，以便受灾国更好应对台风巨灾带来的风险，尽快从巨灾影响中恢复过来。

参考文献

安翔：《我国农业保险运行机制研究》，《商业研究》2004 年第 7 期。

柏学行：《全球巨灾再保险市场逐步回暖》，《中国保险报》，2007 年 11 月 12 日第 6 版，http：insurance. jrj. com. cn/2007/11/000000175086. shtml。

曾文革、包李梅：《东盟“10 + 3”巨灾保险基金的构想及我国的应对》，《河南商业高等专科学校》2014 年第 8 期。

曾勇、邹书平、曹水等：《贵州威宁 1997—2017 年冰雹时空变化特征分析》，《高原山地气象研究》2018 年第 2 期。

巢文、邹辉文：《基于藤 Copula 方法的巨灾风险条件 VaR 预测》，《系统科学与数学》2017 年第 1 期。

陈剑峰：《湿地生态旅游与生态环境和谐共生发展对策研究》，《当代经济管理》2008 年第 9 期。

陈思宇：《建立我国巨灾保险分担机制的构想》，硕士学位论文，吉林大学，2009 年。

程永涛：《我国农业保险经营模式研究》，硕士学位论文，西南大学，2007 年。

程悠旸：《国外巨灾风险管理及对我国的启示》，《情报科学》2011 年第 6 期。

戴绍文、任雅姗：《巨灾综合风险管理：国际经验及启示》，《保险职业学院学报》2012 年第 6 期。

邓国取、康淑娟、刘建宁等：《共生合作视角的农业保险企业农业巨灾风险分散行为——基于 72 家农业保险企业营销服务部或代办处的研究》，《保险研究》2013 年第 12 期。

邓国取、罗剑朝：《美国农业巨灾保险管理及其启示》，《中国地质大学学报》（社会科学版）2006 年第 9 期。

邓国取、孟小雨、朱选功：《基于共生模式及演进机理的农业巨灾风险分散机制研究》,《财经论丛》2014 年第 7 期。
邓国取:《浅析巨灾及其实证分析》,《管理观察》2009 年第 1 期。
邓国取:《我国农业巨灾风险、风险分散及共生机制探索》,中国社会科学出版社 2015 年版。
邓国取:《中国农业巨灾保险制度研究》,博士学位论文,西北农林科技大学,2006 年。
邓绍辉:《汶川地震与国际援助》,《今日中国论坛》2013 年第 17 期。
邓小平:《邓小平文选》(第 3 卷),人民出版社 1993 年版。
丁少群、王信:《政策性农业保险经营技术障碍与巨灾风险分散机制研究》,《保险研究》2011 年第 6 期。
丁先军、杨翠红、祝坤福:《基于投入——产出模型的灾害经济影响评价方法》,《自然灾害学报》2001 年第 2 期。
丁一汇主编:《中国气象灾害大典》,气象出版社 2018 年版。
范晋玲:《一则政府采购业务引发的思考》,《招标与投标》2018 年第 1 期。
范丽萍:《美国农业巨灾风险管理政策研究》,《世界农业》2016 年第 6 期。
方建、李梦婕、王静爱、史培军:《全球暴雨洪水灾害风险评估与制图》,《自然灾害学报》2015 年第 2 期。
方樟顺:《周恩来与防震减灾》,中央文献出版社 1995 年版。
房莉杰:《制度信任的形成过程——以新型农村合作医疗制度为例》,《社会学研究》2009 年第 3 期。
冯文丽、杨美:《天气指数保险:我国农业巨灾风险管理工具创新》,《金融与经济》2011 年第 6 期。
傅萍萍:《美国巨灾期权的运作及借鉴》,《宁波经济》2006 年第 6 期。
傅湘、王丽萍:《洪灾风险评价通用模型系统的研究》,《长江流域资源与环境》2000 年第 4 期。
高昆:《2009 年上海合作组织救灾合作回顾及展望》,《中国减灾》2010 年第 6 期。
高雷、郭智慧、李跃:《巨灾保险管理研究探析》,《保险研究》2006 年第 8 期。
葛汉文:《自助、合作与搭车:新加坡的安全战略传统及其启示》,《东南亚研究》2018 年第 8 期。
耿贵珍、朱钰:《基于 POT—GPD 模型的地震巨灾风险测度》,《数学的实践与认识》2016 年第 7 期。
谷洪波、郭丽娜、刘小康：《我国农业巨灾损失的评估与度量探析》，《江西财经大学学报》2011 年第 1 期。
郭晓林：《产业共性技术创新体系及共享机制研究》，博士学位论文，华中科技大学，2006 年。
郭跃：《灾害范式及其历史演进》，《地理科学》2016 年第 6 期。
国家地震局：《国家地震科学数据共享中心》，国家地震局网，http：/data.earthquake.cn/index.html。
国家科委、国家计委、国家经贸委自然灾害综合研究组：《中国自然灾害综合研究的进展》，气象出版社 2009 年版。
国家统计局、民政部：《中国灾情报告（1949—1995 年）》，中国统计出版社 1995 年版。
韩晓林：《我国台风巨灾债券设计与融资成本分析》，硕士学位论文，南开大学，2009 年。
韩鑫：《基于 WebGIS 的智慧台风应用系统》，硕士学位论文，长江大学，2018 年。
何银章：《中国救灾外交：1949—2016》，中国社会科学出版社 2016 年版。
何章银：《东亚救灾合作机制建构的动因、特点及阻力研究》，《社会主义研究》2013 年第 6 期。
何章银：《中国救灾外交研究》，博士学位论文，华中师范大学，2014 年。
洪凯、侯丹丹：《中国参与联合国国际减灾合作问题研究》，《东北亚论坛》2011 年第 5 期。
侯丹丹：《中韩 FTA 对东亚的经济影响——基于 GTAP 模型的模拟分析》，《国际经贸探索》2016 年第 8 期。
胡俊锋、何刚成：《中国代表团赴印度新德里参加 2016 年亚洲减灾部长级大会》，《中国减灾》2016 年第 12 期。
中共中央华东局：《华东的生产救灾工作》，华东人民出版社 1951 年版。
黄建创：《基于极值理论的巨灾债券定价研究》，硕士学位论文，暨南大学，2011 年。
黄英君、林俊文：《我国农业风险可保性的理论分析》，《软科学》2010 年第 7 期。
黄英君、史智才：《农业巨灾风险管理的比较制度分析：一个文献研究》，《保险研究》2011 年第 5 期。
江泽民：《给“中国灾害管理国际会议”的贺信》，《人民日报》1993 年 6

月 26 日第 1 版。
焦佩:《从印度洋海啸分析国际人道主义援助模式》,《南亚研究季刊》2005 年第 3 期。
解强:《极值理论在巨灾损失拟合中的应用》,《金融发展研究》2008 年第 7 期。
解伟、李宁、胡爱军等:《基于 CGE 模型的环境灾害经济影响评估——以湖南雪灾为例》,《中国人口·资源与环境》2012 年第 11 期。
康沛竹:《中国共产党执政以来防灾救灾的思想与实践》,北京大学出版社 2005 年版。
李超彬:《房地产开发中的股权合作》,《中国房地产》2013 年第 4 期。
李丹婷:《论制度信任及政府在其中的作用》,《中共福建省委党校学报》2006 年第 8 期。
李德峰:《论我国巨灾保险体系的建立》,《河北科技师范学院学报》2008 年第 3 期。
李宏:《自然灾害的社会经济因素影响分析》,《中国人口·资源与环境》2010 年第 11 期。
李良才:《气候变化的损害赔偿与国家责任问题研究》,《东北亚论坛》2012 年第 1 期。
李梦学:《地球观测领域国际科技合作机制与模式研究》,博士学位论文,武汉理工大学,2008 年。
李全庆、陈利根:《巨灾保险:内涵、市场失灵、政府救济与现实选择》,《经济问题》2008 年第 9 期。
李天华:《从“拒绝外援”到“救灾外交”——改革开放以来中国政府应对国际救灾援助的政策演变及其评价》,《党史研究与教学》2007 年第 12 期。
李晰越、林晶:《加勒比巨灾保险赔付机制对我国财政应急机制的启示——由海地灾后赔付引发的思考》,《财政监督》2011 年第 5 期。
李向阳:《亚洲区域经济一体化的“缺位”与“一带一路”的发展导向》,《中国社会科学》2018 年第 6 期。
李晓琳:《金融共生背景下的非正式金融制度演进》,硕士学位论文,吉林大学,2005 年。
李永、范蓓、刘鹃:《多事件触发巨灾债券设计与定价研究:以中国台风债券为例》,《中国软科学》2012 年第 3 期。
李永、许学军、刘鹃:《当前我国巨灾经济损失补偿机制的探讨》,《灾害学》2007 年第 1 期。
李永:《巨灾给我国造成的经济损失与补偿机制研究》,《华北地震科学》2007 年第 1 期。
梁来存、皮友静:《基于 GPD 模型的粮食作物巨灾的定量界定——以我国稻谷巨灾界定为例》,《湘潭大学学报》(哲学社会科学版)2018 年第 1 期。
林蕾、李佩妍:《"一带一路"倡议国际金融合作体系构建思路》,《南方企业家》2018 年第 1 期。
刘春华:《巨灾保险制度国际比较及对我国的启示》,硕士学位论文,厦门大学,2009 年。
刘力钢、邴红艳:《中国公司治理的路径依赖——理论与实证分析》,《中国工程科学》2004 年第 2 期。
刘朋:《链接:历次亚洲减灾部长级大会回顾》,《中国减灾》2016 年第 12 期。
刘少奇:《建国以来刘少奇文稿》(第 2 册),中央文献出版社 2005 年版。
刘喜涛:《东北亚国家间的灾害救助合作研究》,《通化师范学院学报》2013 年第 7 期。
刘毅、柴化敏:《建立我国巨灾保险体制的思考》,《上海保险》2007 年第 5 期。
卢璐、丁丁、邓红兵:《气候变化:风险评价与应对策略》,《经济研究参考》2012 年第 4 期。
路琮、魏一鸣、范英等:《灾害对国民经济影响的定量分析模型及其应用》,《自然灾害学报》2002 年第 3 期。
吕思颖:《我国巨灾风险转移的思路与对策》,《经济纵横》2008 年第 3 期。
马超群、马宗刚:《基于 Vasicek 和 CIR 模型的巨灾风险债券定价》,《系统工程》2013 年第 9 期。
马晓强、韩锦绵:《我国巨灾风险分散机制构建探析》,《商业时代》2007 年第 8 期。
门洪华:《对国际机制理论主要流派的批评》,《世界经济与政治》2000 年第 3 期。
民政部、经贸部、外交部:《关于调整接受国际救灾援助方针问题的请示》,110 网,http://www.law-lib.com/law/law view.asp? id = 48362,1987 年 5 月 13 日。
民政部、经贸部、外交部:《关于在接受国际救灾援助中分情况表明态度的请示》，正保法律教育网，http：//www. law-lib. com/law/law view. asp？id＝49763，1988 年 8 月 3 日。
民政部：《中华人民共和国公益事业捐赠法》，《人民日报》1999 年 6 月 29 日第 12 版。
民政部：《救灾捐赠管理暂行办法》，民政部网，http：//www. gov. cn/ztzl/2005/12/31/content 143932. htm，2000 年 5 月 2 日。
民政部：《中华人民共和国民政工作文件汇编（1949—1999）》，中国法制出版社 2001 年版。
乔迎春、李怀英：《亚洲减灾中心（ADRC）简介》，《国际地震动态》2010 年第 4 期。
邱桂林：《新中国二十世纪 50—70 年代末的对外援助述评》，硕士学位论文，湘潭大学，2006 年。
全国重大自然灾害调研组：《自然灾害与减灾 600 问》，地震出版社 1990 年版。
任鲁川：《灾害损失定量评估的模糊综合评判方法》，《灾害学》1996 年第 4 期。
瑞士再保险公司：《自然灾害与人为灾难》（1970—2017 年），Sigma Re，1971—2017。
施建祥、邬云玲：《我国巨灾保险风险证券化研究——台风灾害债券的设计》，《金融研究》2006 年第 5 期。
史培军、孔锋、叶谦等：《灾害风险科学发展与科技减灾》，《地球科学进展》2014 年第 11 期。
史培军、李曼：《巨灾风险转移新模式》，《中国金融》2014 年第 3 期。
史培军：《新时代　新举措——加快综合减灾学科、科技与科普体系的建立》，《中国减灾》2018 年第 1 期。
孙祁祥、郑伟、孙立明等：《中国巨灾风险管理：再保险的角色》，《财贸经济》2004 年第 9 期。
孙绍骋：《中国救灾制度研究》，商务印书馆 2004 年版。
孙振凯、毛国敏：《自然灾害灾情划分指标研究》，《灾害学》1994 年第 2 期。
谭中明、冯学峰：《健全我国农业巨灾风险保险分散机制的探讨》，《金融与经济》2011 年第 3 期。
唐红祥：《农业保险巨灾风险分担途径探讨》，《广东金融学院学报》2005 年第 5 期。
田玲：《巨灾风险债权运作模式与定价机理研究》，武汉大学出版社 2009

年版。
庹国柱、王德宝：《我国农业巨灾风险损失补偿机制研究》，《农村金融研究》2010 年第 6 期。
庹国柱、赵乐：《政策性农业保险聚在风险管理研究——以北京市为例》，中国财政经济出版社 2010 年版。
王春晓、和丕禅：《信任、契约与规制：集群内企业间信任机制动态变迁研究》，《中国农业大学学报》（社会科学版）2003 年第 3 期。
王丹阳：《加勒比 CCRIF：提供短期流动资金》，《中国保险报》2014 年 2 月 13 日第 7 版。
王国敏、周庆元：《农业自然灾害风险分散机制研究》，《求索》2008 年第 1 期。
王秀梅：《从〈空间与重大灾害国际宪章〉看空间技术与国际减灾合作》，《南京航空航天大学学报》（社会科学版）2009 年第 6 期。
王勇辉、孙赔君：《东盟地区论坛框架内的救灾合作机制研究》，《社会主义研究》2012 年第 4 期。
韦红、陈森林：《东北亚救灾合作机制建设：特点、困境及对策》，《太平洋学报》2013 年第 10 期。
韦红、魏智：《中国—东盟救灾区域公共产品供给研究——基于能力、效率、价值的三因素分析》，《东南亚纵横》2014 年第 7 期。
韦红：《东南亚海上安全治理困境及中国的策略选择——基于“总体国家安全观”分析路径》，《华中师范大学学报》（人文社会科学版）2018 年第 11 期。
魏庆朝、张庆珩：《灾害损失及灾害等级的确定》，《灾害学》1996 年第 1 期。
温家宝：《同舟共济建美好家园》，人民网，http：//www. china. com. cn/chinese/MATERIAL/749654. htm，2005 年 1 月 6 日。
翁孙哲：《博弈、激励和生态损害救济研究》，《理论月刊》2018 年第 11 期。
吴东立、谢凤杰：《改革开放 40 年我国农业保险制度的演进轨迹及前路展望》，《农业经济问题》2018 年第 10 期。
武翔宇、兰庆高：《利用气象指数保险管理农业巨灾》，《农村金融研究》2011 年第 8 期。
席旭东：《矿区生态工业共生系统演化机理与模式研究》，《山东工商学院学报》2008 年第 4 期。

肖海清、孟生旺：《极值理论及其在巨灾再保险定价中的应用》，《数理统计与管理》2013 年第 2 期。

谢家智：《我国农业巨灾保障体系构建的思考》，《中国农村信用合作》2008 年第 12 期。

谢家智：《我国自然灾害损失补偿机制研究》，《自然灾害学报》2004 年第 4 期。

谢世清：《“侧挂车”：巨灾风险管理的新工具》，《证券市场导报》2009 年第 12 期。

谢世清：《加勒比巨灾风险保险基金的运作及其借鉴》，《财经科学》2010 年第 1 期。

谢世清：《巨灾债券的精算定价模型评析》，《财经论丛》（浙江财经大学学报）2011 年第 1 期。

谢世清：《论巨灾互换及其发展》，《财经论丛》2010 年第 3 期。

新华社：《唐山地震死亡 24 万多人》，《人民日报》1979 年 11 月 23 日第 2 版。

新华时事丛刊社：《生产救灾》，新华书店 1950 年版。

熊延龄：《日本倡导的国际地球环境灾害监测系统计划》，《中国减灾》1991 年第 2 期。

徐爱慧、陈虹：《厄瓜多尔地震灾害及其应急救援》，《国际地震动态》2016 年第 6 期。

徐竞：《保险风险证券化制度、财税激励与法律规制——以巨灾风险债券为例》，《财会通信》2008 年第 7 期。

徐磊、张峭：《中国农业巨灾风险评估方法研究》，《中国农业科学》2011 年第 8 期。

徐礼伯、施建军：《基于中小企业角度：非股权战略联盟中不合作行为的成因与对策》，《技术经济与管理研究》2010 年第 3 期。

徐文虎、方贤明：《金融危机下中国保险业的发展契机》，《保险研究》2009 年第 4 期。

许飞琼：《巨灾、巨灾保险与中国模式》，《统计研究》2012 年第 6 期。

许飞琼：《模糊理论在灾因评判分析中的应用》，《中国减灾》1997 年第 3 期。

许闲、王丹阳：《东亚救灾合作机制与跨国自然灾害基金构建》，《保险研究》2014 年第 8 期。

亚历山大·温特：《国际政治的社会理论》，秦亚青译，上海人民出版社

2000 年版。
杨凤临：《中国向非洲 7 国援助气象设施大幅提升防灾减灾能力》，光明网，https：baijiahao. baidu. com/s？id = 1610651461514212419&wfr = spider&for = pc，2018 年 9 月 4 日。
杨凯：《联合国框架下的国际人道救援协调机制初探——以海地地震灾害中的国际救援为个案》，《国际展望》2010 年第 5 期。
杨琳苹、胡伟辉：《国外巨灾保险风险证券化的经验与启示》，《上海保险》2016 年第 8 期。
杨美：《我国农业巨灾风险管理工具创新研究》，硕士学位论文，河北经贸大学，2012 年。
杨昕潼：《东北亚区域技术合作创新机制研究》，硕士学位论文，长春工业大学，2014 年。
杨旭东：《基于共生理论的企业战略联盟协同机制研究》，硕士学位论文，哈尔滨工程大学，2011 年。
杨亚非：《加强防灾减灾国际合作势在必行》，《南方国土资源》2013 年第 2 期。
姚庆海、毛路：《创建新型综合风险保障体系》，《中国金融》2011 年第 9 期。
衣长军：《从金融共生理论看我国金融生态环境和谐发展》，《商业时代》2008 年第 3 期。
殷晴飞：《1949—1965 年中国对外人道主义援助分析》，《当代中国史研究》2011 年第 7 期。
尹贻梅、刘志高、刘卫东：《路径依赖理论研究进展评析》，《外国经济与管理》2011 年第 8 期。
袁纯清：《共生理论》，经济科学出版社 1998 年版。
袁明：《我国农业巨灾风险管理机制创新研究》，硕士学位论文，西南大学，2009 年。
詹奕嘉：《唐山大地震 30 年：中国接受救灾外援揭秘》，《北京档案》2006 年第 8 期。
展凯、林石楷、黄伟群：《农业巨灾风险债券化——基于 POT 模型的实证分析》，《南方金融》2016 年第 5 期。
张方：《河南洪涝灾害灾后损失评估方法的研究》，《气象与环境科学》2009 年第 9 期。
张皓、闫泓：《自我激励机制在高校人力资源开发中的有效建立》，《福建论坛》（社科教育版）2008 年第 2 期。
张杰、岳凤超：《国际合作中的相对收益问题探析——收益的价值判定与国际合作》，《大连大学学报》2013 年第 2 期。
张喜玲：《国外农业巨灾保险管理及借鉴》，《新疆财经大学学报》2010 年第 1 期。
张显东、沈荣芳：《灾害与经济增长关系的定量分析》，《自然灾害学报》1995 年第 4 期。
张志明：《保险公司巨灾保险风险证券化初探》，《东北财经大学学报》2006 年第 3 期。
赵纪东、王艳茹：《印度洋海啸预警系统 10 年发展概况》，《国际地震动态》2015 年第 2 期。
赵燕敏：《改革开放进程助推中国模式形成的理论范式》，《南京理工大学学报》（社会科学版）2012 年第 4 期。
赵长峰、左祥云：《中国参与和构建亚太地区救灾合作机制研究》，《社会主义研究》2012 年第 12 期。
郑功成：《灾害经济学》，湖南人民出版社 1998 年版。
《中国安全生产科学技术》杂志社：《2018 年亚洲部长级减灾大会在蒙古召开》，《中国安全生产科学技术》2018 年第 14 期。
中国气象局：《完善森防机制　加强生态保护——“5·6”大兴安岭特大森林火灾 30 周年记》，中国气象局网，http：//www. cma. gov. cn/2011xwzx/2011xqxxw/2011xqxyw/201705-t20170508_409328. html，2017 年 5 月 8 日。
中国气象局：《中国气象灾害统计年鉴》（1950—2017 年），气象出版社 1950—2017 年版。
中国人民银行玉树州中心支行著作组：《中国巨灾金融政策的供给与完善》，《青海金融》2012 年第 4 期。
中华人民共和国国家统计局：《中国统计年鉴》（1950—2017 年），中国统计出版社（1950—2018 年版）。
中华人民共和国国务院：《中华人民共和国减灾规划（1998—2010 年）》，安全管理网，http：//www. safehoo. com/Laws/Notice/200810/2679_2. shtml，1998 年 4 月 29 日。
中华人民共和国民政部：《中国民政统计年鉴》（1978—2017 年），中国统计出版社（1978—2017 年版）。
钟开斌：《中国对外人道主义援助的发展历程》，《中国减灾》2015 年第

17 期。
周洪建：《全球 10 大灾害风险评估（信息）平台（五）》，《中国减灾》2017 年第 23 期。
周洪建：《特别重大自然灾害救助中科学问题探讨（六）恢复性与特别重大灾害长期救助社区化》，《中国减灾》2018 年第 11 期。
周洪建：《汶川地震与西南地区特大旱灾案例对比分析》，《中国减灾》2018 年第 12 期。
周延、屠海平：《跨区域型台风巨灾保险基金设计》，《中国软科学》2017 年第 6 期。
周振、边耀平：《农业巨灾风险管理模式：国际比较、借鉴及思考》，《农村金融研究》2009 年第 7 期。
周振、谢家智：《农业巨灾与农民风险态度：行为经济学分析与调查佐证》，《保险研究》2010 年第 9 期。
周振：《我国农业巨灾风险管理有效性评价与机制设计》，博士学位论文，西南大学，2011 年。
周志刚：《风险可保性理论与巨灾风险的国家管理》，博士学位论文，复旦大学，2005 年。
卓志、周志刚：《巨灾冲击、风险感知与保险需求——基于汶川地震的研究》，《保险研究》2013 年第 12 期。
邹帆、邹若郢、鲁瑞正：《农业自然灾害的统计分析及灾害损失评估体系的构建》，《广东农业科学》2011 年第 5 期。
Albala-Bertrand, J. M., *Political Economy of Large Natural Disasters*, Oxford: Clarendon Press, 1993.
Anderson, M. G., Holcombe, E., Esquivel, M., Toro, J., & Ghesquiere, F., "The Eff-icacy of a Programme of Landslide Risk Reduction in Areas of Unplanned Housing in the Eastern Caribbean", *Environmental Management*, Vol. 45, No. 4, 2010.
Andrea Baranzini, Marc Chesney, Jacques Morisset, "The Impact of Possible Climate Catastrophes on Global Warming Policy", *Energy Policy*, Vol. 31, No. 8, 2003.
Balkema, A. A., Haan, L. D., "Residual Life Time at Great Age", *Annals of Probability*, Vol. 2, No. 5, 1974.
Bowers N. L, Gerber H. U, Hickman J. C, et al, "Actuarial Mathematics", *The Society of Actuaries*, Itasca, IIIinois, 1986.

CCRIF SPC: 2017 - 2018 AUUNAL REPORT, CCRIF, 2018.

Centre for Research on the Epidemiology of Disasters, Annual Disaster Statistical Review 2016, CRED, 2016.

Christofides Stavros, "Pricing of Catastrophe Linked Securities", *ASTIN Colloquium Intern-ational Actuarial Association*, Brussels, Belgium, 2004.

Coble K. H., Knight T. O., Pope R. D., Williams J. R., "Modeling Farm-level Crop Insurance Demand with Panel Data", *American Journal of Agricultural Economics*, No. 2, 1996.

Coles, S., "An Introduction to Statistical Modeling of Extreme Values", *Technometrics*, 2001.

Cox, J. C., Ingersoll J. E. Jr, Ross, S. A., "A Theory of the Term Structure of Interest Rates", *Econometrica: Journal of the Econometric Society*, Vol. 53, No. 2, 1985.

Cox, Sammuel H., Fakchfld, Joseph R., Pedersen, Hal W., "Economic Aspects of Securitization of Risk", *Astin Bulletin*, Vol. 30, No. 1, 2000.

Cummins J. David, P. S. D. Smith, "Derivatives and Corporate Risk Management: Participation and Volume Decisions in the Insurance Industry", *The Journal of Risk and Insurance*, Vol. 68, No. 1, 2001.

Cummins J. David etc, "The Basis Risk of Catastrophic-loss Index Securities", *Journal of Financial Economics*, No. 71, 2004.

Cummins J. David, "Should the government provide insurance for catastrophes?", *Federal Review Bank of ST, Louis Review*, 2006.

Cummins J. David, Mary A. Weiss, "Analyzing Firm Performance in the Insurance Industry Using Frontier Efficiency Methods", in Georges Dionne, ed, *Handbook of Insurance Economics (Boston: Kluwer Academic Publishers, forthcoming)*, 2000.

Cummins J. David, Mary A. Weiss, "Hongmin Zi. Organizational Form and Efficiency: The Coexistence of Stock and Mutual Property Liability Insurers", *Management Science*, Vol. 45, No. 9, 1999.

Cummins, J. D., Geman, H., "Pricing Catastrophe Insurance Futures and Call Spreads: An Arbitrage Approach", *Journal of Fixed Income*, No. 4, 1995.

Doherty, N. A., "Innovations in managing catastrophe risk", *Journal of Risk & Insurance*, Vol. 64, No. 4, 1997.

Dwright M. Jaffee, Thomas Russell, "Should the Government Support the Private Terrorism Insurance Market?", WRIEC Conference, Salt Lake City, 2005.

Epstein Richard A., *Takings: Private Property and the Power of Eminent Domain*. Cambridge, Mass.: Harvard University Press, 1985.

Ermoliev, Y. M., Ermolieva, T. Y., Macdonald, G. J., Norkin, V. I., & Amendola, A., "A system approach to management of catastrophic risks", *European Journal of Operational Research*, Vol. 122, No. 2, 2000.

Ernst Haas, "Technological Self-reliance for Latin America: the OAS Contribution", *International Organization*, Vol. 34, No. 4, 1980.

Fisher, R. A., Tippett, L. H. C., "Limiting forms of the frequency distribution of the largest or smallest member of a sample", *Mathematical Proceedings of the Cambridge Philosophical Society*, No. 24, 1928.

Freeman, P. K., "Hedging natural catastrophe risk in developing countries", *The Geneva Papers on Risk and Insurance-Issues and Practice*, Vol. 26, No. 3, 2001.

Froot, K. A., "The Evolving Market for Catastrophic Event Risk", *Risk Management and Insurance Review*, Vol. 2, No. 3, 1999.

Ganapati, S., Liu, L., "The clean development mechanism in china and india: a comparative institutional analysis", *Public Administration and Development*, Vol. 28, No. 5, 2008.

Gollier, E. C., "The insurance of lower probability events", *The Journal of Risk and Insurance*, Vol. 66, No. 1, 1999.

Goodwin, B. K., Mahul, O., "Risk Modeling Concepts Relating to the Design and Rating of Agricultural Insurance Contracts", *Social Science Electronic Publishing*, 2004.

Halliday, T. C., Carruthers, B. G., "The Moral Regulation of Markets: Professions, Privatization and the English Insolvency Act 1986", *Accounting Organizations & Society*, Vol. 21, No. 4, 1996.

Hill, Bruce, M., "A Simple General Approach to Inference About the Tail of a Distribution", *The Annals of Statistics*, Vol. 3, No. 5, 1975.

Howard Kunreuther, Mark V. Panly and Thomas Russell, "Demand and Supply Side Anomalies in Catastrophe Insurance Markets: The Role of the Public and Private Sectors", *Paper prepared for the MIT-LSE-Cornell Conference on Behavioral Economics*, Wharton School University of Pennsylvania, 2004.

Ilan Noy, "The Macroeconomic Consequences of Disasters", *Journal of Development Economics*, No. 88, 2009.

IPCC, "Managing the Risks of Extreme Events and Disasters to Advance Climate Change Adaptation, A Special Report of Working Groups I and II Of the Intergovernmental Panel on Climate Change", Cambridge, UK and New York, USA: Cambridge University Press, 2012.

Jin-Ping Lee, Min-The Yu, "Pricing Default-Risky CAT Bonds With Moral Hazard and Basis Risk", *Journal of Risk and Insurance*, Vol. 69, No. 3, 2002.

John Duncan and Robert J. Myers, "Crop Insurance under Catastrophic Risk", *American Journal Agricultural Economics*, No. 11, 2000.

Krasner, Stephen, D., *International Regimes*, Ithaca: Cornell University Press, 1983.

Kunreuther, H., Novemsky, N., & Kahneman, D., "Making Low Probabilities Useful", *Journal of Risk and Uncertainty*, Vol. 23, No. 2, 2001.

Kunreuther, H., "Risk Analysis and Risk Management in an Uncertain World", *Risk Analysis*, No. 22, 2002.

Lane Financial LLC, Wilmette, IL, "The 2008 Review of ILS Transaction-What Price ILS?: A Work in Progress", Discussion Paper, 2008.

Lauridsen, S., "Estimation of Value at Risk by Extreme Value Methods", *Extremes*, Vol. 107, No. 3, 2000.

Litzenberger, R. H., Beaglehole, D. R., Reynolds, C. E., "Assessing Catastrophe Reinsurance-linked Securities as a New Asect Class", *Journal of Portfolio Management*, No. 4, 1996.

Louis Eeckhoudt, Christian Gollier, Harris Schlesinger, *Economic and Financial Decisions Under Risk*, Princeton University Press, 2005.

Ma, Z. G., Ma, C. Q., "Pricing Catastrophe Risk Bonds: A Mixed Approximation Method", *Insurance: Mathematics and Economics*, Vol. 52, No. 2, 2013.

Munich Re, *World: Natural catastrophes*, Germany, 2010.

Nowak, P., Romaniuk, M., "A Fuzzy Approach to Option Pricing in a Levy Process Setting", *International Journal of Applied Mathematics and Com-*

puter Science, Vol. 23, No. 3, 2013.

Paxson, C. H., "Using weather variability to estimate the response of savings to transitory income in Thailand", *American Economic Review*, Vol. 82, No. 1, 1992.

Pickands, III J., "Statistical inference using extreme order statistics", *The Annals of Statistics*, Vol. 3, No. 1, 1975.

Pierce, D. A., "Distribution of residual autocorrelations in the regression model with autoregressive-moving average errors", *Journal of the Royal Statistical Society. Series B (Methodological)*, Vol. 33, No. 1, 1971.

Rasmussen, T. N., "Macroeconomic implications of natural disasters in the Caribbean", *IMF Working Papers*, Vol. 4, No. 224, 2005.

Reiss, R. D., Thomas, M., "Statistical analysis of extreme values-from insurance, finance, hydrology and other fields", *Computational Statistics*, Vol. 15, No. 2, 2000.

Reshetar, G., "Pricing of multiple-event coupon paying cat bond", *SSRN Electronic Journal*. 2008.

Robert Keohane, Josephe Nye, "Power and Interdependence", *Boston: Little Brown*, Vol. 41, No. 4, 1987.

Roy, A. D., "Safety first and the holding of assets", *Econometrica*, Vol. 20, No. 3, 1952.

S P D'Arcy, V G France, "Catastrophe Futures: A Better Hedge for Insurers", *Journal of Risk & Insurance*, Vol. 59, No. 4, 1992.

Samuel H. Cox, Hal W. Pedersen, "Catastrophe Risk Bonds", *North American Actuarial Journal*, Vol. 4, No. 4, 2000.

Sherrick, B. J., Zanini, F. C., Schnitkey, G. D., & Irwin, S. H., "Crop insurance valuation under alternative yield distributions", *American Journal of Agricultural Economics*, Vol. 86, No. 2, 2004.

Stephen D. Krasner, "Structural Causes and Regime Consequences: Regimes as Intervening Variables", *International Organization*, Vol. 36, No. 3, 1982.

SwissRe, *Capital Market Innovation in the Insurance Industry*, Zurich, Switzerland, Sigma, 2001.

T. L. Murlidharan, "Economic Consequences of Catastrophes Triggered by Natural Hazards", *Degree of Dissertation*, 2001.

Thomas Russell, "Catastrophe Insurance and the Demand for Deductibles", *APRIA in South Korea*, 2004.

Tol, R., Leek, F., "Economic Analysis of Natural Disasters", *Climate Change and Risk*, No. 5, 1999.

Townsend, Robert, M., "Risk and insurance in village India", *Econometrica*, Vol. 62, No. 3, 1994.

Toya, H., Skidmore, M., "Economic development and the impacts of natural disasters", *Economics Letters*, Vol. 94, No. 1, 2007.

TW Bank, "Providing Immediate Funding after Natural Disasters", *The Caribbean Catastrophe Risk Insurance Facility*, 2008.

Udry, C., "Risk and saving in northern Nigeria", *American Economic Review*, Vol. 85, No. 5, 1995.

Vasicek, Oldrich, A., Finance, Economics and Mathematics (Vasicek/Finance, Economics and Mathematics) || An Equilibrium Characterization of the Term Structure. John Wiley & Sons, Inc, 2015.

Wang, S., "Insurance pricing and increased limits ratemaking by proportional hazards transforms", *Insurance Mathematics and Economics*, Vol. 17, No. 1, 1995.

Wang, S., "Cat Bond Pricing Using Probability Transforms", *Published in Geneva Papers*, 2004.

Wendt, "Constructing International Politics", *International Security*, Vol. 20, No. 1, 1995.

Zajdenweber, D., "The Valuation of Catastrophe-reinsurance-linked Securities", American Risk and Insurance Association Meeting, 1998.